普通高等院校"十四五"精品教材

U0169558

# 模拟电子技术基础

主　编　刘珺蕙　王亚亚

王娟娟　南江萍

西南交通大学出版社

·成　都·

图书在版编目（CIP）数据

模拟电子技术基础 / 刘珺蕙等主编. 一成都：西南交通大学出版社，2021.6
ISBN 978-7-5643-8039-7

Ⅰ. ①模… Ⅱ. ①刘… Ⅲ. ①模拟电路－电子技术－高等学校－教材 Ⅳ. ①TN710

中国版本图书馆 CIP 数据核字（2021）第 095622 号

Moni Dianzi Jishu Jichu
## 模拟电子技术基础  主编 刘珺蕙 王亚亚 王娟娟 南江萍

| | |
|---|---|
| 责 任 编 辑 | 赵永铭 |
| 封 面 设 计 | 何东琳设计工作室 |
| 出 版 发 行 | 西南交通大学出版社<br>（四川省成都市二环路北一段 111 号<br>西南交通大学创新大厦 21 楼） |
| 发行部电话 | 028-87600564　028-87600533 |
| 邮 政 编 码 | 610031 |
| 网　　　址 | http://www.xnjdcbs.com |
| 印　　　刷 | 四川森林印务有限责任公司 |
| 成 品 尺 寸 | 185 mm × 260 mm |
| 印　　　张 | 14.75 |
| 字　　　数 | 367 千 |
| 版　　　次 | 2021 年 6 月第 1 版 |
| 印　　　次 | 2021 年 6 月第 1 次 |
| 书　　　号 | ISBN 978-7-5643-8039-7 |
| 定　　　价 | 42.00 元 |

课件咨询电话：028-81435775

# ·前 言·

  "模拟电子技术基础"课程是电子信息工程、通信工程、电气工程及其自动化以及计算机应用等专业的基础课,也是一门工程应用和实践性很强的课程。本书以"电子技术基础课程教学基本要求"为依据,在内容编排上力求突出基本概念、基本原理和基本分析方法,引导读者抓住重点、突破难点、掌握解题方法,强调理论联系实际,注重培养学生的创新意识、工程素养和解决实际问题的能力。

  本书的主要内容包括二极管及其应用、双极型三极管及其放大电路、场效应管及其放大电路、负反馈放大电路、集成运算放大电路、功率放大电路、信号发生电路、直流稳压电源等。内容按"先器件后电路,先小信号后大信号,先直流后交流,先基础后应用"的原则进行编排;按"提出问题,启发并理顺思路,突出主干,引导,总结规律,举一反三"的顺序沿主干方向由浅入深、由简到繁、承前启后、相互呼应、应用举例、激发兴趣,以便达到较好的教学效果。在每一节中,力图沿主干方向,重点解决一两个主要问题,使难点分散,利于学生把握重点,突破难点。

  本书由西安交通工程学院模拟电子技术基础教研组老师共同编写完成,全书共 8 章。第 1 章和第 4 章由王亚亚编写;第 2 章由南江萍编写;第 3 章、第 5 章和第 6 章由刘珺蕙编写;第 7 章和第 8 章由王娟娟编写。

  本书可作为普通高等学校电子信息工程、通信工程、电气工程及其自动化、计算机应用、电子信息科学类及其他相近专业本科生学习"模拟电子技术基础""低频电子线路"等课程的教材和教学参考书,也可作为相关工程技术人员的参考书。

  对本书选用的参考文献的著作者,我们致以真诚的感谢。限于编者水平,书中难免有疏漏和不妥之处,敬请同行和读者批评指正。

编 者

2021 年 3 月

# 目　录

# 第8章　直流稳压电源

# 第1章 二极管及其应用

【学习目标】

（1）了解本征半导体和杂质半导体的导电特性。
（2）理解 PN 结的形成，掌握 PN 结的特性。
（3）了解二极管的结构、类型，掌握二极管的伏安特性。
（4）掌握二极管电路的分析方法。
（5）了解稳压管、光电二极管、发光二极管的工作原理。
（6）掌握用万用表检测二极管的方法。

## 1.1 半导体基础知识

在物理学中，物质的导电特性取决于其原子结构，根据材料的导电能力，可以将它们划分为导体、绝缘体和半导体。导体一般为低价元素（如金、银、铜、铁等金属），其最外层电子受原子核的束缚力很小，极易挣脱原子核的束缚而成为自由电子，因此，在外电场作用下，这些电子产生定向运动（称为漂移运动），形成电流，呈现出较好的导电特性。绝缘体为不容易导电或者完全不导电的物体，一般为高价元素（如惰性气体）和高分子物质（如橡胶、塑料、陶瓷、玻璃等），其最外层电子受原子核的束缚力很强，极不易挣脱原子核的束缚而成为自由电子，所以其导电性极差。半导体是导电性能介于导体和绝缘体之间的物质，如硅（Si）、锗（Ge）、金属氧化物等，它们原子的最外层电子受原子核的束缚力介于导体与绝缘体之间。

### 1.1.1 本征半导体

具有晶体结构的纯净半导体被称为本征半导体。晶体通常具有规则的几何形状，在空间中按点阵（晶格）排列。最常用的半导体材料为硅（Si）和锗（Ge），都是 4 价元素，原子的最外层轨道上有 4 个价电子。图 1-1 为硅和锗的原子结构示意图，从图中可以看出它们每一个原子核外都有 4 个价电子。在硅或锗的本征半导体中，由于原子排列的整齐和紧密，原来属于某个原子的价电子，可以和相邻原子所共有，形成共价键结构。在绝对温度 $T = 0$ K 时，所有的价电子都被共价键紧紧束缚在共价键中，不会成为自由电子，因此本征半导体的导电能力很弱，接近绝缘体。图 1-2 所示为共价键的结构（平面）示意图。当温度升高或受到光的照射时，共价键中的价电子由于热运动而获得能量，其中少数价电子能够摆脱共价键的束缚而成为自由电子，这种现象称为热激发，同时必然在共价键中留下空位，称为空穴。空穴带正电，本征半导体产生热激发时，电子和空穴成对出现。

图 1-3 所示为自由电子和空穴的形成示意图。实际上半导体晶体结构是三维正四面体结构。

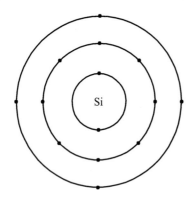
（a）硅原子结构示意图

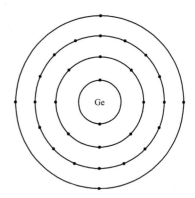
（b）锗原子结构示意图

图 1-1　硅和锗的原子结构示意图

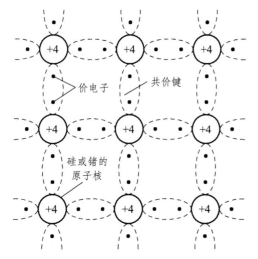

图 1-2　共价键结构示意图

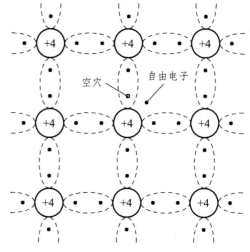

图 1-3　自由电子和空穴的形成

若有外加电场的作用，有空穴的原子将吸引相邻原子的价电子填补这个空穴，于是会出现新的空穴，如图 1-4 所示。空穴的移动形成空穴电流，空穴与自由电子的运动反向相反，但在同一外电场作用下形成的电流方向相同。

由此可见，半导体中存在两种载流子：带负电的自由电子和带正电的空穴。本征半导体中，自由电子和空穴是同时成对产生的，称为电子-空穴对，在一定温度下，两种载流子浓度相等。

价电子在热运动中获得能量产生了电子-空穴对。同时自由电子在运动过程中与空穴相遇失去能量，使电子-空穴对消失，这种现象被称为复合。在一定温度下，载流子的产生过程和复合过程达到动态平衡。温度升高，热运动加剧，载流子浓度增大，导电性增强。由此可见，温度对半导体组件导电性能是有很大影响的。

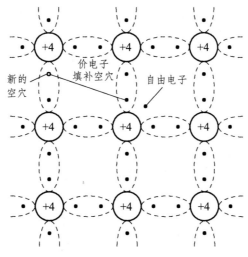

图 1-4　空穴和自由电子的运动

### 1.1.2　杂质半导体

本征半导体中虽然存在两种载流子，但因本征半导体中载流子的浓度很低，所以其导电能力很差。当我们人为地、有控制地掺入少量的特定杂质时，其导电性能将产生质的变化。掺入杂质的半导体被称为杂质半导体。

1. N 型（或电子型）半导体

在本征半导体中，掺入少量的 5 价杂质元素，如（磷、砷、锑等），则原来晶格中的某些硅原子将被杂质原子代替，如图 1-5 所示。由于杂质原子的最外层有 5 个价电子，因此它与周围四个硅（锗）原子组成共价键时多了一个电子，该价电子只受自身原子核吸引，在室温下可成为自由电子。失去自由电子的杂质原子固定在晶格上不能移动，不能参与导电，带有正电荷，称为正离子。由于掺杂所产生自由电子的浓度大大高于热激发所产生自由电子的浓度，所以在这种掺入磷（5 价）原子的本征半导体中，电子数目远远大于空穴数目，即自由电子为多数载流子（多子），空穴为少数载流子（少子），因此被称为 N 型（或电子型）半导体。其中磷原子被称为施主杂质。

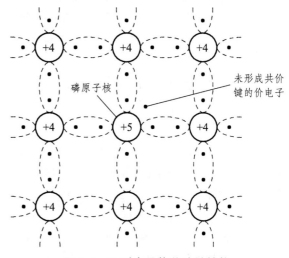

图 1-5　N 型半导体共价键结构

杂质半导体中多数载流子的浓度取决于掺杂浓度，少数载流子取决于温度。

2. P 型（或空穴型）半导体

如果在硅或锗的本征半导体中掺入微量的 3 价硼元素，则形成 P 型半导体，如图 1-6 所示。由于硼原子核外有 3 个价电子，故只能和相邻的硅或锗形成 3 个共价键，而第 4 个共价键中由于缺少一个价电子，所以形成空穴，每掺入一个硼原子就会出现一个空穴，而热激发的电子数目和空穴数总是成对出现，这样在 P 型半导体中，空穴的数量远远大于自由电子数目，空穴为多数载流子，自由电子为少数载流子，主要靠空穴导电，故称为 P 型（或空穴型）半导体。由于 3 价杂质原子可接受电子，相应地在邻近原子中形成空穴，故称为受主杂质。

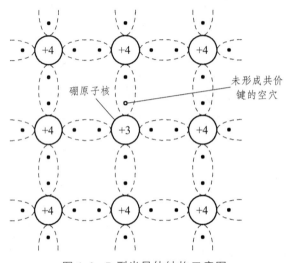

图 1-6　P 型半导体结构示意图

　　无论是 N 型半导体还是 P 型半导体，尽管其中有一种载流子占多数，但对于整体而言，并未失去电子也没有得到电子，所以对外仍然是电中性的。它们的导电特性主要由掺杂浓度决定。掺入不同性质、不同浓度的杂质，并使 P 型半导体和 N 型半导体以不同方式组合，可以制造出形形色色、用途各异的半导体器件。

## 1.2　PN 结及其单向导电性

### 1.2.1　PN 结的形成

　　在一块半导体单晶上一侧掺杂成为 P 型半导体，另一侧掺杂成为 N 型半导体，两个区域的交界处就形成了一个特殊的薄层，被称为 PN 结或空间电荷区。由于 PN 结的特殊性质，使得它成为制作各种半导体器件的基础。

　　PN 结形成的示意图如图 1-7 所示，图中"⊖"是代表得到一个电子的负离子，"⊕"是代表失去一个电子的正离子，这些离子不能自由移动。由于两边载流子浓度的差异，P 型半导体中的多子空穴向 N 型区运动，而 N 型半导体中的多子自由电子向 P 型区运动。这种由于浓度的差异形成的载流子运动被称为扩散运动，由此可见扩散运动是由多子形成的。在多子扩散到交界面附近时，自由电子和空穴相复合，在交界面附近只留下不能移动的带正负电的离子，形成一空间电荷区，如图 1-8 所示。正、负离子形成了空间电荷区的内部电场，显然内电场将阻碍扩散运动。随着扩散运动的进行，空间电荷区逐渐加宽，内电场逐渐加强，扩散运动逐渐减弱。

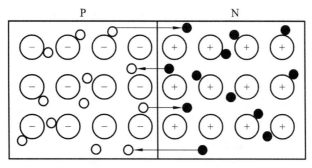

图 1-7　多数载流子的扩散运动

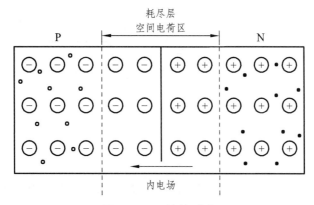

图 1-8　PN 结的形成

内电场的建立,使 P 区的少子电子在电场力的作用下向 N 区漂移,N 区的少子空穴向 P 区漂移,这种少数载流子在内电场作用下的运动被称为漂移运动。但少子的漂移运动较多子扩散运动弱得多。随着扩散运动的增强,内电场逐渐加强,P 区和 N 区的少数载流子的漂移运动也随之加强,最终扩散运动和漂移运动达到动态平衡。显然扩散运动与漂移运动方向相反。

综上所述,随着扩散运动的进行,内部的空间电荷区形成了内电场。内电场的建立一方面阻碍扩散运动,同时使少数载流子做漂移运动。当多子的扩散运动和少子的漂移运动达到动态平衡时,PN 结就形成了。

### 1.2.2　PN 结的单向导电性

在 PN 结两端外加不同方向的电压,就可以破坏原来的平衡,从而呈现出单向导电特性。

#### 1. PN 结外加正向电压

若将电源的正极接 P 区,负极接 N 区,则称此为正向接法或正向偏置,如图 1-9 所示。由图中可以看出,内电场的方向和外电场的方向相反,外电场有利于多子扩散,使扩散运动和漂移运动失去平衡。当外电场足够大时,它则驱使 P 区的多子空穴进入空间电荷区;而 N 区的多子自由电子也会漂移到空间电荷区,整个空间电荷区变窄,削弱了内电场,多数载流子的扩散运动增强,形成较大的扩散电流 $I_F$,其方向是由 P 区流向 N 区(见图 1-9),将该电流称为正向电流。在一定范围内,随着外加电压的增大,正向电流也增大,称之为 PN 结的正向导通,此时 PN 结呈低电阻状态。正向电流包括两部分:空穴电流和自由电子电流。虽然两种不同极性的电荷运动方向相反，但所形成的电流方向是一致的。同时电源不断地向 PN 结提供电荷，维持正向电流。

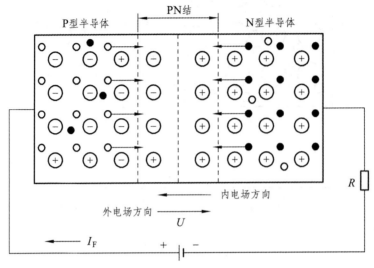

图 1-9　PN 结加正向电压

## 2. PN 结外加反向电压

PN 结外加反向电压，即 P 区接电源的负极、N 区接电源的正极，如图 1-10 所示。

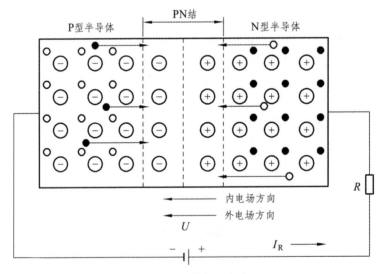

图 1-10　PN 结加反向电压

　　此时，外电场和内电场的方向一致，也打破了 PN 结平衡状态。外电场使得 P 区的空穴和 N 区的自由电子从空间电荷区边缘移开，使空间电荷区变宽，内电场增强，不利于多数载流子的扩散，而有利于少数载流子的漂移。在外电场的作用下，P 区的自由电子向 N 区运动，N 区的空穴向 P 区运动，形成反向电流 $I_R$，其方向是由 N 区流向 P 区。由于少数载流子是由于价电子获得能量挣脱共价键的束缚而产生的，数量很少，故形成的电流也很小，$I_R \approx 0$，此时 PN 反向截止，呈现高阻状态。

半导体中的少数载流子的数值取决于环境温度，在一定电压范围内，几乎和外加电压无关。在一定温度下，电流基本不变，故反向电流也称为反向饱和电流，用 $I_S$ 表示，此电流受温度影响很大。

总之，PN 结加正向电压时导通，呈低阻态，有较大的正向电流流过；PN 结加反向电压时截止，呈高阻态，只有很小的反向电流（纳安级）流过。PN 结的这种特性被称为单向导电性。

3. PN 结的伏安特性

所谓 PN 结的伏安特性是指 PN 结两端电压 $u$ 与流过它的电流 $i$ 的关系。将 PN 结的电流与电压的关系写成如下通式：

$$i = I_S(e^{\frac{u}{U_T}} - 1) \tag{1-1}$$

其中，$I_S$ 为反向饱和电流；$U_T$ 约为 26 mV，此方程称为伏安特性方程。

（1）当 $u \gg U_T$ 时，$i \approx I_S e^{\frac{u}{U_T}}$，称为正向特性。（$i$ 与 $u$ 按指数规律变化）

（2）当 $u \ll -U_T$ 时，$i \approx -I_S$，称为反向特性。

画出 $i$ 与 $u$ 的关系曲线，如图 1-11 所示。该曲线称为伏安特性曲线。

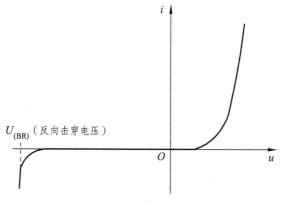

图 1-11　PN 结伏安特性

4. PN 结的电容效应

按电容的定义 $C = Q/U$，即电压的变化将引起电荷的变化，从而反映出电容效应。而 PN 结两端加上电压，PN 结内就有电荷的变化，说明 PN 结具有电容效应。PN 结具有两种电容：势垒电容和扩散电容。

（1）势垒电容 $C_T$。

PN 结外加电压变化时，空间电荷区的宽度将发生变化，有电荷的积累和释放的过程，与电容的充放电相同，其等效电容为势垒电容 $C_T$。

（2）扩散电容 $C_D$。

PN 结外加的正向电压变化时，在扩散路程中载流子的浓度及其梯度均有变化，也有电荷的积累和释放的过程，其等效电容为扩散电容 $C_D$。

PN 结总的结电容 $C_j$ 包括势垒电容 $C_T$ 和扩散电容 $C_D$ 两部分。

$$C_{\mathrm{j}} = C_{\mathrm{T}} + C_{\mathrm{D}} \qquad\qquad (1\text{-}2)$$

一般来说，当二极管正向偏置时，扩散电容起主要作用，即可以认为 $C_{\mathrm{j}} \approx C_{\mathrm{D}}$；当二极管反向偏置时，势垒电容起主要作用，可以认为 $C_{\mathrm{j}} \approx C_{\mathrm{T}}$。

## 1.3 半导体二极管

### 1.3.1 半导体二极管的结构及分类

半导体二极管又称晶体二极管。将 PN 结封装在塑料、玻璃或金属外壳里，再从 P 区和 N 区分别焊出两根引线作为阳极和阴极，就形成了半导体二极管，简称二极管。二极管的结构如图 1-12（a）所示，其电路中的表示符号如图 1-12（b）所示。

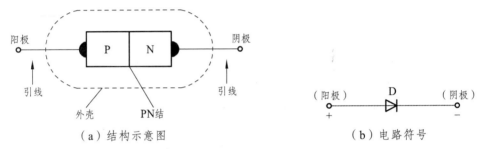

（a）结构示意图 　　　　　　　　（b）电路符号

图 1-12　半导体二极管

半导体二极管的类型很多，按所用材料划分，可分为硅管和锗管；按制造工艺划分，可分为点接触型、面接触型和硅平面型三类。

（1）点接触型二极管。其结构如图 1-13（a）所示，由于点接触型二极管金属丝很细，形成的结面积很小，故极间电容很小，适合于高频下工作，主要应用于小电流的整流、高频检波电路中，还可用作数字电路里的开关元件。

（2）面接触型二极管。其结构如图 1-13（b）所示，它的结面积大，能承受较大的电流，但其结电容较大，故只能在较低的频率中工作，可用于较大电流、较低频率的整流电路中。

（3）硅平面型二极管。其结构如图 1-13（c）所示，结面积大的可通过较大的电流，适用于大功率整流；结面积小的结电容小，适用于在数字电路中作为开关使用。

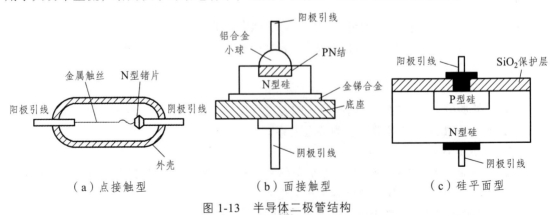

（a）点接触型　　　　　（b）面接触型　　　　　（c）硅平面型

图 1-13　半导体二极管结构

### 1.3.2 二极管的伏安特性

二极管的伏安特性就是流过二极管的电流 $i$ 和两端电压 $u$ 之间的关系。本节以硅管为例讨论晶体二极管的特性。由于二极管的本质就是一个 PN 结，故具有单向导电性。二极管的伏安特性包括正向特性、反向特性以及反向击穿特性，其特性曲线如图 1-14 所示，其正向特性在第一象限，反向特性在第三象限。

1. 正向特性

二极管的正向特性对应图 1-14 所示曲线的（1）段，此时二极管加正向电压，阳极电位高于阴极电位，当正向电压较小时（小于开启电压），二极管并不导通。在正向电压较小时，由图中可以看出，有一段电流几乎为零，这是由于外电场的强度还不能克服 PN 结内电场的作用，该范围称为二极管的死区，对应的电压称为死区电压（门限电压），也称为开启电压。硅材料的二极管开启电压约为 0.5 V，锗材料的二极管开启电压约为 0.1 V。

在正向电压足够大，超过开启电压后，内电场的作用被大大削弱，电流很快增加，二极管正向导通，此时硅二极管的正向导通压降在 0.6~0.8 V，典型值取 0.7 V；锗二极管的正向导通压降在 0.1~0.3 V，典型值取 0.2 V。

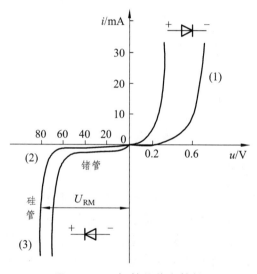

图 1-14 二极管的伏安特性

2. 反向特性

二极管的反向特性对应图 1-14 所示曲线的（2）段，此时二极管加反向电压，阳极电位低于阴极电位。在二极管两端加反向电压时，其外加电场和内电场的方向一致；当反向电压小于反向击穿电压时，从图中可以看出，反向电流基本恒定，而且电流几乎为零，这是由少数载流子漂移运动所形成的反向饱和电流。硅管的反向电流要比锗管小得多，小功率硅管的反向饱和电流一般小于 0.1 μA，锗管约为几个微安。

3. 击穿特性

当二极管反向电压过高超过反向击穿电压时，二极管的反向电流急剧增加，对应图 1-14 所示的（3）段。由于这一段电流大、电压高，PN 结消耗的功率很大，容易使 PN 结过热烧坏，一般二极管的反向电压在几十伏以上。值得注意的是温度对二极管伏安特性的影响，如图 1-15 所示为温度在 20 ℃ 和 60 ℃ 所对应的曲线。从图中可以看出，对于正向特性，当温度上升时二极管 PN 结中的少数载流子的数目会增加，而多数载流子的数目不变，这样两边同样粒子的浓度差下降，如 P 区的少子自由电子增加，而 N 区的多子自由电子数不变，同理 P 区的多子空穴不变，而 N 区的少子空穴数增加，这样使得空间电荷区变窄，内电场强度减弱，为维持一定的正向电流，所需的外加电压就可以降低。对于反向特性，在温度升高时，少数载流子的数量也增加，故反向饱和电流随温度也增大。当温度升高时，表现为正向特性左移，即死区电压和工作电压下降；反向特性下移，即反向饱和电流增加。

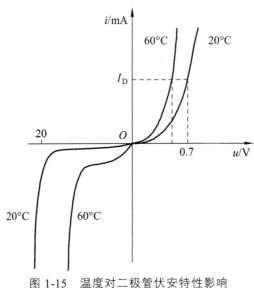

图 1-15　温度对二极管伏安特性影响

### 1.3.3　二极管的主要参数

描述器件特性的物理量，称为器件的参数。它是器件特性的定量描述，也是选择器件的依据。各种器件的参数可由手册查得。二极管的主要参数有：

（1）最大整流电流 $I_F$。它是二极管长期运行时，允许通过的最大正向平均电流。此值取决于 PN 结的面积、材料和外部散热条件。实际应用时，通过二极管的正向平均工作电流不能超过 $I_F$，否则二极管将因温升过高而烧毁。

（2）最大反向工作电压 $U_{RM}$。它是二极管正常工作时，允许外加的最大反向工作电压。当反向电压超过此值时，二极管可能被击穿而损坏。为了确保二极管工作安全，通常取击穿电压的一半作为 $U_{RM}$。

（3）反向电流 $I_R$。它是指二极管未击穿时的反向电流。此值越小，表示二极管的单向导电性越好。由于反向电流是由少数载流子形成，故 $I_R$ 对温度非常敏感。

（4）最高工作频率 $f_M$。它是保证二极管具有良好单向导电性能的最高工作频率。它的大小与 PN 结的结电容有关，结电容越小，则二极管允许的最高工作频率越高。当工作频率过高时，二极管将失去单向导电性能。

（5）直流电阻 $R_D$。它是指二极管两端所加的直流电压与流过二极管的直流电流之比，即

$$R_D = \frac{U_D}{I_D} \qquad (1\text{-}3)$$

$R_D$ 的几何意义是静态工作点 $Q$ 点到原点的直线斜率的倒数。二极管正向导通时，电流越大，直流电阻 $R_D$ 越小，对应如图 1-16（a）所示中的 $Q_1$ 和 $Q_2$，有 $R_{D1} < R_{D2}$。二极管反偏时流过二极管的电流很小，因此直流电阻很大。如果正反电阻差别越大，则说明二极管的单向导电性越好。

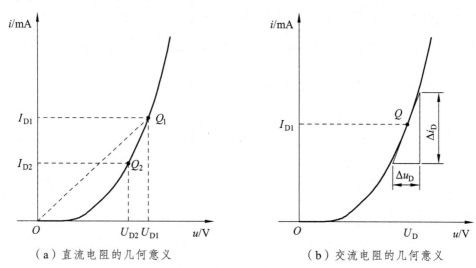

（a）直流电阻的几何意义　　　　　　　（b）交流电阻的几何意义

图 1-16　二极管的等效电阻

（6）交流电阻 $r_d$。二极管的交流电阻是在工作点 $Q$ 附近的电压变化量与电流变化量的比值，可以通过 $Q$ 点做切线而求得，如图 1-16（b）所示，即

$$r_d = \left.\frac{\Delta u_D}{\Delta i_D}\right|_Q = \left.\frac{\mathrm{d}u_D}{\mathrm{d}i_D}\right|_Q \qquad (1\text{-}4)$$

当二极管两端电压 $u$ 的幅度较大时，$r_d$ 的值也可以取近似为

$$r_d \approx \frac{U_T}{I_Q} = \frac{26\ \text{mV}}{I_Q} \qquad (1\text{-}5)$$

$r_d$ 的几何意义是二极管伏安特性曲线上 $Q$ 点处切线斜率的倒数。$r_d$ 一般在几十欧至几百欧。表 1-1 列出了几种二极管的典型参数。

表 1-1　几种二极管的典型参数

| 型号 | 参数 | | | | 备注 |
|------|------|------|------|------|------|
| | $I_F$/mA | $U_{RM}$/V | $I_R$/μA | $f_M$ | |
| 2AP1<br>2AP7 | 16<br>12 | 20<br>100 | ≤250<br>≤250 | 150 MHz<br>150 MHz | 点接触型锗管 |
| 2CZ52A<br>2CZ52D | 100<br>100 | 25<br>200 | ≤100<br>≤100 | 3 kHz<br>3 kHz | 面接触型硅管 |
| 2CZ56E<br>2CZ55C | 1 000<br>3 000 | 100<br>300 | ≤500<br>≤1 000 | 3 kHz<br>3 kHz | 加铝散热板 |

## 1.4 半导体二极管的等效模型和应用

### 1.4.1 小信号模型

当二极管外加正向偏置电压时,可得到其直流工作点 $Q(U_D, I_D)$,如图 1-17(a)所示,称为静态工作点。在此基础上给二极管外加微小变化的信号 $u = \Delta u_D$。二极管的电压和电流将在其伏安特性曲线上 $Q$ 点附近变化,且变化范围较小,可近似认为是在特性曲线的线性范围之内变化,于是用过 $Q$ 点的切线代替微小变化的曲线,如图 1-17(a)中 $Q$ 点附近的小直角三角形所示,并由此将工作在低频小信号时的二极管等效成一个动态电阻 $r_d = \dfrac{\Delta u_D}{\Delta i_D}\bigg|_Q$,同时将图 1-17(a)中的 $r_d$ 表示的模型,称为二极管的小信号电路模型。

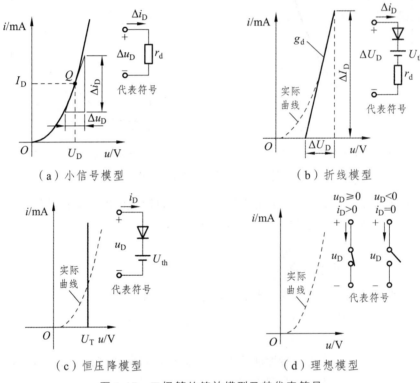

（a）小信号模型　　　　　　　　　　　（b）折线模型

（c）恒压降模型　　　　　　　　　　　（d）理想模型

图 1-17　二极管的等效模型及其代表符号

### 1.4.2 大信号模型

二极管在许多情况下都是工作在大信号条件下(如整流二极管、开关二极管等)。在大信号条件下,根据不同的精度要求,二极管可以用折线模型、恒压降模型和理想模型来表示。

**1. 折线模型**

图 1-17(b)所示为二极管的折线模型,该模型中考虑了二极管的开启电压 $U_{th}$。当 $U_D \geq U_{th}$ 时二极管导通,且电流 $i_D$ 与 $u_D$ 呈线性关系,直线的斜率为 $g_d = 1/r_d$,其中 $r_d = \Delta U_D / \Delta I_D$;当 $U_D < U_{th}$ 时二极管截止,电流为零。

### 2. 恒压降模型

图 1-17（c）为二极管的恒压降模型。当二极管的正向导通压降与外加电压相比不能忽略时，二极管正向导通可看成是恒压源（硅管典型值为 0.7 V；锗管典型值为 0.2 V），且不随电流变化而变化；截止时反向电流为零，作为开路处理。

### 3. 理想模型

图 1-17（d）为二极管的理想模型。在二极管的工作电压幅度较大时，可以忽略二极管的正向导通压降和反向饱和电流，即正偏时二极管导通电压为零，相当于开关闭合；反偏压时二极管截止电流为零，相当于开关断开。

二极管大信号模型常用来分析在大信号条件下工作时二极管的电压和电流的大小。在近似分析中，三种模型中理想模型误差最大，折线模型误差最小，但多数情况下选用恒压降模型。

## 1.4.3　半导体二极管的应用

二极管的应用范围很广，如整流电路、限幅电路、检波电路以及数字电路（在数字电路中用作开关元件）等，主要都是利用二极管的单向导电性来实现，因此，在应用电路中，关键是判断二极管的导通或者截止。二极管导通时一般用电压源 $U_D = 0.7 \text{ V}$（硅管，如果是锗管用 0.2 V）代替，或近似用短路线代替。截止时，一般将二极管断开，即认为二极管反向电阻为无穷大。

### 1. 整流电路

将交流电压变成直流电压，称为整流，利用二极管的单向导电性，可以起到整流作用。整流又可分为半波、全波、桥式及倍压整流。以如图 1-18（a）所示半波整流电路为例，说明二极管在整流电路中的应用，其中 $u_i$ 为正弦波，$u_o$ 为输出电压。

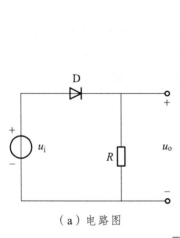
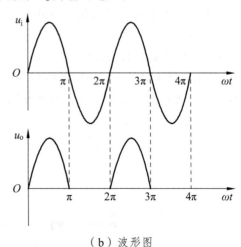

（a）电路图　　　　　　　　　　（b）波形图

图 1-18　半波整流电路

当 $u_i$ 为正半周时，二极管正向偏置，此时二极管导通，且 $u_o = u_i$；当 $u_i$ 为负半周时，二极管反向偏置，此时二极管截止，$u_o = 0$，波形如图 1-18（b）所示。可见 $u_i$ 在交流电压的整个周期内，负载 $R$ 输出为脉动的直流电压（大小变化，方向不变）。由于在负载两端正弦电压只有半个周期，故称半波整流。

## 2. 限幅电路

把输出电压的最高电平限制在某一数值或某一范围内，称为限幅电路。举例说明。

**【例 1-1】** 电路如图 1-19 所示，设输入 $u_i = 10\sin\omega t(V)$，二极管是理想的，试画出输出电压 $u_o$ 的波形。

**解**：由图（a）可以看出，当 $u_i \geq 5$ V 时，$D_1$ 导通，$D_2$ 截止，输出电压 $u_o = 5$ V；当 $u_i \leq -5$ V 时，$D_1$ 截止，$D_2$ 导通，输出电压 $u_o = -5$ V；当 $-5$ V $\leq u_i \leq 5$ V 时，$D_1$、$D_2$ 都截止，输出电压 $u_o = u_i$，其输出波形如图（b）所示，将输出电压的幅度限定在 $\pm 5$ V 之内，故为双向限幅电路。

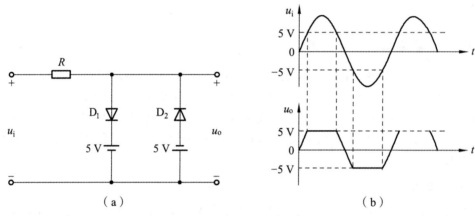

图 1-19　双向限幅电路

## 3. 钳位电路

在图 1-20 所示电路中，输入端 A 的电位 $U_A = 0$ V，输入端 B 的电位 $U_B = 3$ V，输出端 Y 的电位应为多少呢？

由于 A 端电位比 B 端低，因此二极管 $D_1$ 优先导通，则 $D_1$ 正极端 C 点电位 $U_C = 0.7$ V$\approx 0$ V。此时 $D_2$ 负极端电位 $U_B = 3$ V，正极端电位为 0 V，承受反向电压，因而截止。这里 $D_1$ 起钳制电位的作用，把输出 Y 端的电位钳制在 0 V。二极管这种作用称为钳位。

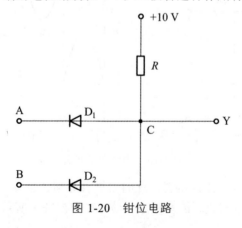

图 1-20　钳位电路

4. 检波电路

在广播、电视及通信中，为了使声音、图像能远距离传送，需要将一低频信号"装载"到高频信号（叫载波信号）上，以便从天线上发射出去，这个过程称为调制。经高频传送以后，在接收端将低频信号从已调制信号（高频信号）中取出，称为检波或解调。

一个二极管检波电路如图 1-21（a）所示，输入信号为已调制高频信号（见图 b），即带有低频信号的特征，由收音机、电视机接收后，首先由检波二极管 D 将高频信号的负半周去掉（见图 a），然后利用电容器将高频信号滤去，留下低频信号（见图 d），可以再放大这一低频信号，送给负载（扬声器或显像管），还原成声音或图像。

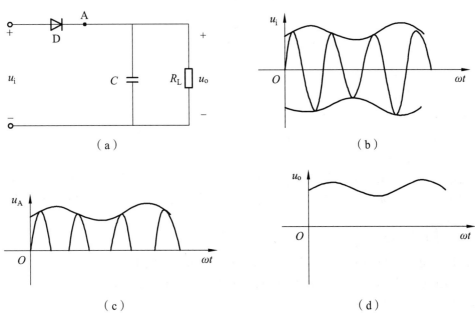

图 1-21　二极管检波电路及波形

## 1.5　特殊半导体二极管

二极管的种类有很多，利用 PN 结的单向导电性制成的二极管有整流二极管、检波二极管和开关二极管等。此外，还有一些利用 PN 结其他特性，采用适当工艺制成特殊功能二极管，如稳压二极管、光电二极管、发光二极管、光电耦合器件及变容二极管等。

### 1.5.1　稳压二极管

稳压管是一种由特殊工艺制成的面接触型硅二极管，与普通二极管相比，其正向特性相似，反向特性比较陡，其表示符号与伏安特性如图 1-22 所示。稳压管工作在反向击穿区并且在一定电流范围内（$\Delta I_Z$）不会被损坏。由于稳压管的击穿是齐纳击穿，故稳压管也称为齐纳二极管。由图 1-22（b）可以看出，稳压管反向电压击穿后，反向电流在很大范围内变化，管子两端的电压基本保持不变，这就是稳压管之所以稳压的原因。

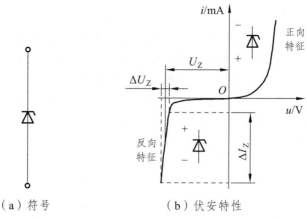

（a）符号　　　　　　（b）伏安特性

图 1-22　稳压管的符号及伏安特性

稳压管的主要参数如下：

（1）稳定电压 $U_Z$。

稳定电压是稳压管正常工作时的反向击穿电压。由于工艺等原因，使参数具有离散性，即使同一型号的管子，其数值略有不同。如 2CW15 稳压管的稳定电压在 7 ~ 8.5 V。

（2）稳定电流 $I_Z$。

稳定电流是指稳压管工作在稳定电压时的参考电流。当稳压管中的电流低于稳定电流时稳压效果下降。实际使用时，稳压管中的电流不能低于稳定电流。如 2GW15 稳压管的稳定电流为 5 mA。

（3）最大稳定电流 $I_{ZM}$。

最大稳定电流是指管子反向工作时稳压范围内的最大稳定电流。如果超过此数值，稳压管会由于热击穿而损坏。如 2CW15 稳压管的最大稳定电流为 29 mA。

（4）最大允许耗散功率 $P_{ZM}$。

最大允许耗散功率是指稳压管的 PN 结不至于由于结温过高而损坏的最大功率它与稳压管的材料、结构及工艺有关，它等于稳定电压 $U_Z$ 和最大稳定电流的乘积。如 2CW15 稳压管的最大允许耗散功率为 250 mW。

（5）动态电阻 $r_z$。

动态电阻是指在稳压工作区域内，两端电压的变化量与电流变化量的比值，即

$$r_z = \frac{\Delta U_Z}{\Delta I_Z} \tag{1-6}$$

由图 1-22（b）所示的伏安特性可知，动态电阻 $r_z$ 越小，反向伏安特性曲线就越陡，说明稳压性能越好。如 2CW15 稳压管的动态电阻 $r_z \leqslant 15\ \Omega$。

（6）电压温度系数 $\alpha_u$。

由于稳压管工作在反向击穿状态，故受温度的影响大。电压温度系数就是反映稳压管稳定电压受温度影响的参数，它是用温度每升高 1 °C，稳定电压的相对变化量（$\Delta U_Z/U_Z$）来表示的，即

$$\alpha_u = \frac{1}{\Delta T} \cdot \frac{\Delta U_Z}{U_Z} \tag{1-7}$$

电压温度系数有正有负，一般稳定电压 $U_Z$ 低于 6 V 时电压温度系数为负值，$U_Z$ 高于 6 V 时电压温度系数为正值，6 V 左右的稳压管其电压温度系数接近于零，如 2CW15 稳压管的电压温度系数为 0.01 ~ 0.08。

【例 1-2】 有两个稳压管 $D_1$ 和 $D_2$，它们的稳压值为 $U_{Z1} = 6$ V，$U_{Z2} = 8$ V，正向导通压降均为 $U_D = 0.6$ V，将它们串联可得到几种稳压值？

解：可得到 4 种稳压值，如图 1-23 所示。图（a）$U = U_{Z1} + U_{Z2} = 14$ V；图（b）$U = U_D + U_D = 1.2$ V；图（c）$U = U_D + U_{Z2} = 8.6$ V；图（d）$U = U_{Z1} + U_D = 6.6$ V。

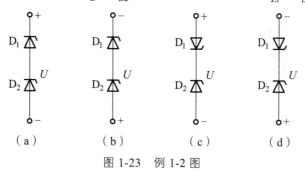

图 1-23 例 1-2 图

### 1.5.2 发光二极管

发光二极管又称 LED，是一种把电能直接转换成光能的固体发光器件。发光二极管也是由 PN 结构成的，具有单向导电性，当发光二极管加上正向电压时能发出一定波长的光，采用不同的材料，可发出红、黄、绿等不同颜色的光。图 1-24 所示为发光二极管外形及其图形符号。

发光二极管常用作显示器件，可单个使用，也可做成七段式或矩阵式数字显示器件。工作电流一般为几毫安至几十毫安。

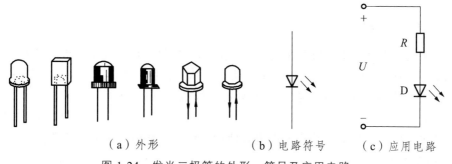

（a）外形　　　　　　（b）电路符号　　　（c）应用电路

图 1-24 发光二极管的外形、符号及应用电路

在实际应用时，发光二极管需要串联合适的限流电阻，如图 1-24（c）所示。发光二极管的极性判别：将其放在光源下，观察两个金属片的大小，通常金属片较大的一端为负极，较小的一端为正极。对于单色二极管，引脚较长的一端为阳极，短的一端是阴极。

### 1.5.3 光电二极管

光电二极管（也叫光敏二极管）是将光信号变成电信号的半导体器件，与光敏电阻器相比具有灵敏度高、高频性能好、可靠性好、体积小、使用方便等优点。和普通二极管相比，它的核心部分也是一个 PN 结，在结构上不同的是，为了便于接受入射光照，在光电二极管的管壳上有一个能射入光线的窗口，窗口上镶着玻璃透镜，光线可通过透镜照射到管芯，而且 PN 结面积尽量做得大了一些，电极面积尽量小些。PN 结的结深小于 1 μm，这主要是为了提高光的转换效率。其外形和符号分别如图 1-25（a）、（b）所示。

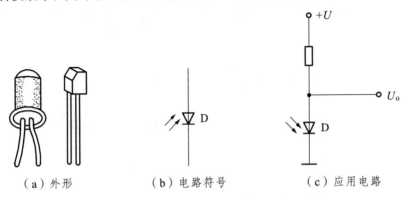

（a）外形　　　　　　（b）电路符号　　　　　（c）应用电路

图 1-25　光电二极管的外形、符号及应用电路

　　光电二极管是工作在反向电压之下，即在使用时要反向接入电路中，正极接电源负极，负极接电源正极，如果在外电路上接上负载，负载上就获得了电信号，而且这个电信号随着光的变化而相应变化，图 1-25（c）所示为光电二极管的工作电路。当没有光照时，反向电流很小（一般小于 0.1 μA），称为暗电流，输出为高电平 U；当有光照时，携带能量的光子进入 PN 结后，把能量传给共价键上的束缚电子，使部分电子挣脱共价键，从而产生电子-空穴对，称为光生载流子。它们在反向电压作用下参加漂移运动，使反向电流明显变大，光的强度越大，反向电流也越大，这种特性称为"光电导"。光电二极管在一般照度的光线照射下，所产生的电流叫作光电流。此时输出电压为低电平。

### 1.5.4　变容二极管

　　变容二极管是利用 PN 结的电容效应而工作的。PN 结类似于一个平板电容器，其符号如图 1-26 所示。变容二极管工作在反向偏置状态，其电容量一般为几十至几百皮法，且随反偏电压（0～30 V）的升高而减小（约15 倍）。

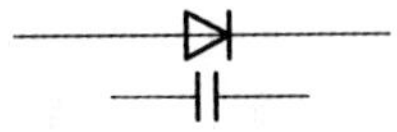

图 1-26　变容二极管符号

　　变容二极管的常见用途是作为调谐电容使用，例如，在电视机的频道选择器中，利用它来微调选择电视台的频道。

# 实验 1　二极管的识别与检测

### 一、实验目的

（1）熟悉晶体二极管的外形及引脚识别方法。

（2）熟悉半导体二极管的类别、型号及主要性能参数。

（3）掌握用万用表判别二极管的极性及其性能的好坏。

## 二、实验仪器

（1）万用表。

（2）不同规格、类型的半导体二极管若干。

## 三、实验步骤

### 1. 普通二极管的识别与检测

（1）极性的判别。

对于极性不明的二极管，可用指针式万用表电阻挡通过测量二极管的正、反向电阻值来判别其阳极、阴极，具体测试方法如图1-27所示。

将万用表置于 $R×1k$ 或 $R×100$ 挡，将万用表两根表笔与二极管两端相接，将黑、红表笔分别接二极管两端，若测得电阻阻值小，再将黑、红表笔对调测试，若测得阻值大，则表明二极管是好的。在测得阻值小的那次中，黑表笔所接一端是阳极，红表笔所接一端是阴极；若使用数字万用表则相反，红表笔是阳极，黑表笔是阴极，但数字表的电阻挡不能用来测量二极管，必须用二极管挡。

若两次测得的阻值均为零或均为无穷大，表明二极管内部短路或断路，该二极管已损坏。

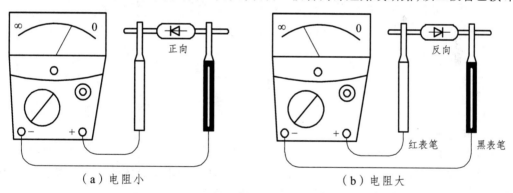

（a）电阻小　　　　　　　　　　　（b）电阻大

图1-27　二极管性能简易测试

（2）单向导电性能的检测及好坏的判断。

通常，锗材料二极管的正向电阻值为 $1\ k\Omega$ 左右，反向电阻值为 $300\ \Omega$ 左右。硅材料二极管的电阻值为 $5\ k\Omega$ 左右，反向电阻值为∞（无穷大）。正向电阻越小越好，反向电阻越大越好。正、反向电阻值相差越悬殊，说明二极管的单向导电特性越好。

若测得二极管的正、反向电阻值均接近0或阻值较小，则说明该二极管内部已击穿短路或漏电损坏。若测得二极管的正、反向电阻值均为无穷大，则说明该二极管已开路损坏。

### 2. 用数字万用表检测二极管

将数字万用表拨至"二极管、蜂鸣"挡，红表笔对黑表笔有+2.8 V的电压，此时数字万用表显示的是所测二极管的压降（单位为mV）。正常情况下，正向测量时压降为300～700 mV，反向测量时为溢出"1"。若正反测量均显示"000"，说明二极管短路；正向测量显示溢出"1"，说明二极管开路（某些硅堆正向压降有可能显示溢出）。另外，此法可用来辨别硅管和锗管。

若正向测量的压降范围为 500～800 mV,则所测二极管为硅管;若压降范围为 150～300 mV, 则所测二极管为锗管。三极管各结通断的判别,NPN 和 PNP 的判断,各极的判断均能用此法来进行,而且很方便。

## 本章小结

（1）半导体器件是组成电子线路的关键元件,电子线路的性能与其所用的半导体器件的特性有着密切的关系。常用的半导体材料有硅、锗、砷化镓等。

（2）N 型半导体中多数载流子为自由电子,少数载流子为空穴;P 型半导体中多数载流子为自由电子,少数载流子为空穴。

（3）掺入杂质的浓度决定多数载流子浓度;温度决定少数载流子的浓度。

（4）当 PN 结正向偏置时,耗尽层变窄,回路中产生一个较大的正向电流,PN 结处于导通状态;当 PN 结反向偏置时,耗尽层变宽,回路中反向电流非常小,几乎等于零,PN 结处于截止状态。所以,PN 结具有单向导电性。

（5）在大信号作用下,普通二极管等效为理想模型,即加正向电压时导通,两端的电压很小,可近似看作压降为 0,如同开关闭合;加反向电压时截止,流过的电流很小,可近似看作开路,如同开关断开。因此,二极管具有开关特性。

（6）利用二极管可以组成整流、检波、限幅等电路。

## 习　题

### 一、填空题

1. 半导体是导电能力介于_____和_____之间的物质。

2. 利用半导体的_____特性,可制成杂质半导体;利用半导体的_____特性,可制成光敏电阻,利用半导体的_____特性,可制成热敏电阻。

3. PN 结加正向电压时_____,加反向电压时_____,这种特性称为 PN 结的_____特性。

4. PN 结正向偏置时 P 区的电位_____N 区的电位。

5. 二极管正向导通的最小电压称为_____电压,使二极管反向电流急剧增大所对应的电压称为_____电压.

6. 二极管最主要的特性是_____,使用时应考虑的两个主要参数是_____和_____。

7. 在常温下,硅二极管的死区电压约_____V,导通后在较大电流下的正向压降约_____V。

8. 在常温下,锗二极管的死区电压约为_____V,导通后在较大电流的正向压降约为_____V。

9. 半导体二极管加反向偏置电压时,反向峰值电流越小,说明二极管的_____性能越好。

10. 稳压管工作在伏安特性的_____区，在该区内的反向电流有较大变化，但它两端的电压_____。

11. 理想二极管正向电阻为_____，反向电阻为_____，这两种状态相当于一个_____。

12. 当温度升高时，二极管的正向电压_____，反向电流_____。

## 二、选择题

1. 二极管的导通条件是（　　　　）。

　　A. $U_D > 0$　　　　　　B. $U_D <$ 死区电压　　　　C. $U_D >$ 击穿电压

2. 硅二极管的正向电压在 0.7 V 的基础上增加 10%，它的电流（　　　　）。

　　A. 基本不变　　　　　B. 增加 10%　　　　　C. 增加 10% 以上

3. 锗二极管的正向电压在 0.3 V 的基础上增大 10%，它的电流（　　　　）。

　　A. 基本不变　　　　　B. 增加 10%　　　　　C. 增加 10% 以上

4. 用万用表的 $R \times 100\ \Omega$ 档和 $R \times 1\ k\Omega$ 档分别测量一个正常二极管的正向电阻，两次测量值分别为 $R_1$ 和 $R_2$，则 $R_1$ 与 $R_2$ 的关系为（　　　　）。

　　A. $R_1 > R_2$　　　　　B. $R_1 = R_2$　　　　　C. $R_1 < R_2$

5. 当温度为 20 ℃ 时，二极管的导通电压为 0.7 V，若其他参数不变，当温度升高到 40 ℃ 时，二极管的导通电压将（　　　　）。

　　A. 等于 0.7 V

　　B. 小于 0.7 V

　　C. 大于 0.7 V

6. 如图 1-28 所示，$U_{CC} = 12\ V$，二极管均为理想元件，则 $D_1$、$D_2$、$D_3$ 的工作状态为（　　）。

　　A. $D_1$ 导通，$D_2$、$D_3$ 截止

　　B. $D_2$ 导通，$D_1$、$D_3$ 截止

　　C. $D_3$ 导通，$D_1$、$D_2$ 截止

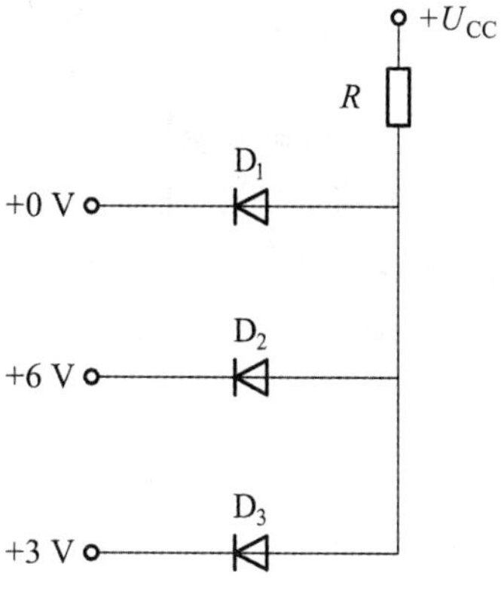

7. 在图 1-29 所示电路中，稳压管 $D_{Z1}$ 的稳定电压为 9 V，$D_{Z2}$ 的稳定电压为 15 V，输出电压 $U_o$ 等于（　　　　）。

　　A. 15 V　　　B. 9 V　　　C. 24 V

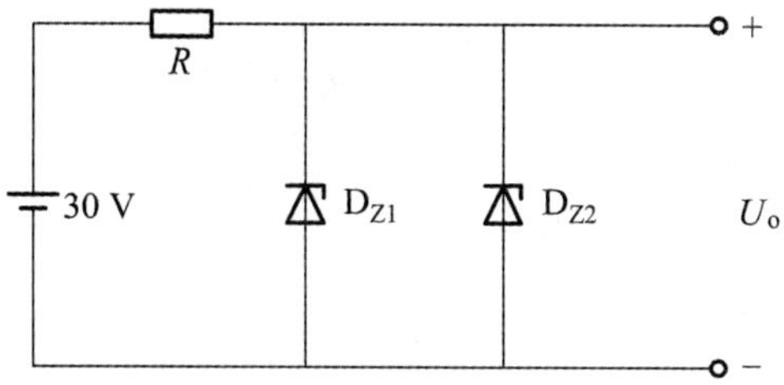

图 1-28

图 1-29

8. 在图 1-30 中，$u_i = 10\sin \omega t (V)$，忽略二极管导通压降，用示波器观察 $u_o$ 的波形，正确的是（　　　　）。

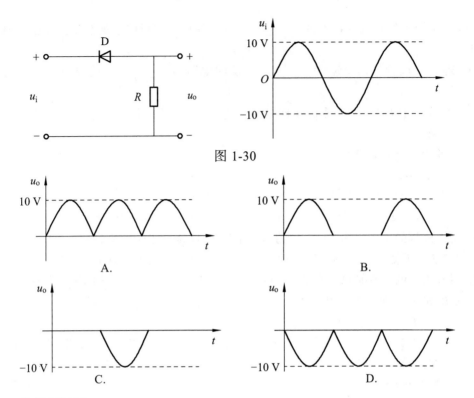

图 1-30

A.

B.

C.

D.

## 三、分析画图题

1. 电路如图 1-31 所示，设 $E = 6\,\text{V}$，$u_i = 12\sin\omega t(\text{V})$，二极管的正向压降忽略不计，试在图中 1-32 画出 $u_{o1}$ 的波形。

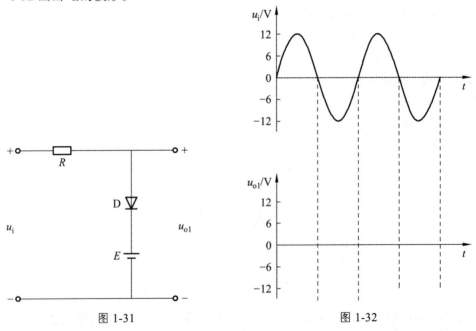

图 1-31

图 1-32

2. 电路如图 1-33 所示，设 $E = 6\,\text{V}$，$u_i = 12\sin\omega t(\text{V})$，二极管的正向压降忽略不计，试在图 1-34 中画出 $u_{o2}$ 的波形。

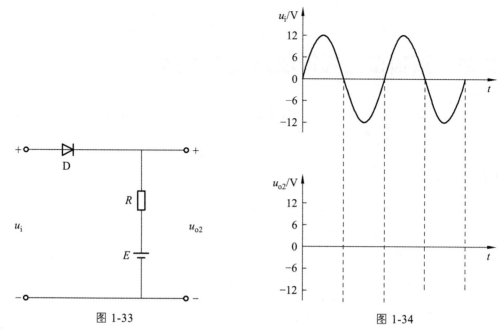

图 1-33                                    图 1-34

3. 电路如图 1-35 所示，设 $E = 6$ V， $u_i = 12\sin \omega t$(V)，二极管的正向压降忽略不计，试在图 1-36 中画出 $u_{o3}$ 的波形。

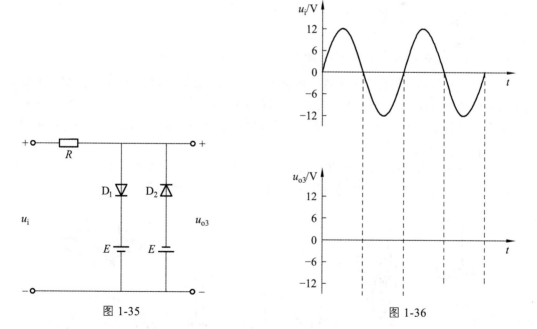

图 1-35                                    图 1-36

# 第2章　双极型三极管及其放大电路

## 2.1　半导体三极管

### 2.1.1　半导体三极管的结构及分类

半导体三极管通常简称为三极管，也称为晶体管和晶体三极管。它采用光刻、扩散等工艺在同一块半导体硅（锗）片上掺杂形成三个区、两个 PN 结，并引出三个电极。由两个 N 区夹一个 P 区结构组成的三极管称为 NPN 型晶体管；由两个 P 区夹一个 N 区结构组成的三极管称为 PNP 型晶体管。

晶体管按照制造材料分为锗管和硅管；按照工作频率分为低频管和高频管；按照允许耗散的功率大小分为小功率管、中功率管和大功率管。常见外形如图 2-1 所示。

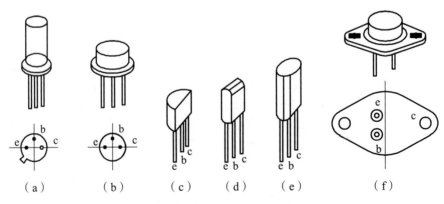

图 2-1　常用三极管的外形及管脚排列

三极管的结构示意图及其符号如图 2-2 所示。图 2-2（a）所示为 NPN 型三极管，图 2-2（c）所示为 PNP 型三极管。由图可见，两种三极管都有三个区：基区、集电区和发射区；两个 PN 结：集电区和基区之间的 PN 称为集电结，基区和发射区之间的 PN 结称为发射结；三个电极：基极 b、集电极 c 和发射极 e。其结构特点是发射区掺杂浓度高，集电区掺杂浓度比发射区低，且集电区面积比发射区大，基区掺杂浓度远低于发射区且很薄，三极管符号中的箭头方向是表示发射极电流的实际流向。

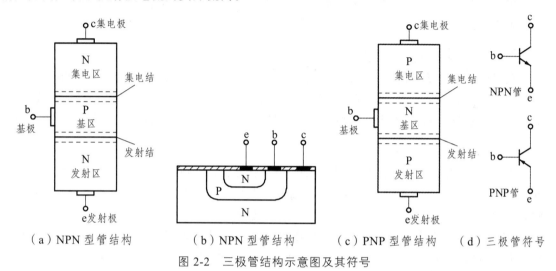

（a）NPN 型管结构　　　（b）NPN 型管结构　　　（c）PNP 型管结构　　（d）三极管符号

图 2-2　三极管结构示意图及其符号

由于三极管三个区的作用不同，三极管在制作时，每个区的掺杂及面积均不同。其内部结构特点是：

（1）发射区的掺杂浓度高；

（2）基区做的很薄，且掺杂浓度低；

（3）集电区面积最大。

以上特点是三极管实现放大作用的内部条件。

尽管 NPN 型和 PNP 型三极管的结构不同，使用时外加电源也不同，但接成放大电路时工作原理是相似的，本章将以 NPN 管为例，讨论三极管放大电路的基本原理、分析和计算方法。

### 2.1.2　三极管的工作原理

#### 2.1.2.1　三极管放大交流信号的外部条件

要使三极管正常放大交流信号，除了需要满足内部条件外，还需要满足外部条件：发射结外加正向电压（正偏压），集电结外加反向电压（反偏压），对于 NPN 管，$U_{BB} > 0$，$U_{CC} < 0$；对于 PNP 管，$U_{BB} < 0$，$U_{CC} > 0$。为此可用两个电源来实现正确偏置，如图 2-3 所示。

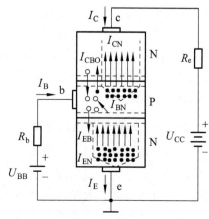

图 2-3　三极管内部载流子运动示意图

### 2.1.2.2 晶体管内部载流子运动过程

**1. 发射区电子向基区运动**

如图 2-3 所示，由于发射结外加正向电压，多子的扩散运动增强，所以发射区的多子自由电子不断越过发射结扩散到基区，形成了发射区电流 $I_{EN}$（电流的方向与电子运动方向相反）。同时电源向发射区补充电子，形成电流 $I_E$。而此时基区的多子空穴也会向发射区扩散，形成空穴电流 $I_{EB}$。但由于基区掺杂浓度低，空穴浓度小 $I_{EB}$ 很小，可忽略不计，故 $I_{EN}$ 基本上等于发射极电流 $I_E$。

**2. 发射区注入基区的电子在基区的扩散与复合**

在发射区的电子到达基区后，由于浓度的差异，且基区很薄，电子很快运动到集电结。在扩散过程中有一部分电子与基区的空穴相遇而复合，同时电源 $U_{BB}$ 不断向基区补充空穴，形成基区复合电流 $I_{BN}$。由于基区掺杂浓度低且薄，故复合的电子很少，亦即 $I_{BN}$ 很小。

**3. 集电区收集发射区扩散过来的电子**

由于集电结加反向电压，有利于少子的漂移运动，所以基区中扩散到集电结边缘的非平衡少子电子，在电场力作用下，几乎全部漂移过集电结，到达集电区，形成集电极电流 $I_{CN}$。同时，集电区少子空穴和基区本身的少子电子，也要向对方做漂移运动，形成反向饱和电流 $I_{CBO}$。$I_{CBO}$ 的数值很小，一般可忽略。但由于 $I_{CBO}$ 是由少子形成的电流，称为集电结反向饱和电流，方向与 $I_{CN}$ 一致，该电流与外加电压关系不大，但受温度影响很大，易使三极管工作不稳定，所以在制造管子时应设法减少 $I_{CBO}$。

图 2-3 是将三极管连接成共发射极组态时内部载流子运动的示意图，由图可得

$$I_E = I_{EN} = I_{BN} + I_{CN} \qquad (2\text{-}1)$$

$$I_C = I_{CN} + I_{CBO} \qquad (2\text{-}2)$$

$$I_B = I_{BN} - I_{CBO} \qquad (2\text{-}3)$$

将式（2-2）、式（2-3）代入式（2-1）中，有

$$I_E = (I_B + I_{CBO}) + (I_C - I_{CBO}) = I_B + I_C \qquad (2\text{-}4)$$

即发射极的电流等于基极电流与集电极电流之和。

综上所述，三极管在发射结正偏电压、集电结反偏电压的作用下，形成 $I_B$、$I_C$ 和 $I_E$；其中 $I_C$ 和 $I_E$ 主要由发射区的多数载流子从发射区运动到集电区而形成，$I_B$ 主要是电子和空穴在基区复合形成的电流。可见三极管内部电流由两种载流子共同参与导电而形成，因此称之为"双极型三极管"。

### 2.1.2.3 三极管的电流分配关系

三极管有三个电极，可视为一个二端口网络，其中两个电极构成输入端口，两个电极构成输出端口，输入、输出端口共用某一个电极。根据公共电极的不同，三极管组成的放大电路有三种连接方式，通常称为放大电路的三种组态，即共基极、共发射极和共集电极电路组态，如图 2-4 所示。无论哪种连接方式，要使三极管有放大作用，都必须保证发射结正偏、

集电结反偏，三极管内部载流子的运动和分配过程，以及各电极的电流将不随连接方式的变化而变化。

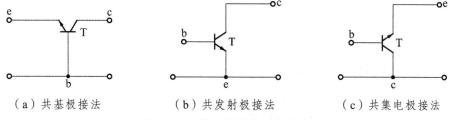

（a）共基极接法　　　　　（b）共发射极接法　　　　　（c）共集电极接法

图 2-4　晶体三极管的三种组态

根据图 2-4 中晶体三极管的三种组态，可分别用三个电流放大系数来表示它们之间的关系。

1. 共基极直流电流放大系数 $\bar{\alpha}$

将集电极电流 $I_C$ 与发射极电流 $I_E$ 之比称为共基极直流电流放大系数，即

$$\bar{\alpha} = \frac{I_C}{I_E} \tag{2-5}$$

$\bar{\alpha}$ 的值小于 1 但接近 1，一般为 0.95～0.99，即意味着 $I_C \approx I_E$。晶体三极管的基区越薄，掺杂浓度越低，发射区发射到基区的电子复合的机会就越少，$\bar{\alpha}$ 的值就越接近 1。

由式（2-4）和式（2-5）可得

$$I_C = \bar{\alpha} I_E \tag{2-6}$$

$$I_B = I_E - I_C = I_E - \bar{\alpha} I_E = (1 - \bar{\alpha}) I_E \tag{2-7}$$

2. 共发射极直流电流放大系数 $\bar{\beta}$

将集电极电流 $I_C$ 与基极电流 $I_B$ 之比称为共发射极直流电流放大系数，即

$$\bar{\beta} = \frac{I_C}{I_B} \tag{2-8}$$

$\bar{\beta}$ 的值远大于 1，一般在 10～100 左右，说明 $I_C \gg I_B$。此值表征了三极管对直流电流的放大能力。它也表示了基极电流对集电极电流的控制能力，就是以小的 $I_B(\mu A)$，控制大的 $I_C(mA)$。所以，三极管是一个电流控制器件，利用这一性质可以实现放大作用。

由式（2-4）和式（2-8）可得

$$I_C = \bar{\beta} I_B \tag{2-9}$$

$$I_E = I_B + I_C = I_B + \bar{\beta} I_B = (1 + \bar{\beta}) I_B \tag{2-10}$$

3. 共集电极直流电流放大系数 $\bar{\gamma}$

将发射极电流 $I_E$ 与基极电流 $I_B$ 之比称为共集电极直流电流放大系数，即

$$\bar{\gamma} = \frac{I_E}{I_B} \tag{2-11}$$

由于 $I_E \gg I_B$，故 $\bar{\gamma}$ 的值也远大于 1。

由式（2-4）和式（2-11）可得

$$I_E = \bar{\gamma} I_B \qquad (2\text{-}12)$$

$$I_C = I_E - I_B = \bar{\gamma} I_B - I_B = (\bar{\gamma} - 1) I_B \qquad (2\text{-}13)$$

由此可得出 $\bar{\beta}$、$\bar{\alpha}$ 和 $\bar{\gamma}$ 的三者关系为

$$\bar{\beta} = \frac{I_C}{I_B} = \frac{\bar{\alpha} I_E}{(1-\bar{\alpha}) I_E} = \frac{\bar{\alpha}}{1-\bar{\alpha}} = \bar{\gamma} - 1 \qquad (2\text{-}14)$$

$$\bar{\alpha} = \frac{I_C}{I_E} = \frac{\bar{\beta}}{1+\bar{\beta}} = \frac{\bar{\gamma}-1}{\bar{\gamma}} \qquad (2\text{-}15)$$

$$\bar{\gamma} = \frac{I_E}{I_B} = \frac{(1+\bar{\beta}) I_B}{I_B} = 1 + \bar{\beta} = \frac{1}{1-\bar{\alpha}} \qquad (2\text{-}16)$$

若考虑 $I_{CBO}$ 的影响，则由图 2-4 可得

$$I_C = I_{CN} + I_{CBO} \qquad (2\text{-}17)$$

$$I_B = I_{BN} - I_{CBO} \qquad (2\text{-}18)$$

实际上 $\bar{\beta}$ 值应为 $I_{CN}$ 和 $I_{BN}$ 之比，即

$$\bar{\beta} = \frac{I_{CN}}{I_{BN}} \qquad (2\text{-}19)$$

综合式（2-17）、式（2-18）和式（2-19）可得

$$I_C = I_{CN} + I_{CBO} = \bar{\beta} I_{BN} + I_{CBO} = \bar{\beta}(I_B + I_{CBO}) + I_{CBO} = \bar{\beta} I_B + (1+\bar{\beta}) I_{CBO}$$

令 $I_{CEO} = (1+\bar{\beta}) I_{CBO}$，则

$$I_C = \bar{\beta} I_B + I_{CEO} \qquad (2\text{-}20)$$

$I_{CEO}$ 称为三极管的反向穿透电流，它在数值上等于 $I_{CBO}$ 的 $(1+\bar{\beta})$ 倍。在温度变化时，$I_{CEO}$ 对 $I_C$ 的影响较大，必要时须考虑 $I_{CEO}$ 的影响。在恒温情况下，工程计算一般忽略 $I_{CEO}$。

### 2.1.3 三极管的特性曲线及主要参数

#### 2.1.3.1 三极管的特性曲线

晶体三极管的特性曲线是指其各电极间电压和电流之间的关系曲线，包括输入特性曲线和输出特性曲线，它们是三极管内部特性的外部表现，是分析放大电路的重要依据。这两组曲线可通过晶体管特性图示仪测得，也可通过实验的方法得到。图 2-5 是以共发射极放大电路为例的三极管特性测试电路示意图。

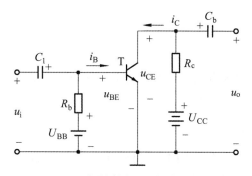

图 2-5 三极管特性测试电路示意图

1. 输入特性曲线

对于图 2-5 所示测试电路，输入特性曲线是指在集射极电压 $u_{CE}$ 为一定值时，输入基极电流 $i_B$ 与输入基射极电压 $u_{BE}$ 之间的关系曲线，即

$$i_B = f(u_{BE})\big|_{u_{CE}=常数}$$

图 2-6（a）是 NPN 型硅晶体三极管的输入特性曲线。实际上输入特性曲线和二极管的正向伏安特性曲线很相似，也存在死区电压。当 $u_{BE}$ 小于死区电压时，三极管截止，$i_B = 0$。

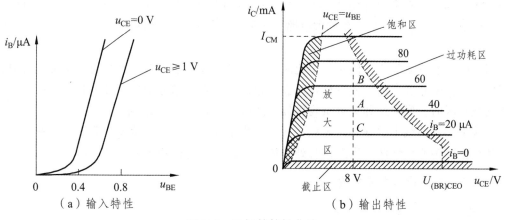

（a）输入特性　　　　　（b）输出特性

图 2-6　三极管特性曲线

一般硅晶体三极管的死区电压典型值为 0.5 V，锗晶体三极管的死区电压典型值为 0.1 V。当 $u_{BE}$ 大于死区电压时，基极电流随着 $u_{BE}$ 的增加迅速增大，此时三极管导通。在图中只给出两条曲线：$u_{CE} = 0$ V 和 $u_{CE} = 1$ V 并且 $u_{CE} > 1$ V 的输入特性曲线右移了一段距离。这是由于 $u_{CE} = 0$ V 时，集电结处于正向偏置，集电区没有收集电子的能力或很弱，此时发射区发射的电子在基区复合的多，$u_{CE} \geq 1$ V 后，集电结处于反向偏置，集电区收集电子的能力增强，更多的发射区电子被"收集"到集电区，因此在相同的 $u_{BE}$ 的情况下，基极电流较 $u_{CE} = 0$ V 小。

此外，$u_{CE} \geq 1$ V 以后，只要 $u_{BE}$ 一定，发射区发射到基区的电子数目就一定，这时 $u_{CE}$ 已足以把这些电子的大部分收集到集电区，再增大 $u_{CE}$ 基极电流 $i_B$ 也不再随之明显变化，$u_{CE} \geq 1$ V 以后的输入特性曲线是重合的。

实际放大电路中大都满足 $u_{CE} \geq 1$ V，因此三极管的输入特性曲线都是指这条曲线。三极管导通后，发射结的导通电压和二极管基本一致，工程计算典型值一般硅管取 $|U_{BE}| = 0.7$ V，

锗管取 $|U_{BE}| = 0.2\ V$。

**2. 输出特性曲线**

图 2-5 所示共发射极放大电路，三极管输出特性是指当 $i_B$ 为定值时，集电极电流 $i_C$ 与集射极之间电压 $u_{CE}$ 的关系曲线，即

$$i_C = f(u_{CE})\big|_{i_B=常数}$$

不同的基极电流 $i_B$ 对应的曲线不同，因此三极管的输出特性实际上是一簇曲线，图 2-6 （b）即为典型的 NPN 硅三极管的输出特性。一般将输出特性分成三个区：放大区、饱和区和截止区。

（1）放大区。

三极管工作在放大区时，其发射结正向偏置，集电结处于反向偏置，集电极电流基本不随 $u_{CE}$ 而变，故 $i_C$ 具有恒流特性。利用这个特点，晶体三极管在集成电路中，广泛被用作恒流源和有源负载。在放大区满足 $\Delta i_C = \beta \Delta i_B$ 关系，因而放大区也称为线性区。

（2）饱和区。

三极管工作在饱和区时 $u_{CE} < 1\ V$，此时发射结正偏，集电结正偏。三极管进入饱和区后，$\Delta i_C \neq \beta \Delta i_B$，此时 $\beta$ 下降，$u_{CE}$ 很小，估算小功率三极管电路时，硅管典型值一般取 $|U_{CES}| = 0.3\ V$，锗管典型值取 $|U_{CES}| = 0.1\ V$。在放大电路中应避免三极管工作在饱和区。

（3）截止区。

当发射结加反偏压或正偏压低于死区电压（又叫开启电压），并且集电结反偏置时，三极管即工作在截止区。为了使三极管可靠截止，常使发射结处于反向偏置状态，所以三极管工作在截止区时，发射结和集电结均反偏，此时 $i_B = 0$，$i_C \leq I_{CEO}$ 很小。

在输出特性曲线上的饱和区和截止区，输出电流 $i_C$ 和输入电流 $i_B$ 为非线性关系，故称饱和区和截止区为非线性区。当三极管处于放大电路时，应避免进入非线性区。

### 2.1.3.2 三极管的主要参数

**1. 电流放大系数**

（1）共发射极电流放大系数。$\bar{\beta} \approx \beta$。

（2）共基极电流放大系数。$\bar{\alpha} = \alpha$。

$$\alpha = \frac{\beta}{1+\beta}$$

**2. 极间反向电流**

（1）集电极和基极之间的反向饱和电流 $I_{CBO}$。发射极开路。

（2）集电极和发射极之间的穿透电流 $I_{CEO}$。基极开路。

$$I_{CEO} = (1+\beta)I_{CBO}$$

**3. 极限参数**

（1）集电极最大允许电流 $I_{CM}$。

（2）集电极最大允许耗散功率 $P_{CM}$。

（3）极间反向击穿电压。

## 2.2 放大电路的概念及放大电路主要性能指标与分类

### 2.2.1 放大电路的概念

基本放大电路一般是指由一个三极管组成的三种基本组态放大电路。

放大电路主要用于放大微弱信号，输出电压或电流在幅度上得到了放大，输出信号的能量得到了加强。

输出信号的能量实际上是由直流电源提供的，只是经过三极管的控制，使之转换成信号能量，提供给负载。放大电路的结构示意图如图 2-7 所示。

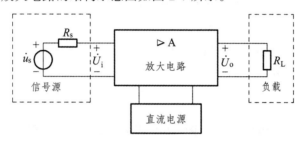

图 2-7　放大电路示意图

### 2.2.2 放大电路的主要性能指标

1. 放大倍数

输出信号的电压和电流幅度得到了放大，所以输出功率也会有所放大。对放大电路而言有电压放大倍数、电流放大倍数和功率放大倍数，它们通常都是按正弦量定义的。放大倍数定义式中各有关量如图 2-8 所示。

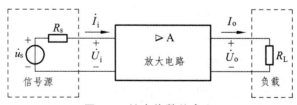

图 2-8　放大倍数的定义

电压放大倍数定义为

$$\dot{A}_u = \frac{\dot{U}_o}{\dot{U}_i} \tag{2-21}$$

电流放大倍数定义为

$$\dot{A}_i = \frac{\dot{I}_o}{\dot{I}_i} \tag{2-22}$$

功率放大倍数定义为

$$A_P = P_\text{o} / P_\text{i} = \dot{U}_\text{o} \dot{I}_\text{o} / \dot{U}_\text{i} \dot{I}_\text{i} \tag{2-23}$$

**2. 输入电阻 $R_\text{i}$**

输入电阻是表明放大电路从信号源吸取电流大小的参数，$R_\text{i}$ 大，放大电路从信号源吸取的电流则小，反之则大。$R_\text{i}$ 的定义如图 2-9 和式（2-24）。

$$R_\text{i} = \dot{U}_\text{i} / \dot{I}_\text{i} \tag{2-24}$$

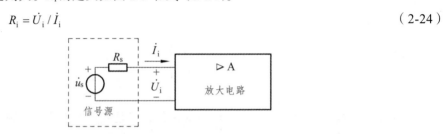

图 2-9 输入电阻的定义

**3. 输出电阻 $R_\text{o}$**

输出电阻是表明放大电路带负载的能力，$R_\text{o}$ 大，表明放大电路带负载的能力差，反之则强。$R_\text{o}$ 的定义如图 2-10 和式（2-25）。

$$R_\text{o} = \Delta \dot{U}_\text{o} / \Delta \dot{I}_\text{o} \tag{2-25}$$

图（a）是从输出端加假想电源求 $R_\text{o}$，图（b）是通过放大电路负载特性曲线求 $R_\text{o}$。

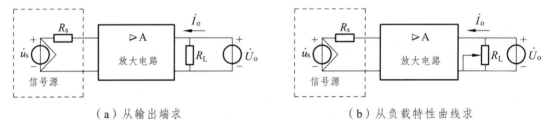

（a）从输出端求　　　　　　　　　　（b）从负载特性曲线求

图 2-10 输出电阻的定义

根据图 2-10（b），在带 $R_\text{L}$ 时，测得 $\dot{U}_\text{o}$ 和 $\dot{I}_\text{o}$，开路时输出为 $\dot{U}_\text{o}'$。根据式（2-25）有

$$\begin{aligned}
R_\text{o} &= \Delta \dot{U}_\text{o} / \Delta \dot{I}_\text{o} = (\dot{U}_\text{o}' - \dot{U}_\text{o}) / \dot{I}_\text{o} = (\dot{U}_\text{o}' - \dot{U}_\text{o}) R_\text{L} / \dot{U}_\text{o} \\
&= [(\dot{U}_\text{o}' - \dot{U}_\text{o}) - 1] R_\text{L}
\end{aligned} \tag{2-26}$$

注意：放大倍数、输入电阻、输出电阻通常都是在正弦信号下的交流参数，只有在放大电路处于放大状态且输出不失真的条件下才有意义。

**4. 通频带**

放大电路的增益 $A(f)$ 是频率的函数。在低频段和高频段放大倍数通常都要下降。当 $A(f)$ 下降到中频电压放大倍数 $A_0$ 的 $\dfrac{1}{\sqrt{2}}$ 时，即

$$A(f_\text{L}) = A(f_\text{H}) = \frac{A_0}{\sqrt{2}} \approx 0.7 A_0 \tag{2-27}$$

相应的频率 $f_L$ 称为下限频率，$f_H$ 称为上限频率，如图 2-11 所示。

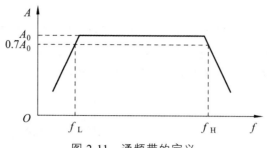

图 2-11 通频带的定义

### 2.2.3 放大电路分类

三极管的连接方式如图 2-12 所示，按输入输出端的不同，基本放大电路可分为：

（1）共发射极放大电路：信号从基极输入，集电极输出；公共端为发射极。

（2）共基极放大电路：信号从发射极输入，集电极输出；公共端为基极。

（3）共集电极放大电路：信号从基极输入，发射极输出，公共端为集电极。

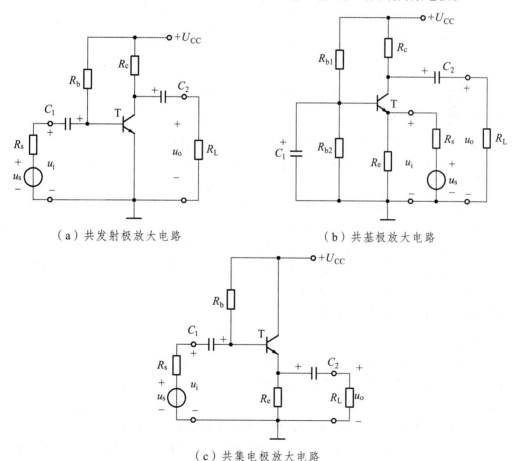

（a）共发射极放大电路　　　　　　　　　（b）共基极放大电路

（c）共集电极放大电路

图 2-12 三种基本放大电路结构

## 2.3 基本共射极放大电路

共发射极放大电路如图 2-13（a）所示，图 2-13（b）是其工作波形。它由三极管 T、电阻 $R_b$ 和 $R_c$、电容 $C_1$ 和 $C_2$ 以及集电极直流电源 $U_{CC}$ 组成。$u_i$ 为信号源的端电压，也是放大电路的输入电压，$u_o$ 为放大电路的输出电压，$R_L$ 为负载电阻。

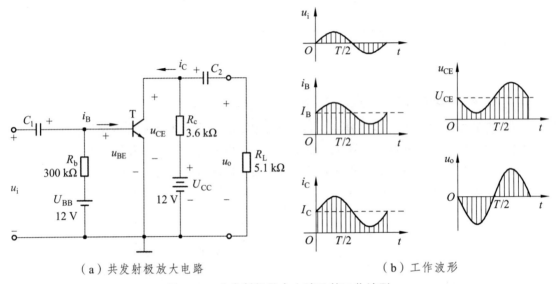

（a）共发射极放大电路　　　　　　　　　（b）工作波形

图 2-13　共发射极放大电路及其工作波形

1. 放大电路组成原则

为了使放大电路正常工作，其电路组成要满足下面的条件。

（1）晶体三极管工作在放大区，要求使管子的发射结处于正向偏置，集电结处于反向偏置。

（2）由于三极管的各极电压和电流均有直流分量（$u_i = 0$ 时），也称为静态值或静态工作点，而被放大的交流信号叠加在直流分量上，要使电路能不失真地放大交流信号，必须选择合适的静态工作点，可以通过选用合适的电阻 $R_b$、$R_c$ 和三极管参数来实现。

（3）要使放大电路能不失真地放大交流信号，放大器必须有合适的交流信号通路，以保证输入、输出信号能有效、顺利地传输。

（4）放大电路必须满足一定的性能指标要求。

2. 各元器件的作用

（1）三极管 T：放大电路的核心器件，其作用是利用输入信号产生微弱的电流 $I_B$，控制集电极 $I_C$ 变化，由直流电源 $U_{CC}$ 提供并通过电阻 $R_c$（或带负载 $R_L$ 时的 $R_L' = R_c // R_L$）转换成交流输出电压。

（2）基极直流电源 $U_{BB}$：通过 $R_b$ 为晶体三极管发射结提供正偏置电压。

（3）基极偏置电阻 $R_b$：$U_{BB}$ 通过它给三极管发射结提供正向偏置电压以及合适的基极直流偏置电流，使放大电路能正常工作在放大区，因此 $R_b$ 也称偏置电阻。

（4）集电极直流电源 $U_{CC}$：通过 $R_c$ 为晶体三极管的集电结提供反偏电压，也为整个放大电路提供能量。通常 $U_{BB}$ 和 $U_{CC}$ 为同一个电源，于是，该放大电路常画成图 2-12（a）所示电路。

（5）集电极负载电阻 $R_c$：作用是将放大的集电极电流转换成电压信号。

（6）耦合电容 $C_1$ 和 $C_2$：对于直流信号起到隔直作用，视为开路。$C_1$ 是防止直流电流进入信号源，$C_2$ 是防止直流电流流到负载中。而对于交流信号，起到耦合作用，对于中频段的输入信号，视为短路，即交流信号可以顺利通过 $C_1$ 和 $C_2$，耦合电容一般取电容量较大的电解电容。对于 NPN 管和 PNP 管，要注意电容极性的正确连接，应该将电容的正极连在直流电位较高的一端。

3. 静态和动态

静态 —— $u_i = 0$ 时，放大电路的工作状态也称直流工作状态。

动态 —— $u_i \neq 0$ 时，放大电路的工作状态也称交流工作状态。

放大电路建立正确的静态，是保证动态工作的前提。分析放大电路必须要正确地区分静态和动态，正确地区分直流通路和交流通路。

4. 直流通路和交流通路

放大电路的直流通路和交流通路如图 2-14 中（a）、（b）所示。

直流通路，即能通过直流的通路。从 c、b、e 向外看，有直流负载电阻、$R_c$、$R_b$。

交流通路，即能通过交流的电路通路。如从 c、b、e 向外看，有等效的交流负载电阻、$R_c // R_L$、$R_b$。

直流电源和耦合电容对交流相当于短路。因为按叠加原理，交流电流流过直流电源时，没有压降。设 $C_1$、$C_2$ 足够大，对信号而言，其上的交流压降近似为零，在交流通路中，可将耦合电容短路。

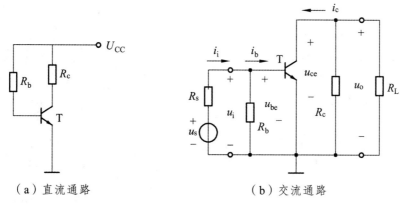

（a）直流通路　　　　　　　（b）交流通路

图 2-14　基本放大电路的直流通路和交流通路

5. 放大原理

三极管具有电流放大作用，放大器输入信号 $u_i$ 的变化引起三极管发射结电压 $u_{be}$ 的变化，近而引起基极电流 $i_b$ 的变化，由于 $i_c = \beta i_b$，引起大的集电极电流 $i_c$ 变化，$i_c$ 的变化通过集电极负载电阻 $R_c$ 转变为输出电压的变化。

输入信号通过耦合电容加在三极管的发射结，于是有下列过程：

$$u_i \xrightarrow{C_1} u_{be} \rightarrow i_b \rightarrow i_c(\beta i_b) \rightarrow i_c R_c \rightarrow u_{ce} \xrightarrow{C_2} u_o$$

**6. 基本放大电路中电压和电流的表示方法**

由于放大电路中既有需要放大交流信号 $u_i$，又有为放大电路提供能量的直流电源 $U_{CC}$，所以三极管的各极电压和电流中都是直流分量与交流分量共存，如图 2-15 所示，以 $u_{BE} = U_{BE} + u_{be}$ 为例，画出了 $u_{BE}$ 的组成，其中，

$u_{BE}$：发射结电压的瞬时值，它既包含直流分量也包含交流分量；

$U_{BE}$：发射结的直流电压，也是 $u_{BE}$ 中的直流分量，它是由直流电源 $U_{CC}$ 产生的；

$u_{be}$：发射结的交流电压，也是 $u_{BE}$ 中的交流分量，它是由输入电压 $u_i$ 产生的；

$u_{bem}$：发射结交流电压的幅值；

$U_{be}$：发射结交流电压的有效值。

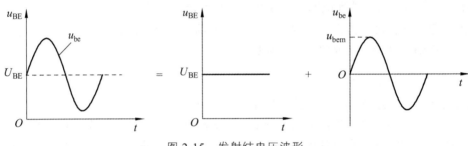

图 2-15　发射结电压波形

同理，对于基极电流 $i_B = I_B + i_b$、集电极电流 $i_C = I_C + i_c$ 和集射极电压 $u_{CE} = U_{CE} + u_{ce}$，它们的瞬时值，既包含直流值也含交流值。其中，$I_B$、$I_C$、$U_{CE}$ 表示直流分量，$i_b$、$i_c$ 和 $u_{ce}$ 表示交流分量。

**【例 2-1】** 电路如图 2-16 所示，元件参数已给出，三极管的 $\beta = 43$，三极管的 $U_{BE} = 0.7$ V，求静态工作点。

计算工作点的思路：直流通路 $\rightarrow I_B \rightarrow I_C \rightarrow U_{CE}$。

**解：** 直流通路如虚线框所示。

（1）先在输入回路求 $I_B$：

因为 $U_{CC} = I_B R_b + U_{BE}$

所以

$$I_B = \frac{U_{CC} - U_{BE}}{R_b} = \frac{20 \text{ V} - 0.7 \text{ V}}{470 \text{ k}\Omega} = 41 \text{ μA}$$

（2）根据 $I_B$ 求 $I_C$：

$$I_C = \beta I_B = 43 \times 41 \text{ μA} = 1.76 \text{ mA}$$

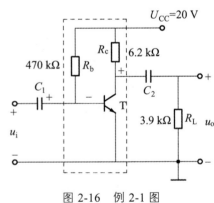

图 2-16　例 2-1 图

（3）最后根据输出回路求 $U_{CE}$：

因为 　　　　　　　$U_{CC} = I_C R_c + U_{CE}$

所以 　　　　$U_{CE} = U_{CC} - I_C R_c = 20 \text{ V} - 1.76 \text{ mA} \times 6.2 \text{ k}\Omega = 9.1 \text{ V}$

注意：求直流工作点时，指的是 $u_i = 0$，$u_o = 0$，又因为电路是稳定的，所以电容器 $C_1$ 和

$C_2$ 两端的压降 $U_{C1}=0.7$ V，$U_{C2}=9.1$ V。

## 2.4 放大电路的分析方法

三极管放大电路的分析包括直流（静态）分析和交流（动态）分析，其分析方法有图解法和微变等效分析法。图解法主要用于大信号放大器分析，微变等效分析法用于低频小信号放大器的动态分析。

### 2.4.1 图解法

当放大器在大信号条件下工作时，难以用电路分析的方法对放大器进行分析，通常采用图解法分析。

**1. 直流通路和交流通路**

如前所述，三极管的各极电压和电流中都是直流分量与交流分量共存，因此，三极管放大电路中的电流通路也分为直流通路和交流通路。

当 $u_i=0$ 时，放大电路处于静态，直流电流流经的通路称为放大电路的直流通路。通过直流通路为放大电路提供直流偏置，建立合适的静态工作点。画直流通路时应令交流信号源为零（交流电压源短路，交流电流源开路），保留其内阻；相关电容器开路，电感短路。

当 $u_i \neq 0$ 时，放大电路处于动态工作状态，交流电流流经的通路称为放大器的交流通路。画交流通路时，令直流电源为零（直流电压源短路，直流电流源开路），保留其内阻；令电抗很小的大容量电容和小电感短路，令电抗很大的小容量电容和大电感开路，保留电抗不可忽略的电容或电感。

**2. 静态分析**

图 2-17（a）的共发射极基本放大电路，由于三极管 T 的各极间的电压和各极电流都是交流量与直流量叠加。在 $u_i=0$ 时，放大电路只有直流电源作用，放大电路的这种状态称为静态，对直流通路的分析称为静态分析。

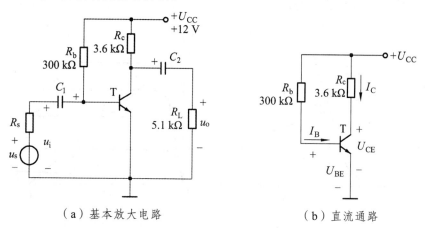

（a）基本放大电路　　　　　（b）直流通路

图 2-17　共发射极基本放大电路

由于三极管是非线性组件，所以可用作图的方法求得 $Q$ 点的值。其步骤如下。

（1）给定晶体三极管的输入特性和输出特性，由放大电路的直流通路求得 $I_B$ 和 $U_{BE}$ 的方程，并在输入特性上作出这条直线。根据图 2-17（b）由 KVL 得

$$U_{CC} = I_B R_b + U_{BE}$$

则

$$I_B = -\frac{U_{BE}}{R_b} + \frac{U_{CC}}{R_b}$$

这是一条直线，令 $U_{BE} = 0$，求得 $I_B = \dfrac{U_{CC}}{R_b}$，在纵轴上得到一点 $A$，如图 2-18（a）所示；令 $I_B = 0$，求得 $U_{BE} = U_{CC}$，则在横轴上得到一点 $B$（$B$ 点未画出）。连接 $AB$ 两点，与晶体管输入特性相交于 $Q$ 点，求得对应的 $I_B$ 和 $U_{BE}$。

（2）由直流通路得到直流负载线 $I_C = f(U_{CE})$，并在晶体管的输出特性上作出这条直线。根据图 2-17（b）由 KVL 得

$$U_{CE} = U_{CC} - I_C R_c \tag{2-28}$$

则

$$I_C = -\frac{U_{CE}}{R_c} + \frac{U_{CC}}{R_c}$$

式（2-28）表示一条直线，令 $U_{CE} = 0$，求得 $I_C = \dfrac{U_{CC}}{R_c}$，与纵轴相交于 $M$ 点；令 $I_C = 0$，求得 $U_{CE} = U_{CC}$，则在横轴上得到 $N$ 点。连接 $M$、$N$ 两点，与三极管输出特性相交于多点，其中与 $I_B$ 对应的点就是所求放大电路的静态工作点 $Q(I_B, U_{CE}, I_C)$，如图 2-18（b）所示，则可求得相应的 $I_C$ 和 $U_{CE}$ 的值。这条直线的斜率为 $-1/R$，故称为直流负载线。

由图 2-18（b）可以看出，$I_B$ 的大小不同，$Q$ 点在直流负载线上的位置也不同，也就是说基极电流 $I_B$ 决定了静态工作点 $Q$ 的位置，故 $I_B$ 称为偏置电流。而 $I_B$ 的改变是通过 $R_b$ 实现的，故 $R_b$ 称为偏置电阻。当 $R_b$ 增大时，$I_B$ 减小，静态工作点下移，如图 2-18（b）中的 $Q_1$。当 $R_b$ 减小时，$I_B$ 增大，静态工作点上移，如图 2-18（b）中的 $Q_2$，通常是在 $R_b$ 支路中串入一可调电阻，以便调节静态工作点合适的位置。

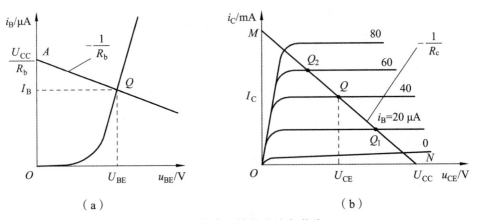

（a）　　　　　　　　　　　　　　　（b）

图 2-18　放大电路的直流负载线

3. 动态分析

在 $u_i \neq 0$ 的情况下对放大电路进行分析，称为放大电路的动态分析。

（1）交流通路及交流负载线。

只考虑交流信号通过放大电路时的等效电路称为放大电路交流通路。画放大器的交流通路时，令直流电源为零，令耦合电容 $C_1$ 和 $C_2$、交流旁路电容和滤波电容（如果有）交流短路。图 2-17（a）所示的放大电路的交流通路如图 2-19 所示。从图中可以看出，输入交流信号 $u_i$ 和三极管的发射结电压的交流分量 $u_{be}$ 相等，三极管集射极电压的交流分量 $u_{ce}$ 和输出电压 $u_o$ 相等，即 $u_i = u_{be}$，$u_o = u_{ce}$，该放大电路输出回路的瞬时电流为

$$i_C = I_C + i_c = I_C - \frac{u_{ce}}{R_L'}$$

输出回路的瞬时电压为

$$u_{CE} = U_{CE} + u_{ce}$$

于是有

$$i_C = I_C - \frac{u_{ce}}{R_L'} = I_C - \frac{u_{CE} - U_{CE}}{R_L'} \qquad （2-29）$$

式中，$R_L' = R_C // R_L$。式（2-29）表明集电极电流的瞬时值 $i_C$ 与集射极回路瞬时电压 $u_{CE}$ 以及 $R_L'$ 之间的关系。利用式（2-29）表示的交流负载线方程，可以在三极管输出特性坐标系中画出回路的交流负载线。具体做法如下。

从式（2-29）可以看到，当 $u_{CE} = U_{CE}$ 时，$i_C = I_C$，这表明交流负载线一定通过静态工作点 $Q$；利用求截距的方法，令 $i_C = 0$，可得到 $u_{CE} = U_{CE} + I_C R_L'$，可在 $u_{CE}$ 轴上得到 $D$ 点，$D$ 点的坐标为（$0$，$U_{CE} + I_C R_L'$），连接 $Q$、$D$ 两点并延长到 $M$ 点的直线即为回路的交流负载线，其斜率为 $-1/R_L'$ 而不是 $-1/R_C$，如图 2-20 所示。应该指出，当 $R_L = \infty$，即负载开路情况下，交直流负载线重合。

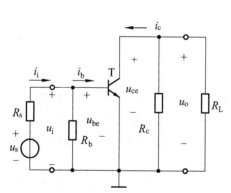

图 2-19　共发射极基本放大电路交流通路

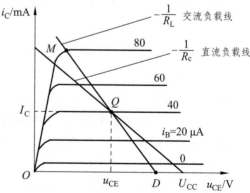

图 2-20　放大电路的交流、直流负载线

（2）由输入电压 $u_i$ 求得基极电流 $i_b$。

设 $u_i = U_{im}\sin\omega t$，当它加到图 2-21（a）的放大电路时，三极管发射结电压是在直流电压 $U_{BE}$ 的基础上叠加了一个交流量 $u_{be}$，根据放大电路的交流通路可知 $u_{be} = u_i = U_{im}\sin\omega t$，此时发射结的电压 $u_{BE}$ 的波形如图 2-21（a）所示。由 $u_{BE}$ 的波形和三极管的输入特性可以作出基

极电流 $i_B$ 的波形，如图 2-21（a）所示。输入电压 $u_i$ 的变化将产生基极电流的交流分量 $i_b$，由于输入电压 $u_i$ 幅度很小，其动态变化范围小，在 $Q_1 \sim Q_2$ 段可以看成是线性的，基极电流的交流分量 $i_b$ 也是按正弦规律变化的，即 $i_b = I_{bm}\sin\omega t$。

（3）由 $i_b$ 求得 $i_c$ 和 $u_{ce}(u_o)$。

当三极管工作在放大区时，集电极电流 $i_c = \beta i_b$，基极电流的交流分量 $i_b$ 在直流分量 $I_B$ 基础上按正弦规律变化时，集电极电流的交流分量 $i_c$ 也是在直流分量 $I_C$ 的基础上按正弦规律变化。由于集射极电压的交流分量为 $u_{ce} = -i_c R'_L$，$u_{ce}$ 也会在直流分量 $U_{CE}$ 的基础上按正弦规律变化。很显然，动态工作点将在交流负载线上的 $Q_1$ 和 $Q_2$ 之间移动，根据动态工作点移动的轨迹可画出 $i_c$ 和 $u_{ce}$ 的波形，如图 2-21（b）所示。

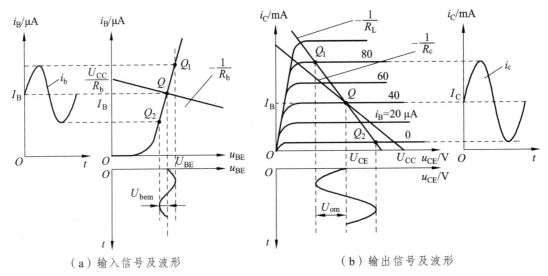

（a）输入信号及波形　　　　　　　　　　（b）输出信号及波形

图 2-21　图解法分析共发射极放大器的工作波形

由图中可以看到集电极电流和集射极电压的交流分量为

$$i_c = I_{cm}\sin\omega t$$
$$u_{ce} = u_o = -i_c R'_L = -U_{cem}\sin\omega t = -U_{om}\sin\omega t$$

（4）非线性失真。

若放大电路的输出电压波形和输入电压波形形状不同，则放大电路产生了失真。如果放大电路的静态工作点设置得不合适（偏低或偏高），出现了在正弦输入信号 $u_i$ 作用下，静态三极管进入截止区或饱和区，使得输出电压不是正弦波的情况，这种失真称为非线性失真。它包括饱和失真和截止失真两种。

① 饱和失真。当放大器输入信号幅度足够大时，若静态工作点 $Q$ 偏高到 $Q_1$ 处，$i_b$ 不失真，但 $i_c$ 和 $u_{ce}(u_o)$ 失真，$i_c$ 的正半周削顶，而 $u_{ce}(u_o)$ 的负半周削顶，如图 2-22 中波形（1）所示，这种失真为饱和失真。为了消除饱和失真，对于图 2-17（a）所示共发射极放大电路，应该增大电阻 $R_b$，使 $I_B$ 减小，从而使静态工作点下移到放大区域中心。

② 截止失真。当放大器输入信号幅度足够大时，若静态工作点 $Q$ 偏低到 $Q_2$ 处，$i_b$、$i_c$ 和 $u_{ce}(u_o)$ 都失真，$i_b$、$i_c$ 的负半周削顶，而 $u_{ce}(u_o)$ 的正半周削顶，如图 2-22 中波形（2）所示，这种失真为截止失真。为了消除截止失真，对于图 2-17（a）所示共发射极放大电路，应该

减小电阻 $R_b$，使 $I_B$ 增大，从而使静态工作点上移到放大区域中心。

③ 双向失真。当静态工作点合适但输入信号幅度过大时，在输入信号的正半周三极管会进入饱和区；而在负半周，三极管进入截止区，于是在输入信号的一个周期内，输出波形正负半周都被切削，输出电压波形近似梯形波，这种情况为双向失真。为了消除双向失真，应减小输入信号的幅度。

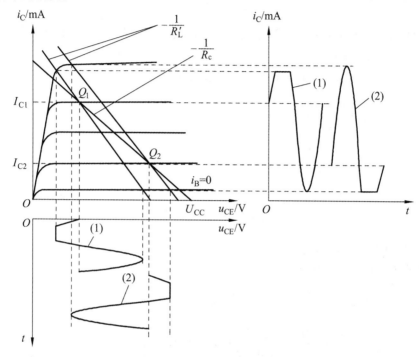

图 2-22　静态工作点对波形的影响

### 4. 输出电压不失真的最大幅度

通常说放大器的动态范围是指不失真时，输出电压 $u_o$ 的峰-峰值 $U_{O(P-P)}$。由图 2-21 可知，当静态工作点合适时，若忽略晶体管的 $I_{CEO}$，那么为使输出不产生截止失真，应满足 $U_{cem1} \leqslant I_C R_L'$；而为了使输出不产生饱和失真，应满足 $U_{cem2} \leqslant U_{CE} - U_{CES}$。由于三极管饱和电压 $U_{CES}$ 很小，故可以忽略其影响，有 $U_{cem2} \leqslant U_{CE}$，则输出电压不失真最大幅度的取值为 $U_{om(max)} = \min\{U_{cem1}, U_{cem2}\}$。

【例 2-2】 在图 2-17（a）所示的共发射极放大电路中，已知 $U_{CC} = 12\ V$，$R_b = 240\ k\Omega$，$R_c = 3\ k\Omega$，$\beta = 40$，$U_{BE} = 0.7\ V$，其三极管的输出特性如图 2-23 所示，（1）用图解法确定静态工作点，并求 $I_B$、$I_C$ 和 $U_{CE}$ 的值；（2）若使 $U_{CE} = 3\ V$，试计算 $R_b$ 的大小。（3）若使 $I_C = 1.5\ mA$，$R_b$ 又应该多大？

**解：**（1）由图 2-17（b）的直流通路可得直流负载线为

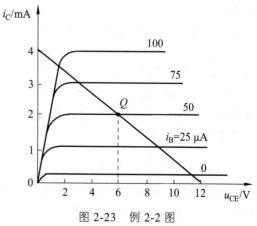

图 2-23　例 2-2 图

$$I_C = -\frac{U_{CE}}{R_c} + \frac{U_{CC}}{R_c} = -\frac{U_{CE}}{3\times10^3} + \frac{12}{3\times10^3}$$

当 $U_{CE} = 0$ 时，$I_C = 4$ mA；当 $I_C = 0$ 时，$U_{CE} = 12$ V，在图 2-19 的输出特性上作出这条直线。

再由直流通路得　　$I_B = \frac{U_{CC} - U_{BE}}{R_b} = \frac{12-0.7}{240\times10^3}$ A $\approx 50$ μA

故直流负载线与 $I_B = 50$ μA 对应的那条输出特性的交点即为静态工作点 $Q$，如图 2-23 所示。由图得 $I_C = 2$ mA，$U_{CE} = 6$ V。

（2）当 $U_{CE} = 3$ V 时，由直流通路可得集电极电流为

$$I_C = \frac{U_{CC} - U_{CE}}{R_c} = \frac{12-3}{3} \text{mA} = 3 \text{ mA}$$

那么基极电流为　　$I_B = \frac{U_{CC} - U_{BE}}{R_b} = \frac{I_C}{\beta} = \frac{3}{40} \text{mA} = 75$ μA

故　　　　　　　$R_b = \frac{U_{CC} - U_{BE}}{I_B} = \frac{12-0.7}{0.075} \text{kΩ} = 151$ kΩ

可采用 150 kΩ 和 10 kΩ 标称电阻串联。

（3）若使 $I_C = 1.5$ mA，则

$$I_B = \frac{U_{CC} - U_{BE}}{R_b} = \frac{I_C}{\beta} = \frac{1.5}{40} \text{mA} = 37.5 \text{ μA}$$

故　　　　　　　$R_b = \frac{U_{CC} - U_{BE}}{I_B} = \frac{12-0.7}{0.037\,5} \text{kΩ} = 301$ kΩ

### 2.4.2　微变等效电路法

三极管是一个非线性器件，由三极管组成的放大电路属于非线性电路，不能简单地直接采用线性电路的分析方法进行分析。由图 2-21 可见，当输入交流信号时，工作点在 $Q_1 \sim Q_2$ 之间移动；若该信号为低频小信号，则 $Q_1 \sim Q_2$ 将在三极管特性曲线的线性范围内移动，因此可将三极管视为一个线性二端口网络，并采用线性网络的 H 参数表示三极管输入、输出电流和电压的关系，从而把包含三极管的非线性电路变成线性电路，然后采用线性电路的分析方法分析三极管放大电路。这种方法称为 H 参数等效电路分析法，又称为微变等效电路分析法。

微变等效电路法的分析步骤是：① 认识电路，包括电路中各元器件的作用、放大器的组态和直流偏置电路等，这是电子线路读图的基础；② 正确画出放大器的交流、直流通路图；③ 在直流通路的基础上，求静态工作点；④ 在交流通路图的基础上，画出小信号等效（如 H 参数）电路图；⑤ 根据定义计算电路的动态性能参数，其中关键在于用电路中的已知量表示待求量。

#### 1．估算法计算静态值

如前所述，在 $u_i = 0$ 时，放大电路只有直流电源作用，电容相当于开路，放大电路的这种状态称为静态，对应的电路称为直流通路，对直流通路的分析称为静态分析。

静态工作点的 $I_B$、$I_C$ 及 $U_{CE}$ 值可以用上述图解法求得，但图解法画图比较麻烦，误差较大，而且需要测量出三极管的输出和输入特性，在此，介绍常用的估算法。为了方便，将图 2-17 重绘如图 2-24 所示。由图 2-24（b）的直流通路可得

$$U_{CC} = I_B R_b + U_{BE}$$

$$I_B = \frac{U_{CC} - U_{BE}}{R_b}$$

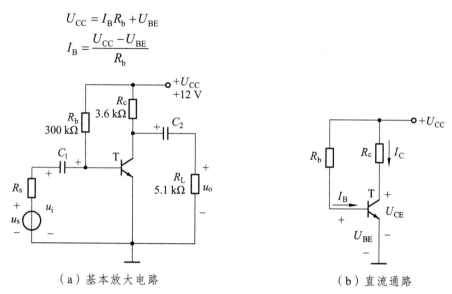

（a）基本放大电路　　　　　　　　　　（b）直流通路

图 2-24　共射极基本放大电路

由上式可见，在 $U_{CC}$ 和 $R_b$ 选定后，$I_B$ 的值就近似为一定值，由于 $I_B$ 被称为直流偏置电流，故图 2-24（a）的放大电路也称为固定偏置放大电路。

根据三极管的电流分配原则，放大电路的集电极电流为

$$I_C = \beta I_B \tag{2-30}$$

集射极之间的电压为

$$U_{CE} = U_{CC} - I_C R_c \tag{2-31}$$

【例 2-3】在图 2-24(a)所示得共发射极放大电路中，已知 $U_{CC}$=12 V，$R_b$=370 kΩ，$R_c$=2 kΩ，$\beta$=100，$U_{BE}$=0.7 V，试由直流通路求出电路的静态工作点。

**解：**由图 2-24（b）的直流通路得

$$I_B = \frac{U_{CC} - U_{BE}}{R_b} = \frac{12 - 0.7}{370 \times 10^3} \text{A} \approx 30 \text{ μA}$$

$$I_C = \beta I_B = 100 \times 0.03 \text{ mA} = 3 \text{ mA}$$

$$U_{CE} = U_{CC} - I_C R_c = (12 - 3 \times 10^{-3} \times 2 \times 10^3) \text{V} = 6 \text{ V}$$

【例 2-4】图 2-25 所示放大电路，已知 $U_{CC}$=12 V，$R_c$=2 kΩ，$R_L$=2 kΩ，$R_{b1}$=180 kΩ，电位器 $R_P$=2 MΩ，三极管的 $\beta$ = 40，$U_{BE}$ = 0.6 V。（1）调节 $R_P$ 到 $R_P$ = 0 时，求静态工作点的值，并判定三极管工作在什么区域？（2）当 $R_P$ 调到最大时，求静态工作点的值，并判定三极管工作在什么区域？（3）若 $U_{CE}$ = 6 V，问 $R_P$ 应调到最大？

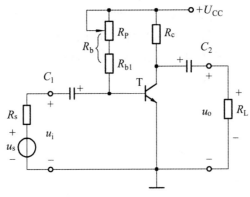

图 2-25 例 2-4 图

**解:**(1)当 $R_P$ 到 $R_P = 0$ 时,$R_b = R_{b1} = 180 \text{ k}\Omega$,则基极电流为

$$I_B = \frac{U_{CC} - U_{BE}}{R_b} = \frac{12 - 0.6}{180} \text{mA} = 63.330 \text{ μA}$$

临界饱和时集电极电流为

$$I_{CS} = \frac{U_{CC} - U_{ces}}{R_c} = \frac{12 - 0.3}{40} \text{mA} = 5.85 \text{ mA}$$

临界饱和时基极电流为

$$I_{BS} = \frac{I_{CS}}{\beta} = \frac{5.85}{40} \text{mA} \approx 0.15 \text{ mA}$$

由于 $I_B < I_{BS}$,故三极管处于放大区,集电极电流为

$$I_C = \beta I_B = 40 \times 63.3 \text{ μA} = 2.53 \text{ mA}$$

$$U_{CE} = U_{CC} - I_C R_c = (12 - 2.53 \times 2)\text{V} = 6.94 \text{ V}$$

可见,三极管工作于放大区。

（2）当 $R_P$ 调到最大时,$R_b = R_{b1} + R_P = (180 + 2000) \text{ k}\Omega = 2180 \text{ k}\Omega$,则基极电流为

$$I_B = \frac{U_{CC} - U_{BE}}{R_b} = \frac{12 - 0.6}{2180} \text{mA} \approx 5.23 \text{ μA}$$

集电极电流为

$$I_C = \beta I_B = 40 \times 5.23 \text{ μA} \approx 0.2 \text{ mA}$$

$$U_{CE} = U_{CC} - I_C R_c = (12 - 0.2 \times 2)\text{V} = 11.6 \approx U_{CC}$$

故三极管已接近截止区。

（3）若 $U_{CE} = 6 \text{ V}$,则集电极电流为

$$I_C = \frac{U_{CC} - U_{CE}}{R_c} = \frac{12 - 6}{2} \text{mA} = 3 \text{ mA}$$

基极电流为 $\qquad I_{\mathrm{B}} = \dfrac{I_{\mathrm{C}}}{\beta} = \dfrac{3}{50}\mathrm{mA} = 60\ \mu\mathrm{A}$

偏置电阻为 $\qquad R_{\mathrm{b}} = \dfrac{U_{\mathrm{CC}} - U_{\mathrm{BE}}}{I_{\mathrm{B}}} = \dfrac{12 - 0.6}{60 \times 10^{-6}}\Omega \approx 190\ \mathrm{k}\Omega$，此时，$R_{\mathrm{p}} = 10\ \mathrm{k}\Omega$。

【例 2-5】 对于图 2-25 所示放大电路，若 $U_{\mathrm{CE}} = 6\ \mathrm{V}$，$I_{\mathrm{C}} = 3\ \mathrm{mA}$，求输出不失真最大电压幅度。

**解**：若使输出不产生截止失真，由图 2-21（b）可知

$$U_{\mathrm{cem1}} = I_{\mathrm{C}}R'_{\mathrm{L}} = 3 \times 10^{-3} \times 2 /\!/ 2 \times 10^{3}\ \mathrm{V} = 3\ \mathrm{V}$$

若使输出不产生饱和失真，则

$$U_{\mathrm{cem2}} \approx U_{\mathrm{CE}} = 6\ \mathrm{V}$$

故此时输出电压不失真的最大幅度为 3 V。

2. 动态分析

（1）三极管的 $H$ 参数等效模型。

如图 2-26（a）所示，将三极管视为二端口网络，当 $u_{\mathrm{i}} \neq 0$ 且为低频小信号时，输入端 $u_{\mathrm{be}}$ 和 $i_{\mathrm{b}}$ 的关系描述了三极管的输入特性；而输出端 $i_{\mathrm{c}}$ 和 $u_{\mathrm{ce}}$ 描述了三极管的输出特性，考虑直流偏置后，用函数表示为

$$\begin{cases} u_{\mathrm{BE}} = f_1(i_{\mathrm{B}}, u_{\mathrm{CE}}) \\ i_{\mathrm{C}} = f_2(i_{\mathrm{B}}, u_{\mathrm{CE}}) \end{cases} \qquad (2\text{-}32)$$

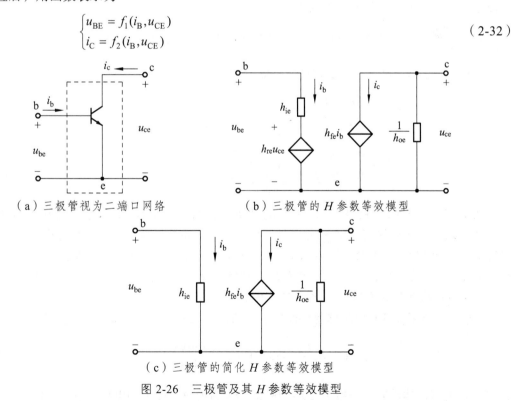

（a）三极管视为二端口网络　　　　（b）三极管的 $H$ 参数等效模型

（c）三极管的简化 $H$ 参数等效模型

图 2-26　三极管及其 $H$ 参数等效模型

对上述方程在静态工作点附近求全微分得

$$\begin{cases} \mathrm{d}u_{\mathrm{BE}} = \dfrac{\partial u_{\mathrm{BE}}}{\partial i_{\mathrm{B}}}\mathrm{d}i_{\mathrm{B}} + \dfrac{\partial u_{\mathrm{BE}}}{\partial u_{\mathrm{CE}}}\mathrm{d}u_{\mathrm{CE}} \\ \mathrm{d}i_{\mathrm{C}} = \dfrac{\partial i_{\mathrm{C}}}{\partial i_{\mathrm{B}}}\mathrm{d}i_{\mathrm{B}} + \dfrac{\partial i_{\mathrm{C}}}{\partial u_{\mathrm{CE}}}\mathrm{d}u_{\mathrm{CE}} \end{cases} \tag{2-33}$$

式中，$\mathrm{d}u_{\mathrm{BE}}$ 和 $\mathrm{d}u_{\mathrm{CE}}$ 为电压增量；$\mathrm{d}i_{\mathrm{B}}$ 和 $\mathrm{d}i_{\mathrm{C}}$ 为电流增量。在输入信号为低频信号的情况下，用交流分量代替相应的电流和电压增量，式（2-33）可改写为

$$\begin{cases} u_{\mathrm{be}} = h_{\mathrm{ie}}i_{\mathrm{b}} + h_{\mathrm{re}}u_{\mathrm{re}} \\ i_{\mathrm{c}} = h_{\mathrm{fe}}i_{\mathrm{b}} + h_{\mathrm{oe}}u_{\mathrm{ce}} \end{cases} \tag{2-34}$$

根据方程组（2-34）可画出图 2-26（b）的等效电路，称为三极管的 $H$ 参数等效电路，又叫微变等效电路。其中：

$h_{\mathrm{ie}} = \dfrac{\partial u_{\mathrm{BE}}}{\partial i_{\mathrm{B}}}\bigg|_{U_{\mathrm{CE}}}$ 为晶体管输出端交流短路时晶体管的输入电阻，单位为欧姆（$\Omega$）；

$h_{\mathrm{re}} = \dfrac{\partial u_{\mathrm{BE}}}{\partial u_{\mathrm{CE}}}\bigg|_{I_{\mathrm{B}}}$ 为晶体管输入端交流开路时反向电压传输比，无量纲，它表示晶体管输出的

集射极电压 $u_{\mathrm{ce}}$ 对输入发射结电压 $u_{\mathrm{be}}$ 的控制作用；

$h_{\mathrm{fe}} = \dfrac{\partial i_{\mathrm{C}}}{\partial i_{\mathrm{B}}}\bigg|_{U_{\mathrm{CE}}}$ 为晶体管输出端交流短路时电流放大系数，无量纲，它也表示晶体管输入的

基极电流 $i_{\mathrm{b}}$ 对集电极电流 $i_{\mathrm{c}}$ 的控制作用；

$h_{\mathrm{oe}} = \dfrac{\partial i_{\mathrm{C}}}{\partial u_{\mathrm{CE}}}\bigg|_{I_{\mathrm{B}}}$ 为晶体管输入端交流开路时的输出导纳，其单位为 S。

方程组（2-34）也可写成矩阵形式，即

$$\begin{bmatrix} u_{\mathrm{be}} \\ i_{\mathrm{c}} \end{bmatrix} = \begin{bmatrix} h_{\mathrm{ie}} & h_{\mathrm{re}} \\ h_{\mathrm{fe}} & h_{\mathrm{oe}} \end{bmatrix}\begin{bmatrix} i_{\mathrm{b}} \\ u_{\mathrm{ce}} \end{bmatrix} = [H]\begin{bmatrix} i_{\mathrm{b}} \\ u_{\mathrm{ce}} \end{bmatrix} \tag{2-35}$$

$$[H] = \begin{bmatrix} h_{\mathrm{ie}} & h_{\mathrm{re}} \\ h_{\mathrm{fe}} & h_{\mathrm{oe}} \end{bmatrix}\begin{bmatrix} r_{\mathrm{be}} & \mu_{\mathrm{r}} \\ \beta & \dfrac{1}{r_{\mathrm{ce}}} \end{bmatrix} = \begin{bmatrix} 10^3\Omega & 10^{-4} \sim 10^{-3} \\ 10^2 & 10^{-5}\mathrm{S} \end{bmatrix} \tag{2-36}$$

式（2-35）、式（2-36）中，$h_{\mathrm{ie}}$、$h_{\mathrm{re}}$、$h_{\mathrm{fe}}$ 和 $h_{\mathrm{oe}}$ 称为混合（Hybrid）参数，也称为 $H$ 参数。由于 $H$ 参数是三极管在低频小信号条件下的交流等效参数，放大电路分析过程中，常用 $r_{\mathrm{be}}$ 代替 $h_{\mathrm{ie}}$，其数量级为 $10^3\Omega$；用 $\mu_{\mathrm{r}}$ 代替 $h_{\mathrm{re}}$，其数量级为 $10^{-4} \sim 10^{-3}$，数值很小可忽略；用 $\beta$ 代替 $h_{\mathrm{fe}}$，其数量级为 $10^2$；用 $1/r_{\mathrm{ce}}$ 代替 $h_{\mathrm{oe}}$，其数量级为 $10^{-5}\mathrm{S}$，可忽略其影响，图 2-26（a）所示三极管的微变等效电路可简化成图 2-26（c）所示。

三极管的参数 $\beta$ 可利用晶体管特性图示仪测得，$r_{\mathrm{be}}$ 也可利用下面公式进行估算：

$$r_{\mathrm{be}} = r_{\mathrm{bb'}} + (1+\beta)\frac{U_{\mathrm{T}}}{I_{\mathrm{E}}} = r_{\mathrm{bb'}} + (1+\beta)\frac{26(\mathrm{mV})}{I_{\mathrm{E}}(\mathrm{mA})} \tag{2-37}$$

式中：$r_{\mathrm{bb'}}$ 为基区体电阻，一般为 $20 \sim 300\ \Omega$；$U_{\mathrm{T}}$ 为绝对温度下的电压当量，一般取 $26\ \mathrm{mV}$；$I_{\mathrm{E}}$ 为放大电路静态时发射极电流。因此，对于小功率三极管，$r_{\mathrm{be}}$ 通常用以下经验值公式进行

估算，即

$$r_{be} \approx \left[ 200 + (1+\beta)\frac{26}{I_E} \right] \Omega \qquad (2\text{-}38)$$

值得注意的是，$r_{be}$ 是三极管的交流参数，但它的值与静态工作点和温度等参数有关。

（2）放大电路的微变等效电路。

在画放大电路的微变等效电路时，首先令图 2-24（a）所示放大电路中的耦合电容、交流旁路电容交流短路，令其直流电压源交流接地，得到如图 2-27（a）所示放大器的交流通路，然后将三极管用图 2-26（c）所示的 $H$ 参数等效电路来代替三极管符号，即可得到如图 2-27（b）所示放大电路的微变等效电路。

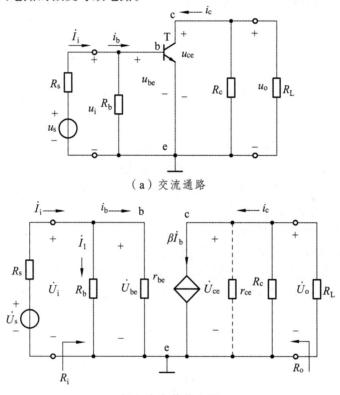

（a）交流通路

（b）微变等效电路

图 2-27　共发射极放大电路的微变等效电路

由于被放大的交流输入信号 $u_i$ 为正弦量，若已选择了合适的静态工作点，则三极管工作在线性区域，各电极交流电压和电流均为同频率的正弦信号，且用相量表示。

3．放大电路动态性能参数的计算

（1）电压放大倍数（电压增益）$\dot{A}_u$。

放大电路的电压放大倍数 $\dot{A}_u$ 为输出电压 $\dot{U}_o$ 和输入电压 $\dot{U}_i$ 的比值，即

$$\dot{A}_u = \frac{\dot{U}_o}{\dot{U}_i} \qquad (2\text{-}39)$$

用电路中的已知量表示待求量 $\dot{U}_o$ 和 $\dot{U}_i$，即可求得 $\dot{A}_u$。由图 2-25（b）可得输出电压为

$$\dot{U}_o = -\dot{I}_c(R_c /\!/ R_L) = -\beta \dot{I}_b R'_L \qquad (R'_L = R_c /\!/ R_L)$$

输入电压为

$$\dot{U}_i = \dot{I}_b r_{be}$$

故电压放大倍数为

$$\dot{A}_u = \frac{\dot{U}_o}{\dot{U}_i} = \frac{-\beta \dot{I}_b R'_L}{\dot{I}_b r_{be}} = -\beta \frac{R'_L}{r_{be}} \qquad\qquad （2\text{-}40）$$

式中的负号表明共发射极放大电路的输出电压 $\dot{U}_o$ 和输入电压 $\dot{U}_i$ 相位相反。其电压放大倍数的模为

$$\left|\dot{A}_u\right| = \left|\frac{\dot{U}_o}{\dot{U}_i}\right| = \beta \frac{R'_L}{r_{be}}$$

当负载开路，即 $R_L = \infty$ 时，放大倍数为 $\left|\dot{A}_u\right| = \beta \dfrac{R'_c}{r_{be}}$。接入负载 $R_L$ 后，电压放大倍数也随 $R_L$ 变化而变化。

此外，电压放大倍数与三极管的电流放大系数 $\beta$ 值、输入电阻 $r_{be}$ 有关。$\beta$ 越大，$r_{be}$ 越小，则电压放大倍数越高。由式（2-38）可知，若使 $r_{be}$ 减小，则要增加静态发射极电流 $I_E$。$\beta$ 和 $I_E$ 的增大，会使管子进入到饱和区，反而使电压放大倍数降低，所以在提高放大电路的电压放大倍数时，要综合考虑上面的因素。

（2）输入电阻 $R_i$ 和输出电阻 $R_o$。

在图 2-27（b）所示的电路中，放大电路相对于信号源而言相当于负载，可用电阻 $R_i$ 代替，即放大电路的输入电阻。放大电路相对于负载而言相当于信号源，可用戴维南（或诺顿）定理等效为电压源和内阻串联（或电流源和内阻并联）的形式，其内阻即为放大电路的输出电阻，如图 2-28 所示。

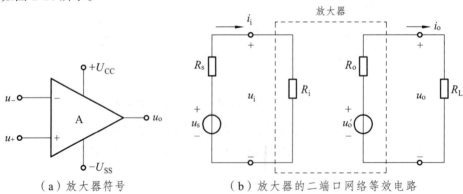

（a）放大器符号　　　　　　（b）放大器的二端口网络等效电路

图 2-28　放大器符号及其等效电路

由图 2-28（b）可知 $\dot{I}_i = \dot{I}_1 + \dot{I}_b = \dfrac{\dot{U}_i}{R_b} + \dfrac{\dot{U}_i}{r_{be}}$，放大器的输入电阻为

$$R_i = \frac{\dot{U}_i}{\dot{I}_i} = \frac{\dot{U}_i}{\dot{I}_1 + \dot{I}_b} = R_b /\!/ r_{be} \approx r_{be} \qquad\qquad （2\text{-}41）$$

由于微变等效电路中存在受控电源，电阻的求法应采用外加电压法。图 2-28（b）所示电路中令负载开路（$R_L = \infty$）和信号源为零（$\dot{U}_s = 0$，保留内阻）情况下，输出端外加一电压 $\dot{U}$，产生电流 $I$，则可得输出电阻为

$$R_o = \frac{\dot{U}_i}{I}\bigg|_{\substack{\dot{U}_s=0 \\ R_L=\infty}} = r_{ce} // R_c \approx R_c \qquad\qquad (2\text{-}42)$$

对于一个放大电路来说，输入电阻越高越好，输出电阻越低越好。因为输入电阻越高，一是减小信号源的负担，放大电路从信号源取用电流小；二是减少信号源内阻对放大电路的影响，使得信号源电压在内阻上的损耗减少；三是若作为多级放大电路的后级，后一级的输入电阻大，对前级的放大倍数影响小。输出电阻低意味负载变动时，输出电压变化较小，即带负载能力较强。共发射极放大电路的输入电阻 ($R_i \approx r_{be}$) 较低；而集电极负载电阻 $R_c$ 为几千欧的电阻，故输出电阻比较高。一般共发射放大电路用在多级放大电路的中间级。

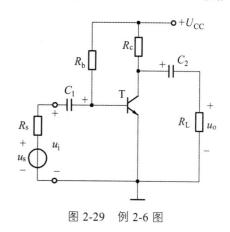

图 2-29　例 2-6 图

【例 2-6】 在图 2-29 所示放大电路中，已知 $R_b$=200 kΩ，$R_c$=2 kΩ，$R_L$=8 kΩ，$U_{CC}$=12 V，$\beta$=50。（1）试近似估算静态工作点；（2）求电压放大倍数、输入电阻和输出电阻；（3）若负载开路，求电压放大倍数；（4）若 $R_s$=50 Ω 和 $R_s$=500 Ω，$R_L$=8 kΩ，求 $\dot{A}_{us} = \dot{U}_o / \dot{U}_s$。

解：（1）由直流通路可得

$$I_B = \frac{U_{CC} - U_{BE}}{R_b} \approx \frac{U_{CC}}{R_b} = \frac{12}{200\times10^3} \text{A} = 60\ \mu\text{A}$$

$$I_C = \beta I_B = 50\times60\ \mu\text{A} = 3\ \text{mA}$$

$$U_{CE} = U_{CC} - I_C R_c = (12-3\times2)\text{V} = 6\ \text{V}$$

（2）晶体管的输入电阻由式（2-38）得

$$r_{be} = r_{bb'} + (1+\beta)\frac{U_T}{I_E} = \left[200 + (1+50)\frac{26}{2}\right]\Omega = 0.863\ \text{k}\Omega$$

根据图 2-28（b）所示的微变等效电路，可得

$$\dot{A}_u = \frac{\dot{U}_o}{\dot{U}_i} = -\beta\frac{R_L'}{r_{be}} = -50\frac{2//8}{0.863} = -92.69$$

$$R_i = \frac{\dot{U}_i}{\dot{I}_i} = R_b // r_{be} = 120 // 0.863\ \text{k}\Omega \approx 0.863\ \text{k}\Omega$$

$$R_o // R_c = 2\ \text{k}\Omega$$

（3）若负载开始，则

$$\dot{A}_u = \frac{\dot{U}_o}{\dot{U}_i} = -\beta \frac{R_c}{r_{be}} = -50 \frac{2}{0.863} = -115.87$$

由此可见，放大电路接上负载电阻 $R_L$ 后，电压放大倍数要下降。在实际应用中尽可能使放大倍数稳定，要采取一定措施。

（4）当 $R_s = 50\ \Omega$，$R_L = 8\ \text{k}\Omega$ 时，

$$\dot{A}_{us} = \frac{\dot{U}_o}{\dot{U}_s} = \frac{\dot{U}_o}{\dot{U}_i} \cdot \frac{\dot{U}_i}{\dot{U}_s} = \dot{A}_u \cdot \frac{R_i}{R_s + R_i} = -92.69 \times \frac{0.863}{0.05 + 0.863} = -87.61$$

若 $R_s = 500\ \Omega$，$R_L = 8\ \text{k}\Omega$，则

$$\dot{A}_{us} = \frac{\dot{U}_o}{\dot{U}_s} = \frac{\dot{U}_o}{\dot{U}_i} \cdot \frac{\dot{U}_i}{\dot{U}_s} = \dot{A}_u \cdot \frac{R_i}{R_s + R_i} = -92.69 \times \frac{0.863}{0.5 + 0.863} = -58.68$$

$\dot{A}_{us}$ 称为源电压放大倍数。由上述计算可见，信号内阻的存在将使源电压放大倍数下降，而且输入电阻越小，源电压放大倍数下降得越多。因此，当信号源为电压源时，要求电源内阻（或电流源内电导）尽量小。

## 2.5 分压偏置共射放大电路

### 2.5.1 分压式偏置放大电路的组成

分压式偏置放大电路如图 2-30 所示。T 是放大管；$R_{b1}$、$R_{b2}$ 是偏置电阻，$R_{b1}$、$R_{b2}$ 组成分压式偏置电路，将电源电压 $U_{CC}$ 分压后加到晶体管的基极；$R_e$ 是射极电阻，还是负反馈电阻；$C_e$ 是旁路电容与晶体管的射极电阻 $R_e$ 并联，$C_e$ 的容量较大，具有"隔直、导交"的作用，使此电路有直流负反馈而无交流负反馈，即保证了静态工作点的稳定性，同时又保证了交流信号的放大能力没有降低。

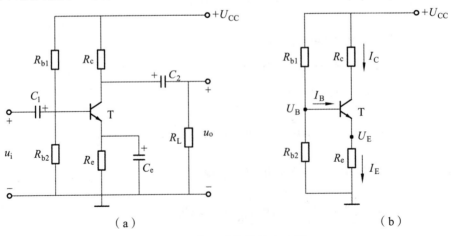

（a）                                （b）

图 2-30　分压式偏置放大电路

### 2.5.2 稳定静态工作点的原理

分压式偏置放大电路的直流通路如图 2-30（b）所示。当温度升高，$I_C$ 随着升高，$I_E$ 也会

升高，电流 $I_E$ 流经射极电阻 $R_e$ 产生的压降 $U_E$ 也升高。又因为 $U_{BE} = U_B - U_E$，如果基极电位 $U_B$ 是恒定的，且与温度无关，则 $U_{BE}$ 会随 $U_E$ 的升高而减小，$I_B$ 也随之自动减小，结果使集电极电流 $I_C$ 减小，从而实现 $I_C$ 基本恒定的目的。如果用符号"↓"表示减小，用"↑"表示增大，则静态工作点稳定过程可表示为

$$T\uparrow \longrightarrow I_C\uparrow \longrightarrow I_E\uparrow \longrightarrow U_E\uparrow \xrightarrow{U_{BE}=U_B-U_E\text{且}U_B\text{恒定}} U_{BE}\downarrow I_B\downarrow \longrightarrow I_C\downarrow$$

要实现上述稳定过程，首先必须保证基极电位 $U_B$ 恒定。由图（b）可见，合理选择元件，使流过偏置电阻 $R_{b1}$ 的电流 $I_1$ 比晶体管的基极电流 $I_B$ 大很多，则 $U_{CC}$ 被 $R_{b1}$、$R_{b2}$ 分压得晶体管的基极电位 $U_B$：

$$U_B = \frac{R_{b2}}{R_{b1} + R_{b2}} U_{CC}$$

分压式偏置放大电路中，采用了电流负反馈，反馈元件为 $R_e$。这种负反馈在直流条件下起稳定静态工作点的作用，但在交流条件下影响其动态参数，为此在该处并联一个较大容量的电容 $C_e$，使 $R_e$ 在交流通路中被短路，不起作用，从而免除了 $R_e$ 对动态参数的影响。

### 2.5.3　电路定量分析

1. 静态分析

$$I_E = \frac{U_E}{R_e} = \frac{U_B + U_{BE}}{R_e} \approx \frac{R_{b2}}{R_{b1} + R_{b2}} \times \frac{U_{CC}}{R_e}$$

$$I_{BQ} = \frac{I_E}{1+\beta} \qquad I_{CQ} = \beta \cdot I_{BQ}$$

根据定理可得输出回路方程

$$U_{CC} = I_C R_c + U_{CE} + I_E R_e$$

$$U_{CEQ} = U_{CC} - I_C R_c - I_E R_e \approx U_{CC} - I_{CQ}(R_c + R_e)$$

2. 动态分析

由分压式偏置放大电路图 2-30（a）可得交流通路如图 2-31（a）所示及微变等效电路如图 2-31（b）所示。

（1）电压放大倍数 $K$。

输入电压 $U_{sr} = i_i r_i = i_b r_{be}$；输出电压 $U_{sc} = -i_c R_L' = -\beta \cdot i_b R_L'$

$$K = \frac{U_{sc}}{U_{sr}} = \frac{-\beta \cdot i_b R_L'}{i_b \cdot r_{be}} = \frac{-\beta \cdot R_c // R_L}{r_{be}}$$

（2）输入电阻 $r_{sr}$。

$$r_{sr} = R_{b1} // R_{b2} // r_{be}$$

（3）输出电阻 $r_{sc}$。

$$r_{sc} = R_c$$

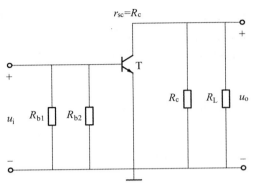
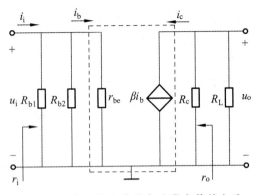

（a）分压式偏置电路的交流通路　　　　　　（b）分压式偏置电路的交流微变等效电路

图 2-31　分压式偏置动态分析

【例 2-7】　要求设计一个工作点稳定的单管放大器，已知放大器输出端的负载电阻 $R_L =$ 6 kΩ，晶体管的电流放大系数 $\beta = 50$，信号频率 $f = 1$ kHz，电压放大倍数 $K \geqslant 100$，放大器输出电压的有效值 $U_{sc} \geqslant 2.5$ V。

**解：**

（1）电路结构采用工作点稳定的典型电路。

（2）由于设计要求满足一定的输出幅度，所以采用图解法来设计是比较方便的。具体如下：

按设计要求，输出的电压峰值 $U_{scm} = \sqrt{2} U_{sc} \geqslant 1.4 \times 2.5$ V $= 3.5$ V

考虑留有一定的余量，按 $U_{scm} = 4$ V 设计。因此，输入电压的峰值 $U_{srm} = \dfrac{U_{scm}}{|\dot{K}|}$

按设计要求 $|\dot{K}| = 100$ 设计，所以

$$U_{srm} = \frac{U_{scm}}{|\dot{K}|} = \frac{4 \text{ V}}{100} = 0.04 \text{ V} = 40 \text{ mV}$$

如果集电极静态电流选在 1～2 mA，晶体管的输入电阻 $r_{be}$ 近似按 1 kΩ 估计，则基极电流的峰值

$$I_{bm} = \frac{U_{srm}}{r_{be}} \approx \frac{40 \text{ mV}}{1 \text{ k}\Omega} = 40 \text{ μA}$$

已知 $\beta = 50$，所以集电极的峰值电流

$$I_{cm} = \beta I_{bm} \approx 50 \times 40 \text{ μA} = 2 \text{ mA}$$

根据设计指标明确提出了 $U_{scm} = 4$ V 和 $I_{cm} = 2$ mA 的要求以后，就可以在晶体管的输出特性曲线上（如果手头没有特性曲线，也可以直接在 $U_{ce}$-$I_c$ 的坐标系上）画出 $2U_{scm}$ 和 $2I_{cm}$ 所规定的一个矩形，如图 2-32 所示。

考虑到晶体管有 1 V 左右的饱和压降，对硅管 $I_{ceo}$ 可以忽略不计，所以矩形的垂直边 $JJ'$ 选在 $U_{ce} = 1$ V 的地方，矩形的下底边 $JH$ 选在 $I_c = 0$ 的横轴上。显然，通过矩形的两个顶点 $H$ 和 $J'$ 所画的对角线 $HJ'$ 就应该是满足输出幅度和放大倍数要求的一条交流负载线。而通过交流负载线斜率的计算，就可以确定放大器输出端的总负载电阻 $R'_{fz}$，即

$$\tan \alpha = \frac{JJ'}{HJ} = \frac{2I_{cm}}{2U_{scm}} = \frac{1}{R'_{fz}}$$

所以

$$R'_{fz} = \frac{U_{scm}}{I_{cm}} = \frac{4 \text{ V}}{2 \text{ mA}} = 2 \text{ k}\Omega$$

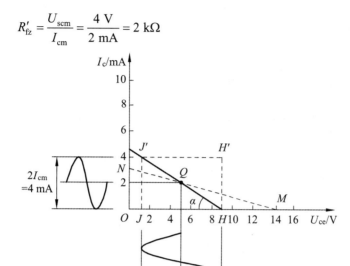

图 2-32  用图解法设计

已知 $R'_{fz} = R_{fz}//R_c$，而且 $R_{fz} = 6 \text{ k}\Omega$，所以

$$\frac{1}{R'_{fz}} = \frac{1}{R_{fz}} = \frac{1}{R_c}$$

即

$$\frac{1}{R_c} = \frac{1}{R'_{fz}} - \frac{1}{R_{fz}} = \frac{1}{2 \text{ k}\Omega} - \frac{1}{6 \text{ k}\Omega} = \frac{1}{3 \text{ k}\Omega}$$

也就是说，为满足输出幅度和放大倍数的要求，应选 $R_c = 3 \text{ k}\Omega$。

（3）根据工作点稳定的条件，即

$$U_b \geqslant (5-10)U_{be} = 3 \sim 5 \text{ V} \quad （硅管）$$

所以选 $U_b = 4.7 \text{ V}$。

因为根据静态工作点最好选在交流负载线的中点的道理，在图 2-30 上已经确定了静态工作点 $Q$，即 $U_{ce} = 5 \text{ V}$，$I_c = 2 \text{ mA}$。所以电阻 $R_e$ 也可以确定下来了。

$$R_e = \frac{U_e}{I_e} \approx \frac{U_b - 0.7}{I_c} = \frac{4 \text{ V}}{2 \text{ mA}} = 2 \text{ k}\Omega$$

既然，$U_{ce}$、$I_c$、$R_c$、$R_e$ 都已确定下来，就具备了选择电源电压 $U_{CC}$ 的充分条件，$U_{CC}$ 既要满足输出幅度、工作点稳定等几方面的要求，又不宜选得太大，以免对电源设备和晶体管的耐压提出过高而又不必要的要求。由于

$$U_{CC} \approx U_{ce} + I_c(R_c + R_e)$$

所以 $\qquad U_{\text{CC}} = 5 \text{ V} + 2 \text{ mA} \times (3 \text{ k}\Omega + 2 \text{ k}\Omega) = 15 \text{ V}$

考虑到设计过程中，对输出幅度和放大倍数等方面都已留有余量，所以 $U_{\text{CC}}$ 就选 15 V。

（4）又根据工作点稳定的另一个条件

$$I_1 \geqslant (5 - 10)I_{\text{b}}$$

已知

$$I_{\text{b}} = \frac{I_{\text{c}}}{\beta} = \frac{2 \text{ mA}}{50} = 40 \text{ }\mu\text{A}$$

所以选 $I_1 = 40 \text{ mA}$。据此就可以确定基极的偏置电阻 $R_{\text{b1}}$ 和 $R_{\text{b2}}$。

根据图 2-33，近似认为

$$R_{\text{b1}} \approx \frac{U_{\text{b}}}{I_1} = \frac{4.7 \text{ V}}{0.4 \text{ mA}} = 12 \text{ k}\Omega$$

同理，

$$R_{\text{b2}} \approx \frac{U_{\text{cc}} - U_{\text{b}}}{I_1} = \frac{15 \text{ V} - 4.7 \text{ V}}{0.4 \text{ mA}} = 26 \text{ k}\Omega$$

实选 $R_{\text{b1}} = 12 \text{ k}\Omega$，$R_{\text{b2}} = 24 \text{ k}\Omega$。

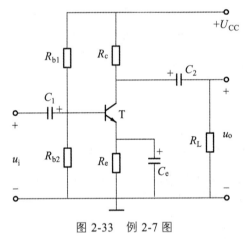

图 2-33　例 2-7 图

（5）晶体管集电极的耗散功率可按静态值来估算

$$P_{\text{c}} = U_{\text{ce}}I_{\text{c}} = 5 \text{ V} \times 2 \text{ mA} = 10 \text{ mW}$$

所以选高频小功率硅管 9013[$P_{\text{cM}} = 300 \text{ mW}$，$BU_{\text{ceo}} \geqslant$（15 ~ 30）V]，3DG6[$P_{\text{cM}} = 100 \text{ mW}$，$BU_{\text{ceo}} \geqslant$（15 ~ 30）V]。

（6）耦合电容 $C_1$ 和 $C_2$ 一般选几十微法，射极旁路电容 $C_{\text{e}}$ 一般选 100 $\mu$F 左右。

## 2.6　共集电极放大电路和共基极放大电路

三极管组成的放大电路有共射极、共集电极、共基极三种基本接法。前面介绍了共射极放大电路，接下来介绍共集电集和共基极放大电路。

### 2.6.1 共集电极放大电路（射极输出器）

**1. 电路结构**

共集电极放大电路的电路图、直流通路图和交流通路图如下图 2-34 所示。

从图 2-34（a）中可以看出，信号由发射极输出，故此电路又叫射极输出器。从图 2-34（c）看出，集电极 c 和接地点是等电位点，输入回路和输出回路是以集电极为公共端，故称为共集电极放大电路。

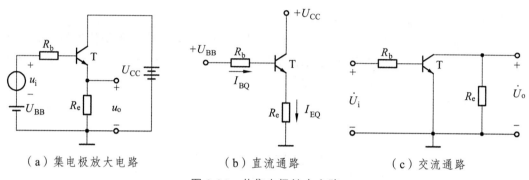

| （a）集电极放大电路 | （b）直流通路 | （c）交流通路 |

图 2-34 共集电极放大电路

**2. 静态工作点的计算**

由图 2-34（b）直流通路可得

$$U_{BB} = I_{BQ}R_b + U_{BEQ} + I_{EQ}R_e$$
$$= I_{BQ}R_b + U_{BEQ} + (1+\beta)I_{BQ}R_e$$

所以，
$$I_{BQ} = \frac{U_{BB} - U_{BEQ}}{R_b + (1+\beta)R_e}$$

$$I_{EQ} = (1+\beta)I_{BQ}$$
$$U_{CEQ} = U_{CC} - I_{EQ}R_e$$

**3. 动态分析**

对共集电极电路进行动态分析，先根据 2-34(c)交流通路画出等效电路如图 2-35 所示。

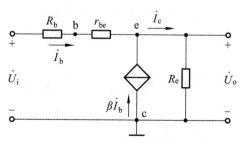

图 2-35 交流通路的等效电路

（1）计算放大倍数。

由图 2-35 等效电路有如下分析：

$$\dot{A}_u = \frac{\dot{U}_o}{\dot{U}_i} = \frac{\dot{I}_e R_e}{(R_b + r_{be})\dot{I}_b + \dot{I}_e R_e}$$

$$= \frac{(1+\beta)\dot{I}_b R_e}{(R_b + r_{be})\dot{I}_b + (1+\beta)\dot{I}_b R_e}$$

$$= \frac{(1+\beta)R_e}{(R_b + r_{be}) + (1+\beta)R_e}$$

上式表明，$0 < \dot{A}_u < 1$，$\dot{U}_o$ 与 $\dot{U}_i$ 同相。

当 $(1+\beta)R_e \gg (r_b + r_{be})$ 时，$\dot{A}_u \approx 1$，$\dot{U}_o \approx \dot{U}_i$，输出电压与输入电压的幅值近似相等，且相位相同，所以共集电极电路又称为射极跟随器，简称射随器。虽然电压放大倍数近似为 1，但因为 $I_e = (1+\beta)I_b$，所以有电流和功率放大作用。

（2）计算输入电阻。

由图 2-35 等效电路有：

$$R_i = \frac{\dot{U}_i}{\dot{I}_i} = \frac{\dot{U}_i}{\dot{I}_b} = \frac{\dot{I}_b(R_b + r_{be}) + \dot{I}_e R_e}{\dot{I}_b}$$

$$R_i = R_b + r_{be} + (1+\beta)R_e$$

由上式可见，发射极电阻等效到基极回路时，将增大到（$1+\beta$）倍，因此射极输出器的输入电阻比共发射极大得多，可达几十千欧到几百千欧。

（3）计算输出电阻。

为计算输出电阻，令输入信号为零，在输出端加交流电压 $\dot{U}_o$，求出交流电流 $\dot{I}_o$，则输出电阻为二者之比。电路如图 2-36 所示。

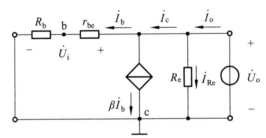

图 2-36　交流通路的等效电路

由图分析有：

$$\dot{I}_o = \dot{I}_{R_e} + \dot{I}_e = \dot{I}_{R_e} + (1+\beta)\dot{I}_b = \frac{\dot{U}_o}{R_e} + (1+\beta)\frac{\dot{U}_o}{R_b + r_{be}}$$

$$R_o = \frac{\dot{U}_o}{\dot{I}_o} = \frac{1}{\frac{1}{R_e} + (1+\beta)\frac{1}{R_b + r_{be}}} = R_e // \frac{R_b + r_{be}}{1+\beta}$$

由上式可见，$R_b$ 等效到输出回路时，减小到原来的 $1/(1+\beta)$，使输出电阻很小。

综上所述，射随器输入电阻大，输出电阻小，电压放大倍数接近于 1。多用作输入输出缓冲级。

【例 2-8】 电路如图 2-37 所示。设 $\beta = 100$。试求：

（1）静态工作点 $Q$；

（2）输入电阻 $R_i$；

（3）电压放大倍数 $\dot{A}_{u1}$、$\dot{A}_{u2}$；

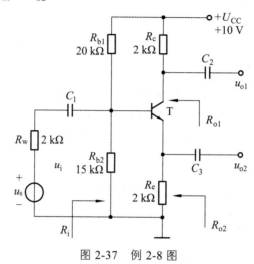

图 2-37 例 2-8 图

**解：**（1）计算静态工作点 $Q$

$$U_B = \frac{R_{b2}}{R_{b1} + R_{b2}} \cdot U_{CC}$$

$$= \frac{15}{20 + 15} \times 10 \approx 4.3 \text{ V}$$

$$I_{CQ} \approx I_{EQ} = \frac{U_B - U_{BEQ}}{R_e}$$

$$= \frac{4.3 - 0.7}{2} = 1.8 \text{ mA}$$

$$U_{CEQ} = U_{CC} - I_{CQ}(R_c + R_e)$$

$$= 10 - 1.8 \times (2 + 2) = 2.8 \text{ V}$$

$$I_{BQ} = \frac{I_{CQ}}{\beta} = \frac{1.8}{100} = 0.018 \text{ mA} = 18 \text{ μA}$$

（2）计算输入电阻 $R_i$

$$r_{be} = r_{bb'} + (1 + \beta)\frac{U_T}{I_{EQ}} = 100 + 101 \times \frac{26}{1.8} \approx 1.66 \text{ kΩ}$$

$$R_i = R_{b1} // R_{b2} // [r_{be} + (1 + \beta)R_e] = 20 // 15 // (1.66 + 101 \times 2) \approx 8.2 \text{ kΩ}$$

（3）计算电压放大倍数 $\dot{A}_{u1}$、$\dot{A}_{u2}$

根据图 2-35 的电路图，分析有：

$$\dot{A}_{us1} = \frac{R_i}{R_s + R_i} \cdot \frac{-\beta R_C}{r_{be} + (1+\beta)R_e}$$

$$= \frac{8.2}{2 + 8.2} \times \frac{-100 \times 2}{1.66 + 101 \times 2}$$

$$\approx -0.79$$

$$\dot{A}_{us2} = \frac{R_i}{R_s + R_i} \cdot \frac{-\beta R_e}{r_{be} + (1+\beta)R_e}$$

$$= \frac{8.2}{2 + 8.2} \times \frac{101 \times 2}{1.66 + 101 \times 2}$$

$$\approx 0.80$$

### 2.6.2 共基极放大电路

共基极放大电路（简称共基放大电路）如图 2-38（a）所示，直流通路采用的是分压偏置式，交流信号经 $C_1$ 从发射极输入，从集电极经 $C_2$ 输出，$C_1$、$C_2$ 为耦合电容，$C_b$ 为基极旁路电容，使基极交流接地，故称为共基极放大器。微变等效电路如图 2-38（b）所示。

1. 静态工作点（与共发射极放大电路分析方法一样）

图 2-38 中如果忽略 $I_{BQ}$ 对 $R_{b1}$、$R_{b2}$ 分压电路中电流的分流作用，则基极静态电压 $U_{BQ}$ 为流经 $R_e$ 的电流 $I_{EQ}$ 为如果满足 $U_B >> U_{BE}$，则

$$I_{CQ} \approx I_{EQ} \approx \frac{U_B}{R_e} = \frac{1}{R_e} \cdot \frac{R_{b2}}{R_{b1} + R_{b2}} U_{CC}$$

而 $I_{BQ} = \dfrac{I_{EQ}}{1+\overline{\beta}}$ ，$U_{CEQ} = U_{CC} - (R_c + R_e)I_{CQ}$

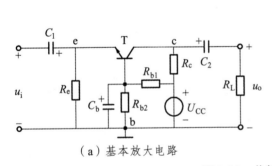
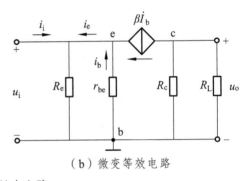

（a）基本放大电路　　　　　　　（b）微变等效电路

图 2-38　共基极放大电路

2. 动态分析

利用三极管的微变等效模型，可以画出图 2-38（a）电路的微变等效电路如图 2-38（b）所示。图中，b、e 之间用 $r_{be}$ 代替，c、e 之间用电流源 $\beta i_b$ 代替。

（1）电流放大倍数。

在图 2-38（b）中，当忽略 $R_e$ 对输入电流 $i_i$ 的分流作用时，则 $i_i \approx -i_e$；流经 $R'_L$（$R'_L = R_c // R_L$）的输出电流 $i_o = -i_c$。

$$A_i = \frac{i_o}{i_i} = \frac{-i_c}{-i_e} = \alpha$$

$\alpha$ 称作三极管共基电流放大系数。由于 $\alpha$ 小于且近似等于 1，所以共基极电路没有电流放大作用。

（2）电压放大倍数。

根据图 2-38（b）可得

$$u_i = -r_{be}i_b$$

$$u_o = R'_L i_o = -R'_L i_c = -\beta R'_L i_b$$

所以，电压放大倍数为 $A_u = \dfrac{u_o}{u_i} = \dfrac{\beta R'_L}{r_{be}}$。

上式表明，共基极放大电路具有电压放大作用，其电压放大倍数和共射电路的电压放大倍数在数值上相等，共基极电路输出电压和输入电压同相位。

（3）输入电阻。

当不考虑 $R_e$ 的并联支路时，即从发射极向里看进去的输入电阻 $r'_i$ 为

$$r'_i = \frac{-r_{be}i_b}{-(1+\beta)i_b} = \frac{r_{be}}{1+\beta}$$

$r_{be}$ 是共射极电路从基极向里看进去的输入电阻，显然，共基极电路从发射极向里看进去的输入电阻为共射极电路的 $1(1+\beta)$。

（4）输出电阻。

在图 2-38（b）中，令 $u_s = 0$，则 $i_b = 0$，受控电流源 $\beta i_b = 0$，可视为开路，断开 $R_L$，接入 $u$，可得 $i = u/R_c$，因此，求得共基放大电路的输出电阻 $R_o = R_c$。

综上所述，共基极、共射极电路元件参数相同时，它们的电压放大倍数 $A_u$ 数值是相等的，但是，由于共基极电路的输入电阻很小，输入信号源电压不能有效地激励放大电路，所以，在 $R_s$ 相同时，共基极电路实际提供的源电压放大倍数将远小于共射电路的源电压放大倍数。

**【例 2-9】** 下面是对图 2-39 共基极放大电路的计算分析，可以和仿真分析进行对比；设晶体管的 $\beta = 100$，$r'_{bb} = 100\ \Omega$。求电路的 $Q$ 点、$R_i$ 和 $R_o$。

**解：** 静态分析（与共发射极电路同，图 2-39）：

$$U_{BQ} \approx \frac{R_{b1}}{R_{b1} + R_{b2}} \cdot U_{CC} = 2\ \text{V}$$

$$I_{EQ} = \frac{U_{BQ} - U_{BEQ}}{R_f + R_e} \approx 1\ \text{mA}$$

$$I_{BQ} = \frac{I_{EQ}}{1 + \beta} \approx 10\ \mu\text{A}$$

$$U_{CEQ} \approx U_{CC} - I_{EQ}(R_c + R_f + R_e) = 5.7\ \text{V}$$

动态分析（图 2-40）：

$$r_{be} = r_{bb'} + (1 + \beta)\frac{26\ \text{mV}}{I_{EQ}} \approx 2.73\ \text{k}\Omega$$

$$\dot{A}_u = \frac{-i_b\beta(R_c /\!/ R_L)}{-i_b r_{be}} = \frac{\beta(R_c /\!/ R_L)}{r_{be}} \approx 100$$

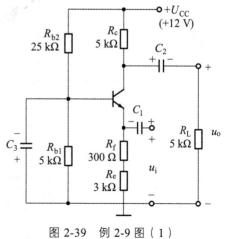

图 2-39 例 2-9 图（1）

$$R_i' = \frac{u_i}{i_i} = \frac{-i_b r_{be}}{-(1+\beta)i_b} = \frac{r_{be}}{(1+\beta)}$$

$$R_i = (R_e + R_f) // \frac{r_{be}}{(1+\beta)} = \frac{r_{be}}{(1+\beta)} \approx 20\ \Omega$$

$$R_o = R_c$$

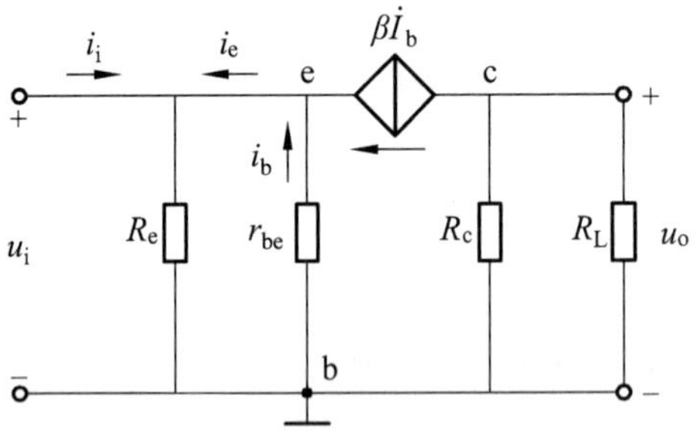

图 2-40　例 2-9 图（2）

### 2.6.3　三种接法的比较

共射极电路具有倒相放大作用，输入电阻和输出电阻适中，常用作中间放大级；共集电极电路的电压放大倍数小于 1 且近似等于 1，但它的输入电阻高、输出电阻低，常用作放大电路的输入级、中间隔离级和输出级；共基极放大电路具有同相放大作用，输入电阻很小而输出电阻较大，它适用于高频或宽频带放大。

放大电路三种组态的比较见表 2-1。

表 2-1　放大电路三种组态的比较

| 共射极电路 | 共集电极电路 | 共基极电路 |
|---|---|---|
| 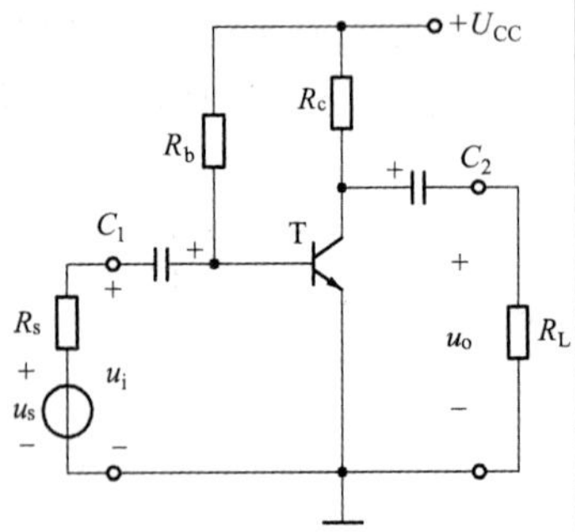 | 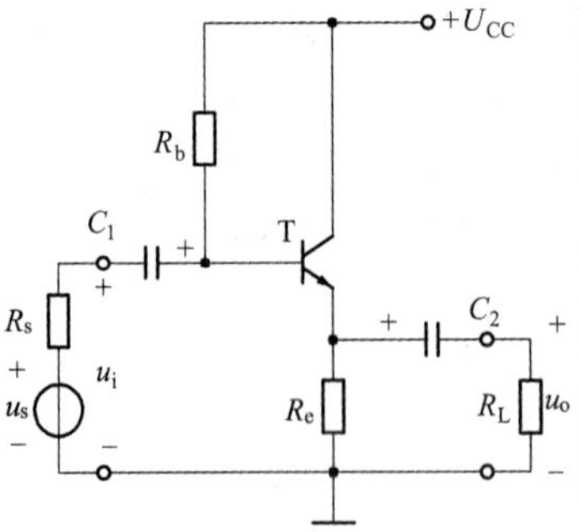 | 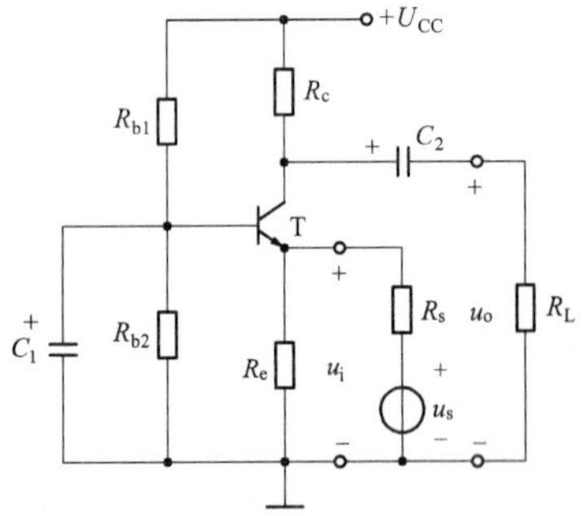 |
| $\dot{A}_u = \dfrac{-\beta(R_c // R_L)}{r_{be}}$ | $\dot{A}_u = \dfrac{(1+\beta)R_e // R_L}{r_{be}+(1+\beta)R_e // R_L}$ | $\dot{A}_u = \dfrac{\beta(R_c // R_L)}{r_{be}}$ |
| $u_o$ 与 $u_i$ 反相 | $u_o$ 与 $u_i$ 同相 | $u_o$ 与 $u_i$ 同相 |
| $\dot{A}_i \approx \beta$ | $\dot{A}_i \approx 1+\beta$ | $\dot{A}_i \approx \alpha$ |
| $R_i = R_b // r_{be}$ | $R_i = R_b //[r_{be}+(1+\beta)R_L']$ | $R_i \approx R_e // \dfrac{r_{be}}{1+\beta}$ |
| $R_o \approx R_c$ | $R_e = \dfrac{r_{be}+R_s // R_b}{1+\beta} // R_e$ | $R_o \approx R_c$ |
| 多级放大电路的中间级 | 输入级、中间级、输出级 | 高频或宽频带电路及恒流源电路 |

## 2.7 多级放大电路

如前所述,基本放大电路的电压放大倍数通常只能达到几十至几百倍。然而在实际工作中,加到放大电路输入端的信号往往都非常微弱,要将其放大到能推动负载工作的程度,仅通过单级放大电路难以满足实际要求,必须通过多个单级放大电路级联,才可满足实际要求。

### 2.7.1 多级放大电路的级间耦合

**1. 多级放大电路的组成**

多级放大电路的组成可用图 3-41 所示的框图来表示。其中,输入级与中间级的主要作用是实现电压放大,输出级的主要作用是功率放大,以推动负载工作。

**2. 多级放大电路的耦合方式**

多级放大电路是由两级或两级以上的单级放大电路级联而成。在多级放大电路中,将级与级之间的连接方式称为耦合方式,而级与级之间耦合时,必须满足:

① 耦合后各级电路仍具有合适的静态工作点;
② 保证信号在级与级之间能够顺利地传输;
③ 耦合后多级放大电路的性能指标必须满足实际的要求。

为了满足上述要求,一般常用的耦合方式有:阻容耦合、直接耦合、变压器耦合。

(1)阻容耦合。

放大器的级与级之间通过电容连接的方式称为阻容耦合方式,电路如图 2-42 所示。

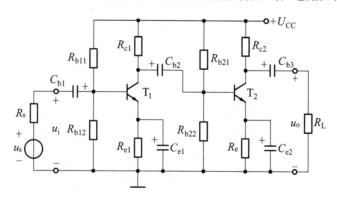

图 2-42 阻容耦合多级放大器

阻容耦合放大电路的特点如下:

① 因电容具有"隔直"作用,所以各级电路的静态工作点相互独立,互不影响。这给放大电路的分析、设计和调试带来了很大的方便。此外,该电路还具有体积小、质量小等优点。

② 因电容对交流信号具有一定的容抗,若电容量不是足够大,则信号在传输过程年会受到一定的衰减,尤其对于传输变化缓慢的信号。此外,在集成电路中制造大容量的电容很困难,所以这种耦合方式下的多级放大电路不便于集成。

（2）直接耦合。

为了避免在信号传输过程中，耦合电容对缓慢变化的信号带来不良影响，也可以把放大器级与级直接用导线连接起来，这种连接方式称为直接耦合。

多级放大电路的直接耦合是指前一级放大电路的输出直接接在下一级放大电路的输入端，图 2-43 所示为两级直接耦合放大电路。很显然，直接耦合放大电路的各级静态工作点相互影响，并且还存在零点漂移现象，即当输入电压 $u_i = 0$ 时，受环境温度等因素的影响，输出电压 $u_o$ 将在静态工作点的基础上漂移。若输入信号比较微弱，零点漂移信号有时会覆盖要放大的信号，使得电路无法正常工作，因此要抑制零点漂移，使漂移电压和有用信号相比可以忽略。抑制零点漂移常用的方法是采用差分放大电路。

直接耦合的特点如下：

① 既可以放大交流信号，也可以放大直流和变化非常缓慢的信号；电路简单，便于集成，所以集成电路中多采用这种耦合方式。

② 需要电位偏移电路，以满足各级静态工作点的需要。

③ 存在着各级静态工作点相互牵制和零点漂移这两个问题。

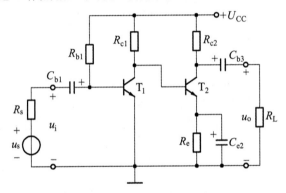

图 2-43　直接耦合多级放大器

（3）变压器耦合。

放大器的级与级之间通过变压器连接的方式称为变压器耦合，其电路如图 2-44 所示。变压器耦合电路多用于低频放大电路，变压器可以通过电磁感应进行交流信号的传输，并且可以进行阻抗匹配，以使负载得到最大功率。由于变压器不能传输直流，故各级静态工作点互不影响，可分别计算和调整。另外，由于可以根据负载选择变压器的匝比，以实现

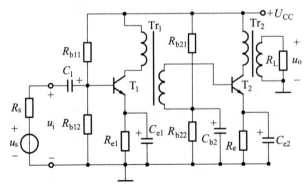

图 2-44　变压器耦合多级放大器

阻抗匹配，故变压器的耦合放大电路在大功率放大电路中得到广泛的应用。但由于存在电磁干扰，也很难集成，且变压器的质量太大，所以在电压放大电路中现已很少用变压器耦合。

（4）光电耦合。

光电耦合器件是把发光器件（如发光二极管）和光敏器件（如光敏三极管）组装在一起，通过光线实现耦合构成电-光和光-电的转换器件。图 2-45（a）所示为常用的三极管型光电耦合器（4N25）原理图。当电信号施加到光电耦合器的输入端时，发光二极管通过电流而发光，光敏三极管受到，光照后饱和导通，产生电流当输入端无信号，发光二极管不亮，光敏三极管截止。若基极有引出线，则可满足温度等要求。这种光耦合器性能较好，价格便宜，因而应用广泛。

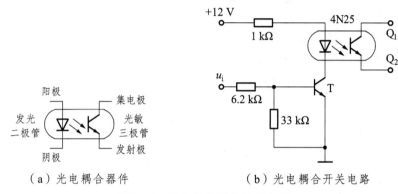

（a）光电耦合器件　　　　　　（b）光电耦合开关电路

图 2-45　光电耦合器件及其应用

光电耦合器主要有以下特点：

① 光电耦合器的输入阻抗很小，只有几百欧姆，具有较强的抗干扰能力。因为，干扰源的阻抗较大，通常为 $10^5 \sim 10^6 \ \Omega$，即使干扰电压的幅度较大，馈送到光电耦合器输入端的噪声电压也很小，只能形成很微弱的电流，不足以使二极管发光。

② 光电耦合器具有较好的电隔离。由于光电耦合器输入回路与输出回路之间没有电气联系，也没有共地，输入回路和输出回路之间的分布电容极小，而绝缘电阻又很大，因此避免了共阻抗耦合的干扰信号的产生。

③ 光电耦合器可起到很好的安全保障作用，即使当外部设备出现故障，甚至输入信号线短接时，也不会损坏仪表。因为光耦合器件的输入回路和输出回路之间可以承受几千伏的高压。

④ 光电耦合器的响应速度极快，其响应延迟时间只有 100 ms 左右，适于对响应速度要求很高的场合。

此外，光电耦合器具有体积小、使用寿命长、工作温度范围宽、输入与输出在电气上完全隔离等特点，因而在各种电子设备上得到广泛的应用。光电耦合器可用于隔离电路、负载接口及各种家用电器等电路。

图 2-45（b）所示电路是一个光电耦合开关电路。当输入信号 $u_i$ 为低电平时，三极管 T 处于截止状态，光电耦合器 4N25 中发光二极管的电流近似为零，输出端 $Q_1$、$Q_2$ 间的电阻值很大，相当于开关"断开"；当 $u_i$ 为高电平时，T 导通，发光二极管发光，$Q_1$、$Q_2$ 间的电阻值变小，相当于开关"接通"。该电路 $u_i$ 为低电平时，开关不通，故为高电平导通状态。

在许多数据采集电路中，需要将信号源与放大器进行电气隔离，以免损坏测试电路或仪器。图 2-46 所示是光电耦合隔离放大电路之一，这是一个典型的交流耦合放大电路。5 V 电源通过 $R_1$ 给发光二极管提供一定的直流电流，与 $u_i$ 叠加后共同作用在发光二极管的输入端。适当选取发光回路限流电阻 $R_1$，使 4N25 的电流传输比为一常数，即可保证该电路的线性放大作用。从图中可以看到，信号输入回路与放大电路部分采用不同电源，保证了电气上的隔离。

图 2-47 所示是由 $A_1$ 和 $T_1$ 等组成的红外光耦合话筒电路。话音信号通过麦克风转换成电信号，由 $A_1$ 放大后送到三极管 $T_1$ 基极，$T_1$ 放大后使发光二极管 D 随声音的强度变化而发光，通过光电耦合从光敏三极管集电极输出信号，再由前置放大器 $A_2$ 放大，然后送给功率放大器。

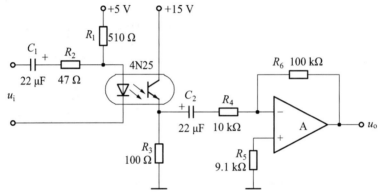

图 2-46　交流耦合放大电路

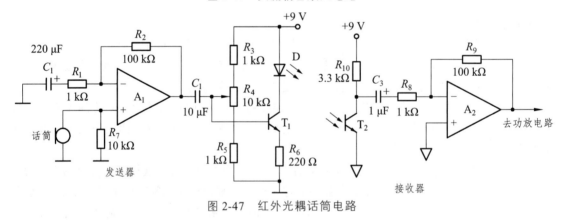

图 2-47　红外光耦话筒电路

### 2.7.2 多级放大电路的分析和计算

#### 1. 电压增益

多级放大电路的分析和计算与单级放大器的分析方法基本相同。一个 $n$ 级级联的放大器，假设各级的电压放大系数分别为 $\dot{A}_{u1}, \dot{A}_{u2}, \dot{A}_{u3}, \cdots, \dot{A}_{un}$，则总的电压放大系数为

$$\dot{A}_{un} = \frac{\dot{U}_o}{\dot{U}_i} = \frac{\dot{U}_{o1}}{\dot{U}_i} \cdot \frac{\dot{U}_{o2}}{\dot{U}_{i2}} \cdot \frac{\dot{U}_{o3}}{\dot{U}_{i3}} \cdots \frac{\dot{U}_{on}}{\dot{U}_{in}} = \dot{A}_{u1} \dot{A}_{u2} \dot{A}_{u3} \cdots \dot{A}_{un} \tag{2-44}$$

在计算每级电压增益时，必须考虑前后级之间的影响，即前级放大器作为后级放大器的信号源，后级放大器是前级放大器的负载，例如 $R_{L1} = R_{i2}$，$R'_{L1} = R_{c1} // R_{i2}$。

## 2. 输入电阻和输出电阻

多级放大电路的输入电阻 $R_i$ 就是第一级放大电路的输入电阻；多级放大电路的输出电阻 $R_o$ 就是末级放大电路的输出电阻。

**【例 2-10】** 共射-共集两级阻容耦合放大电路如图 2-48 所示。已知三极管 $T_1$、$T_2$ 的 $\beta_1 = \beta_2 = 50$，$U_{BE} = 0.7\ V$。

（1）求电路的输入电阻 $R_i$ 和输出电阻 $R_o$。

（2）若只有 $T_1$ 组成的单级放大器，$R_L$ 接在第一级输出端 A、O 点之间，求第一级电压增益。

（3）当 $R_L$ 按图所示连接在第二级输出端时，试计算电路总的电压增益。

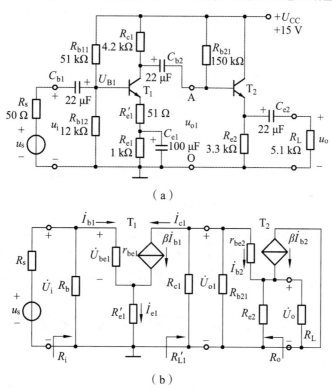

（a）

（b）

图 2-48  $RC$ 耦合共射-共集放大器

**解：** 这是一个两级放大器，第一级为共射极放大器，第二级为共集电极放大器。

（1）先求该电路的静态工作点和 $r_{be1}$，再求输入电阻 $R_i$ 和输出电阻 $R_o$。

$$U_{B1} = U_{CC} \cdot \frac{R_{b12}}{R_{b11} + R_{b12}} = 2.86\ V$$

$$I_{E1} = \frac{U_{B1} - U_{BE1}}{R'_{e1} + R_{e1}} = \frac{2.86 - 0.7}{0.051 + 1}\ mA \approx 2\ mA$$

$$U_{CE1} \approx U_{CC} - I_{C1}(R_{c1} + R_{e1} + R'_{e1}) = (15 - 2 \times 5.251)V \approx 4.5\ V$$

$$I_{B2} = \frac{U_{CC} - U_{BE}}{R_{b21} + (1+\beta)R_{e2}} = \frac{15 - 0.7}{150 + 51 \times 3.3}\ mA = 45\ \mu A$$

$$I_{E2} = 50 \times 45\ \mu A \approx 2.3\ mA$$

$$r_{be1} = \left[ 200 + (1+50)\frac{26}{2} \right] \Omega = 863 \ \Omega$$

$$r_{be2} = \left[ 200 + (1+50)\frac{26}{2.3} \right] \Omega = 776 \ \Omega$$

$$R_i = R_{b11} // R_{b12} // [r_{be1} + (1+\beta)R'_{e1}]$$
$$= 51 // 12 // [0.863 + (1+50) \times 0.051] \ k\Omega = 2.55 \ k\Omega$$

$$R_o \approx R_{e2} // \frac{R_{c1} + r_{be2}}{1+\beta} \approx 3.3 // \frac{4.2 + 0.776}{1+50} \ k\Omega \approx 95 \ \Omega$$

（2）由 $T_1$ 组成单级放大器，$R_L$ 接到 A、O 端时的电压放大系数

$$\dot{A}_u = -\frac{\beta R_{L1}}{r_{be1} + (1+\beta)R'_e} = -\frac{50 \times (4.2 // 5.1)}{0.863 + (1+50) \times 0.051} = -33.25$$

（3）$R_L$ 连接在第二级输出端时

$$R_{i2} = R_{b21} // [r_{be2} + (1+\beta)(R_L // R_{e2})]$$
$$= 150 // [0.776 + (1+50)(5.1 // 3.3)] \ k\Omega = 61 \ k\Omega$$

$$R'_{L1} = R_{c1} // R_{i2} = 4.2 // 61 \ k\Omega = 3.93 \ k\Omega$$

$$\dot{A}_{u1} = -\frac{\beta R'_{L1}}{r_{be1} + (1+\beta)R'_e} = -\frac{50 \times 3.93}{0.863 + (1+50) \times 0.051} = -56.72$$

$$\dot{A}_{u2} = -\frac{\beta R'_L}{r_{be2} + (1+\beta)R'_L} = -\frac{50 \times 2}{0.776 + (1+50) \times 2} \approx 0.99$$

$$\dot{A}_u = \dot{A}_{u1} \dot{A}_{u2} = -56.72 \times 0.99 = -56.15$$

由此可见，接入 $T_2$ 组成的共集电极放大器，使前级放大器负载 $R'_{L1}$ 增大，从而使电压放大系数增大，尽管 $T_2$ 组成的共集电极放大器的电压放大系数小于 1，但在相同负载 $R_L$ 的条件下，两级放大器的总电压放大系数比单级共射极放大器的电压放大系数大。

# 实验 2　数字万用表检测三极管

## 一、实验目的

（1）熟悉晶体三极管的外形及引脚识别方法。
（2）熟悉半导体三极管的类别、型号及主要性能参数。
（3）掌握用万用表判别三极管的极性及其性能的好坏。

## 二、实验仪器

（1）万用表。
（2）不同规格、类型的半导体三极管若干。

## 三、实验步骤

1. 先判断基极 b 和管型

如图 2-49 所示首先将数字万用表打到蜂鸣二极管挡，同时要注意数字万用表的红表笔始

终是电源正极。

将红色表笔固定任接某个脚上，黑色表笔依次接触另外两个脚，如果两次万用表显示的值为"0.7 V"左右或显示溢出符号"1"。则红表笔所接的脚是基极。若一次显示"0.7 V"左右，另一次显示溢出符号"1"，则红表笔接的不是基极，此时应更换其他脚重复测量，直到判断出"b"极为止。

同时可知：两次测量显示的结果为"0.7 V"左右的管子是 NPN 型，两次测量显示的是溢出符号"1"的管子是 PNP 型。

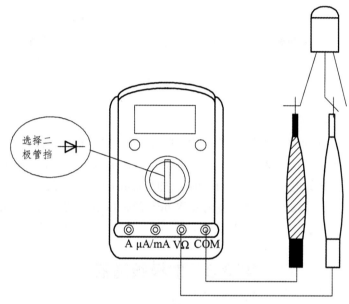

图 2-49　数字万用表

2. 再判断集电极 c 和发射极 e

以 NPN 型管为例。如图 2-50 所示，将万用表打到"MΩ"挡，把红表笔接到假设的集电极 c 上，黑表笔接到假设的发射极 e 上，并且用手握住 b 极和 c 极（b 极和 c 极不能直接接触），通过人体，相当于在 b、c 之间接入偏置电阻。读出万用表所示 c、e 间的电阻值，然后将红、黑表笔反接重测。若第一次电阻比第二次电阻小（第二次阻值接近于无穷大），说明原假设成立，即红表笔所接的是集电极 c，黑表笔接的是发射极 e。

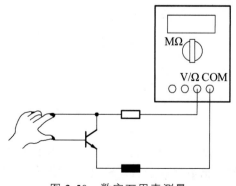

图 2-50　数字万用表测量

判断结果图 2-51 所示。

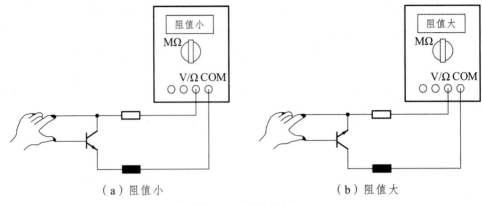

（a）阻值小　　　　　　　　　　　　　（b）阻值大

图 2-51　测量结果

3. c 极和 e 极的另外一种判断方法

还可以用数字万用表测三极管"hFE"挡进行测量。先判断出三极管是 NPN 型还是 PNP型，再将三极管插入相应的 hFE 孔，若测得的 hFE 为几十至几百左右，则说明管子是正常的且有放大能力，三极管的电极与相应插孔相同。如果测得的 hFE 在几至十几之间，则表明 c、e 极插反了。可以反复对调 c、e 极，多测几次 hFE 值，以最大的计数来确定 c、e 极。

# 实验 3　射极跟随器

## 一、实验目的

（1）掌握射极跟随器的特性及测试方法。
（2）进一步学习放大器各项参数测试方法。

## 二、实验仪器

（1）DZX-1 型电子学综合实验装置 1 个。
（2）TDS 1002 示波器 1 个。
（3）数字万用表 1 个。
（4）色环电阻 1 个。
（5）螺丝刀 1 把。
（6）导线若干。

## 三、实验原理

射极跟随器的原理图如图 2-52 所示。它是一个电压串联负反馈放大电路，它具有输入电阻高，输出电阻低，电压放大倍数接近于 1，输出电压能够在较大范围内跟随输入电压做线性变化以及输入、输出信号同相等特点。

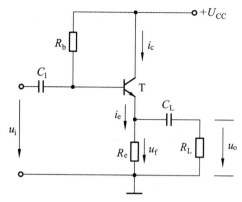

图 2-52　射极跟随器

射极跟随器的输出取自发射极，故称其为射极输出器。

1. 输入电阻 $R_i$

图 2-52 电路：

$$R_i = r_{be} + (1 + \beta)R_e$$

如考虑偏置电阻 $R_b$ 和负载 $R_L$ 的影响，则

$$R_i = R_b \mathbin{/\!/} [r_{be} + (1 + \beta)(R_e \mathbin{/\!/} R_L)]$$

由上式可知射极跟随器的输入电阻 $R_i$ 比共射极单管放大器的输入电阻 $R_i = R_b \mathbin{/\!/} r_{be}$ 要高得多，但由于偏置电阻 $R_b$ 的分流作用，输入电阻难以进一步提高。

输入电阻的测试方法同单管放大器，实验线路如图 2-53 所示。

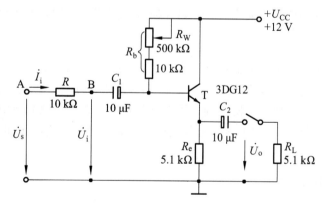

图 2-53　射极跟随器实验电路

$$R_i = \frac{U_i}{I_i} = \frac{U_i}{U_s - U_i} R$$

即只要测得 A、B 两点的对地电位即可计算出 $R_i$。

2. 输出电阻 $R_o$

图 2-52 电路：

$$R_o = \frac{r_{be}}{\beta} \| R_e \approx \frac{r_{be}}{\beta}$$

如考虑信号源内阻 $R_s$，则

$$R_o = \frac{r_{be} + (R_s \| R_b)}{\beta} \| R_e \approx \frac{r_{be} + (R_s \| R_b)}{\beta}$$

由上式可知射极跟随器的输出电阻 $R_o$ 比共射极单管放大器的输出电阻 $R_o \approx R_c$ 低得多。三极管的 $\beta$ 愈高，输出电阻愈小。

输出电阻 $R_o$ 的测试方法亦同单管放大器，即先测出空载输出电压 $U_o$，再测接入负载 $R_L$ 后的输出电压 $U_L$，根据

$$U_L = \frac{R_L}{R_o + R_L} U_o$$

即可求出

$$R_o = \left( \frac{U_o}{U_L} - 1 \right) R_L$$

3. 电压放大倍数

图 2-52 电路：

$$A_u = \frac{(1+\beta)(R_e \| R_L)}{r_{be} + (1+\beta)(R_e \| R_L)} \leqslant 1$$

上式说明射极跟随器的电压放大倍数小于近于 1，且为正值。这是深度电压负反馈的结果。但它的射极电流仍比基流大（$1+\beta$）倍，所以它具有一定的电流和功率放大作用。

4. 电压跟随范围

电压跟随范围是指射极跟随器输出电压 $u_o$ 跟随输入电压 $u_i$ 做线性变化的区域。当 $u_i$ 超过一定范围时，$u_o$ 便不能跟随 $u_i$ 做线性变化，即 $u_o$ 波形产生了失真。为了使输出电压 $u_o$ 正、负半周对称，并充分利用电压跟随范围，静态工作点应选在交流负载线中点，测量时可直接用示波器读取 $u_o$ 的峰峰值，即电压跟随范围；或用交流毫伏表读取 $u_o$ 的有效值，则电压跟随范围

$$U_{OPP} = 2\sqrt{2}\, U_o$$

四、实验内容

1. 按图 2-53 组接电路；静态工作点的调整

接通 +12 V 直流电源，在 B 点加入 $f = 1$ kHz 正弦信号 $u_i$，输出端用示波器监视输出波形，反复调整 $R_W$ 及信号源的输出幅度，使在示波器的屏幕上得到一个最大不失真输出波形，然后置 $u_i = 0$，用万用表直流电压挡测量晶体管各电极对地电位，将测得的原始数据记入表 2-2。

表 2-2　晶体管各电极对地电位 $U_E$、$U_B$ 和 $U_C$ 以及流过 $R_e$ 电流 $I_E$

| $U_E$/V | $U_B$/V | $U_C$/V | $I_E$/mA |
|---|---|---|---|
|  |  |  |  |

（在下面整个测试过程中保持 $R_W$ 值不变，即保持静工作点 $I_E$ 不变。）

2. 测量电压放大倍数 $A_u$

接入负载，在 B 点加 $f = 1$ kHz 正弦信号 $u_i$，调节输入信号幅度，用示波器观察输出波形 $u_o$，在输出最大不失真情况下，用示波器测 $U_i$、$U_L$ 值。将原始值记入表 2-3。

表 2-3　$U_i$、$U_L$ 的值和电压放大倍数 $A_u$

| $U_i$/V | $U_L$/V | $A_u$ |
|---|---|---|
|  |  |  |

3. 测量输出电阻 $R_o$

接上负载 $R_L = 1$ kΩ，在 B 点加 $f = 1$ kHz 正弦信号 $u_i$，用示波器监视输出波形，测空载输出电压 $U_o$，有负载时输出电压 $U_L$，将原始值记入表 2-4。

表 2-4　空载输出电压 $U_o$、有负载时输出电压 $U_L$ 和输出电阻 $R_o$

| $U_o$/V | $U_L$/V | $R_o$/kΩ |
|---|---|---|
|  |  |  |

4. 测量输入电阻 $R_i$

在 A 点加 $f = 1$ kHz 的正弦信号 $u_S$，用示波器监视输出波形，分别测出 A、B 点对地的电位 $U_s$、$U_i$，将原始值记入表 2-5。

表 2-5　A、B 点对地的电位 $U_s$ 和 $U_i$ 以及输入电阻 $R_i$

| $U_s$/V | $U_i$/V | $R_i$/kΩ |
|---|---|---|
|  |  |  |

5. 测试跟随特性

接入负载 $R_L = 1$ kΩ，在 B 点加入 $f = 1$ kHz 正弦信号 $u_i$，逐渐增大信号 $u_i$ 幅度，用示波器监视输出波形直至输出波形达最大不失真，并测量对应的 $U_L$ 值，将原始值记入表 2-6。

表 2-6　输出波形达最大不失真时的 $U_i$ 和 $U_L$ 值

| $U_i$/V |  |
|---|---|
| $U_L$/V |  |

## 五、数据处理与分析

### 1. 数据处理

将表 2-2 至表 2-6 的测量原始数据按三位有效数字对应填入表 2-7 至 2-11。

表 2-7　晶体管各电极对地电位 $U_E$、$U_B$ 和 $U_C$ 以及流过 $R_e$ 电流 $I_E$

| $U_E/V$ | $U_B/V$ | $U_C/V$ | $I_E/mA$ |
|---|---|---|---|
|  |  |  |  |

表 2-8　$U_i$、$U_L$ 的值和电压放大倍数 $A_u$

| $U_i/V$ | $U_L/V$ | $A_u$ |
|---|---|---|
|  |  |  |

表 2-9　空载输出电压 $U_o$、有负载时输出电压 $U_L$ 和输出电阻 $R_o$

| $U_o/V$ | $U_L/V$ | $R_o/k\Omega$ |
|---|---|---|
|  |  |  |

表 2-10　A、B 点对地的电位 $U_s$ 和 $U_i$ 以及输入电阻 $R_i$

| $U_s/V$ | $U_i/V$ | $R_i/k\Omega$ |
|---|---|---|
|  |  |  |

表 2-11　输出波形达最大不失真时的 $U_i$ 和 $U_L$ 值

| $U_i/V$ |  |
|---|---|
| $U_L/V$ |  |

### 2. 数据分析

针对以上结果进行简要分析。

# 实验 4　晶体管共射极单管放大器

## 一、实验目的

（1）学会放大器静态工作点的调试方法，分析静态工作点对放大器性能的影响。
（2）掌握放大器电压放大倍数、输入电阻、输出电阻及最大不失真输出电压的测试方法。
（3）熟悉常用电子仪器及模拟电路实验设备的使用。

## 二、实验设备与器件

（1）+ 12 V 直流电源；　　　　（2）函数信号发生器；
（3）双踪示波器；　　　　　　（4）交流毫伏表；

（5）直流电压表；　　　　　　（6）直流毫安表；

（7）频率计；　　　　　　　　（8）万用电表；

（9）晶体三极管 3DG6×1（$\beta$ = 50 ~ 100）或 9011×1；

（10）电阻器、电容器若干。

三、实验原理

图 2-54 为电阻分压式工作点稳定单管放大器实验电路图。它的偏置电路采用 $R_{b1}$ 和 $R_{b2}$ 组成的分压电路，并在发射极中接有电阻 $R_e$，以稳定放大器的静态工作点。当在放大器的输入端加入输入信号 $u_i$ 后，在放大器的输出端便可得到一个与 $u_i$ 相位相反，幅值被放大了的输出信号 $u_o$，从而实现了电压放大。

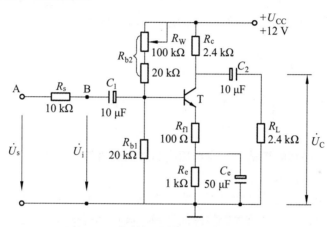

图 2-54　共射极单管放大器实验电路

在图 2-54 电路中，当流过偏置电阻 $R_{b1}$ 和 $R_{b2}$ 的电流远大于晶体管 T 的基极电流 $I_B$ 时（一般 5 ~ 10 倍），则它的静态工作点可用下式估算

$$U_B \approx \frac{R_{b1}}{R_{b1} + R_{b2}} U_{CC}$$

$$I_E \approx \frac{U_B - U_{BE}}{R_e + R_{f1}} \approx I_C$$

$$U_{CE} = U_{CC} - I_C(R_c + R_e + R_{f1})$$

电压放大倍数

$$A_u = -\beta \frac{R_c /\!/ R_L}{r_{be} + (1 + \beta)R_{f1}}$$

输入电阻

$$R_i = R_{b1} /\!/ R_{b2} /\!/ [r_{be} + (1 + \beta)R_{f1}]$$

输出电阻

$$R_o \approx R_c$$

由于电子器件性能的分散性比较大，因此在设计和制作晶体管放大电路时，离不开测量和调试技术。在设计前应测量所用元器件的参数，为电路设计提供必要的依据，在完成设计

和装配以后，还必须测量和调试放大器的静态工作点和各项性能指标。一个优质放大器，必定是理论设计与实验调整相结合的产物。因此，除了学习放大器的理论知识和设计方法外，还必须掌握必要的测量和调试技术。

放大器的测量和调试一般包括：放大器静态工作点的测量与调试，消除干扰与自激振荡及放大器各项动态参数的测量与调试等。

1. 放大器静态工作点的测量与调试

（1）静态工作点的测量。

测量放大器的静态工作点，应在输入信号 $u_i = 0$ 的情况下进行，即将放大器输入端与地端短接，然后选用量程合适的直流毫安表和直流电压表，分别测量晶体管的集电极电流 $I_C$ 以及各电极对地的电位 $U_B$、$U_C$ 和 $U_E$。一般实验中，为了避免断开集电极，所以采用测量电压 $U_E$ 或 $U_C$，然后算出 $I_C$ 的方法，例如，只要测出 $U_E$，即可用

$$I_E \approx \frac{U_B - U_{BE}}{R_e + R_{f1}} \approx I_C$$

算出 $I_C$（也可根据 $I_C = \frac{U_{CC} - U_C}{R_c}$，由 $U_C$ 确定 $I_C$），同时也能算出 $U_{BE} = U_B - U_E$，$U_{CE} = U_C - U_E$。

为了减小误差，提高测量精度，应选用内阻较高的直流电压表。

（2）静态工作点的调试。

放大器静态工作点的调试是指对管子集电极电流 $I_C$（或 $U_{CE}$）的调整与测试。

静态工作点是否合适，对放大器的性能和输出波形都有很大影响。如工作点偏高，放大器在加入交流信号以后易产生饱和失真，此时 $u_o$ 的负半周将被削底，如图 2-55（a）所示；如工作点偏低则易产生截止失真，即 $u_o$ 的正半周被缩顶(一般截止失真不如饱和失真明显)，如图 2-55（b）所示。这些情况都不符合不失真放大的要求。所以在选定工作点以后还必须进行动态调试，即在放大器的输入端加入一定的输入电压 $u_i$，检查输出电压 $u_o$ 的大小和波形是否满足要求。如不满足，则应调节静态工作点的位置。

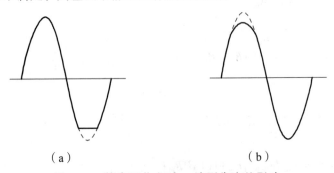

（a）                    （b）

图 2-55　静态工作点对 $u_o$ 波形失真的影响

改变电路参数 $U_{CC}$、$R_c$、$R_b$（$R_{b1}$、$R_{b2}$）都会引起静态工作点的变化，如图 2-56 所示。但通常多采用调节偏置电阻 $R_{b2}$ 的方法来改变静态工作点，如减小 $R_{b2}$，则可使静态工作点提高等。

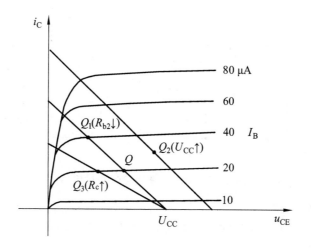

图 2-56  电路参数对静态工作点的影响

最后还要说明的是，上面所说的工作点"偏高"或"偏低"不是绝对的，应该是相对信号的幅度而言，如输入信号幅度很小，即使工作点较高或较低也不一定会出现失真。所以确切地说，产生波形失真是信号幅度与静态工作点设置配合不当所致。如需满足较大信号幅度的要求，静态工作点最好尽量靠近交流负载线的中点。

2. 放大器动态指标测试

放大器动态指标包括电压放大倍数、输入电阻、输出电阻、最大不失真输出电压（动态范围）和通频带等。

（1）电压放大倍数 $A_u$ 的测量。

调整放大器到合适的静态工作点，然后加入输入电压 $u_i$，在输出电压 $u_o$ 不失真的情况下，用交流毫伏表测出 $u_i$ 和 $u_o$ 的有效值 $U_i$ 和 $U_o$，则

$$A_u = \frac{U_o}{U_i}$$

（2）输入电阻 $R_i$ 的测量。

为了测量放大器的输入电阻，按图 2-57 电路在被测放大器的输入端与信号源之间串入一已知电阻 $R$，在放大器正常工作的情况下，用交流毫伏表测出 $U_s$ 和 $U_i$，则根据输入电阻的定义可得

$$R_i = \frac{U_i}{I_i} = \frac{U_i}{\dfrac{U_R}{R}} = \frac{U_i}{U_s - U_i} R$$

测量时应注意下列几点：

① 由于电阻 $R$ 两端没有电路公共接地点，所以测量 $R$ 两端电压 $U_R$ 时必须分别测出 $U_s$ 和 $U_i$，然后按 $U_R = U_s - U_i$ 求出 $U_R$ 值。

② 电阻 $R$ 的值不宜取得过大或过小，以免产生较大的测量误差，通常取 $R$ 与 $R_i$ 为同一数量级为好，本实验可取 $R = 1 \sim 2\ \text{k}\Omega$。

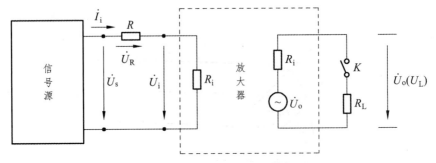

图 2-57  输入、输出电阻测量电路

（3）输出电阻 $R_o$ 的测量。

按图 2-55 电路，在放大器正常工作条件下，测出输出端不接负载 $R_L$ 的输出电压 $U_o$ 和接入负载后的输出电压 $U_L$，根据

$$U_L = \frac{R_L}{R_o + R_L} U_o$$

即可求出

$$R_o = \left( \frac{U_o}{U_L} - 1 \right) R_L$$

在测试中应注意，必须保持 $R_L$ 接入前后输入信号的大小不变。

（4）最大不失真输出电压 $U_{OPP}$ 的测量（最大动态范围）。

如上所述，为了得到最大动态范围，应将静态工作点调在交流负载线的中点。为此在放大器正常工作情况下，逐步增大输入信号的幅度，并同时调节 $R_W$（改变静态工作点），用示波器观察 $u_o$，当输出波形同时出现削底和缩顶现象（如图 2-58）时，说明静态工作点已调在交流负载线的中点。然后反复调整输入信号，使波形输出幅度最大，且无明显失真时，用交流毫伏表测出 $U_o$（有效值），则动态范围等于 $2\sqrt{2}U_o$。或用示波器直接读出 $U_{OPP}$ 来。

（5）放大器幅频特性的测量。

放大器的幅频特性是指放大器的电压放大倍数 $A_u$ 与输入信号频率 $f$ 之间的关系曲线。单管阻容耦合放大电路的幅频特性曲线如图 2-59 所示，$A_{um}$ 为中频电压放大倍数，通常规定电压放大倍数随频率变化下降到中频放大倍数的 $1/\sqrt{2}$ 倍，即 $0.707A_{um}$ 所对应的频率分别称为下限频率 $f_L$ 和上限频率 $f_H$，则通频带：$f_{BW} = f_H - f_L$。

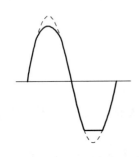

图 2-58  静态工作点正常，
输入信号太大引起的失真

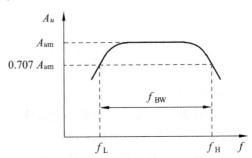

图 2-59  幅频特性曲线

放大器的幅率特性就是测量不同频率信号时的电压放大倍数 $A_u$。为此，可采用前述测 $A_u$ 的方法，每改变一个信号频率，测量其相应的电压放大倍数，测量时应注意取点要恰当，在低频段与高频段应多测几点，在中频段可以少测几点。此外，在改变频率时，要保持输入信号的幅度不变，且输出波形不得失真。

## 四、实验内容

实验电路如图 2-52 所示。各电子仪器可按实验中图 2-52 所示方式连接，为防止干扰，各仪器的公共端必须连在一起，同时信号源、交流毫伏表和示波器的引线应采用专用电缆线或屏蔽线，如使用屏蔽线，则屏蔽线的外包金属网应接在公共接地端上。

### 1. 调试静态工作点

接通直流电源前，先将 $R_W$ 调至最大，函数信号发生器输出旋钮旋至零。接通 + 12 V 电源、调节 $R_W$，使 $I_C = 2.0$ mA（即 $U_E = 2.0$ V），用直流电压表测量 $U_B$、$U_E$、$U_C$ 及用万用电表测量 $R_{b2}$ 值。记入表 2-12。

表 2-12　高度静态工作点实验数据

| 测量值 | | | | 计算值 | | |
|---|---|---|---|---|---|---|
| $U_B$/V | $U_E$/V | $U_C$/V | $R_{b2}$/kΩ | $U_{BE}$/V | $U_{CE}$/V | $I_C$/mA |
| | | | | | | |

### 2. 测量电压放大倍数

在放大器输入端加入频率为 1 kHz 的正弦信号 $u_s$，调节函数信号发生器的输出旋钮使放大器输入电压 $U_i \approx 10$ mV，同时用示波器观察放大器输出电压 $u_o$ 波形，在波形不失真的条件下用交流毫伏表测量下述三种情况下的 $U_o$ 值，并用双踪示波器观察 $u_o$ 和 $u_i$ 的相位关系，记入表 2-13。

表 2-13　测量电压放大倍数实验数据

| $R_c$/kΩ | $R_L$/kΩ | $U_o$/V | $A_u$ | 观察记录一组 $u_o$ 和 $u_i$ 波形 |
|---|---|---|---|---|
| 2.4 | ∞ | | | |
| 1.2 | ∞ | | | |
| 2.4 | 2.4 | | | |

### 3. 观察静态工作点对电压放大倍数的影响

置 $R_c = 2.4$ kΩ，$R_L = \infty$，$U_i$ 适量，调节 $R_W$，用示波器监视输出电压波形，在 $u_o$ 不失真的条件下，测量数组 $I_C$ 和 $U_o$ 值，记入表 2-14。

表 2-14　观察静态工作点对电压放大倍数的影响实验数据

| $I_C$/mA | | | 2.0 | | |
|---|---|---|---|---|---|
| $U_o$/V | | | | | |
| $A_u$ | | | | | |

测量 $I_C$ 时，要先将信号源输出旋钮旋至零（即使 $U_i = 0$）。

4. 观察静态工作点对输出波形失真的影响

置 $R_c = 2.4\,\text{k}\Omega$，$R_L = 2.4\,\text{k}\Omega$，$u_i = 0$，调节 $R_W$ 使 $I_C = 2.0\,\text{mA}$，测出 $U_{CE}$ 值，再逐步加大输入信号，使输出电压 $u_o$ 足够大但不失真。然后保持输入信号不变，分别增大和减小 $R_W$，使波形出现失真，绘出 $u_o$ 的波形，并测出失真情况下的 $I_C$ 和 $U_{CE}$ 值，记入表 2-15 中。每次测 $I_C$ 和 $U_{CE}$ 值时都要将信号源的输出旋钮旋至零。

表 2-15　观察静态工作点对输出波形失真的影响实验数据

| $I_C$/mA | $U_{CE}$/V | $u_o$ 波形 | 失真情况 | 管子工作状态 |
|---|---|---|---|---|
|  |  | $u_o$ ↑     $t$ → |  |  |
| 2.0 |  | $u_o$ ↑     $t$ → |  |  |
|  |  | $u_o$ ↑     $t$ → |  |  |

5. 测量最大不失真输出电压

置 $R_c = 2.4\,\text{k}\Omega$，$R_L = 2.4\,\text{k}\Omega$，按照实验原理 2（4）中所述方法，同时调节输入信号的幅度和电位器 $R_W$，用示波器和交流毫伏表测量 $U_{OPP}$ 及 $U_o$ 值，记入表 2-16。

表 2-16　测量最大不失真输出电压实验数据

| $I_C$/mA | $U_{im}$/mV | $U_{om}$/V | $U_{OPP}$/V |
|---|---|---|---|
|  |  |  |  |

*6. 测量输入电阻和输出电阻

置 $R_c = 2.4\,\text{k}\Omega$，$R_L = 2.4\,\text{k}\Omega$，$I_C = 2.0\,\text{mA}$。输入 $f = 1\,\text{kHz}$ 的正弦信号，在输出电压 $u_o$ 不失真的情况下，用交流毫伏表测出 $U_S$，$U_i$ 和 $U_L$，记入表 2-17。

保持 $U_S$ 不变，断开 $R_L$，测量输出电压 $U_o$，记入表 2-17。

表 2-17　测量输入电阻和输出电阻实验数据

| $U_S$/mV | $U_i$/mV | $R_i$/kΩ | | $U_L$/V | $U_o$/V | $R_o$/kΩ | |
|---|---|---|---|---|---|---|---|
|  |  | 测量值 | 计算值 |  |  | 测量值 | 计算值 |
|  |  |  |  |  |  |  |  |

*7. 测量幅频特性曲线

取 $I_C = 2.0\,\text{mA}$，$R_c = 2.4\,\text{k}\Omega$，$R_L = 2.4\,\text{k}\Omega$。保持输入信号 $u_i$ 的幅度不变，改变信号源频率 $f$，逐点测出相应的输出电压 $U_o$，记入表 2-18。

表 2-18    测量幅频特性曲线实验数据

| $f$/kHz | $f_1$ | $f_2$ | $f_3$ | ... | $f_n$ |
|---|---|---|---|---|---|
| $U_o$/V | | | | | |
| $A_u = U_o/U_i$ | | | | | |

为了信号源频率 $f$ 取值合适，可先粗测一下，找出中频范围，然后再仔细读数。

说明：本实验内容较多，其中 6、7 可作为选作内容。

## 五、实验总结

（1）列表整理测量结果，并把实测的静态工作点、电压放大倍数、输入电阻、输出电阻之值与理论计算值比较（取一组数据进行比较），分析产生误差原因。

（2）总结 $R_c$、$R_L$ 及静态工作点对放大器电压放大倍数、输入电阻、输出电阻的影响。

（3）讨论静态工作点变化对放大器输出波形的影响。

（4）分析讨论在调试过程中出现的问题。

## 本章小结

（1）三极管有三个区、两个 PN 结、三个电极。三极管具有电流放大作用，是电流控制型元件，即用基极电流的大小控制集电极电流的大小，$i_C = \beta i_B$，$i_E = i_C + i_B$。场效应管也有两个 PN 结、三个电极，是电压控制型元件，即用栅源电压的大小控制漏源电流的大小。

（2）三极管的输入特性类似二极管，分为死区和正向导通区；输出特性曲线族有击穿区、放大区和饱和区；三极管的主要参数有 $\beta$、$I_{CEO}$、$U_{CEO}$、$P_{CM}$。用三极管组成放大电路时必须满足发射结正偏，集电结反偏。

（3）放大电路可画成直流通路和交流通路。计算静态工作点用直流通路，计算放大倍数用交流通路。

（4）分压式偏置电路是基本放大电路的改进，它可稳定工作点，应用广泛。

（5）三极管电路分析中可采用交直流通路、静态工作点估算、图解法、微变等效电路法等方法来分析电路各种参数。其中，大信号工作时常采用图解法，而微变等效电路法只适合小信号工作的情况，且只能用来分析放大电路的动态性能指标。

（6）可以通过三极管的特性将其作为电路开关来使用。

（7）多级放大电路有：阻容耦合、直接耦合和变压器耦合三种耦合方式。它的电压放大倍数为各单级放大电路电压放大倍数之积。

（8）双极型晶体管组成的基本单元放大电路有共射极、共集电极和共基极三种基本组态。

共射极电路具有倒相放大作用，输入电阻和输出电阻适中，常用作中间放大级；共集电极电路的电压放大倍数小于 1 且近似等于 1，但它的输入电阻高、输出电阻低，常用作放大电路的输入级、中间隔离级和输出级；共基极放大电路具有同相放大作用，输入电阻很小而输出电阻较大，它适用于高频或宽频带放大。

1. 如图 2-60 所示，共射放大电路中，$U_{CC} = 12\ V$，三极管的电流放大系数 $\beta = 40$，$r_{be} = 1\ k\Omega$，$R_b = 300\ k\Omega$，$R_c = 4\ k\Omega$，$R_L = 4\ k\Omega$。求：（1）接入负载电阻 $R_L$ 前、后的电压放大倍数；（2）输入电阻 $r_i$，输出电阻 $r_o$。

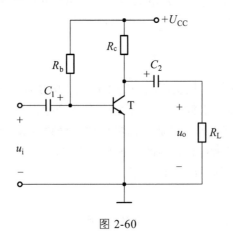

图 2-60

2. 如图 2-60 所示，在共发射极基本交流放大电路中，已知 $U_{CC} = 12\ V$，$R_c = 4\ k\Omega$，$R_L = 4\ k\Omega$，$R_b = 300\ k\Omega$，$r_{be} = 1\ k\Omega$，$\beta = 37.5$，试求：

（1）放大电路的静态值；

（2）试求电压放大倍数 $A_u$。

3. 在图 2-61 所示电路中，已知晶体管的 $\beta = 80$，$r_{be} = 1k\Omega$，$U_i = 20\ mV$；静态时 $U_{BE} = 0.7\ V$，$U_{CE} = 4\ V$，$I_B = 20\ \mu A$。求：（1）电压放大倍数；（2）输入电阻；（3）输出电阻。

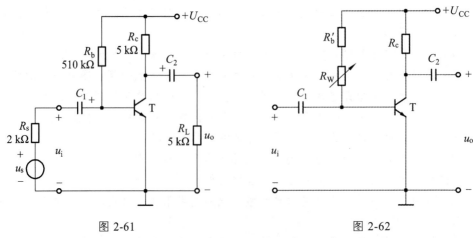

图 2-61　　　　　　　　　　　　　图 2-62

4. 在图 2-62 所示电路中，已知 $U_{CC} = 12\ V$，晶体管的 $\beta = 100$，$R_B = 100\ k\Omega$。求：

（1）当 $U_i = 0\ V$ 时，测得 $U_{BE} = 0.7\ V$，若要基极电流 $I_B = 20\ \mu A$，则 $R_b'$ 和 $R_W$ 之和 $R_b$ 等于多少？而若测得 $U_{CE} = 6\ V$，则 $R_c$ 等于多少？

（2）若测得输入电压有效值 $U_i = 5\,\text{mV}$ 时，输出电压有效值 $U'_o = 0.6\,\text{V}$，则电压放大倍数 $A_u$ 等于多少？若负载电阻 $R_L$ 值与 $R_c$ 相等，则带上负载后输出电压有效值 $U_o$ 等于多少？

5. 已知图 2-63 所示电路中晶体管的 $\beta = 100$，$r_{be} = 1\,\text{k}\Omega$。（1）现已测得静态管压降 $U_{CE} = 6\,\text{V}$，估算 $R_b$ 约为多少千欧；（2）若测得 $\dot{U}_i$ 和 $\dot{U}_o$ 的有效值分别为 $1\,\text{mV}$ 和 $100\,\text{mV}$，则负载电阻 $R_L$ 为多少千欧？

6. 电路如图 2-64 所示，晶体管的 $\beta = 50$，$r_{be} = 1\,\text{k}\Omega$，$U_{BE} = 0.7\,\text{V}$，求：（1）电路的静态工作点；（2）电路的电压放大倍数 $A_u$。

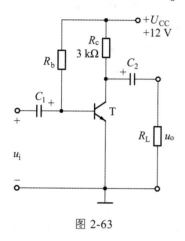
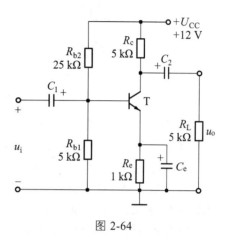

图 2-63          图 2-64

7. 图 2-65 为分压式偏置放大电路，已知 $U_{CC} = 24\,\text{V}$，$R_c = 3.3\,\text{k}\Omega$，$R_e = 1.5\,\text{k}\Omega$，$R_{b1} = 33\,\text{k}\Omega$，$R_{b2} = 10\,\text{k}\Omega$，$R_L = 5.1\,\text{k}\Omega$，$\beta = 66$，$U_{BE} = 0.7\,\text{V}$。试求：（1）静态值 $I_B$、$I_C$ 和 $U_{CE}$；（2）画出微变等效电路。

8. 图 2-65 为分压式偏置放大电路，已知 $U_{CC} = 15\,\text{V}$，$R_c = 3\,\text{k}\Omega$，$R_e = 2\,\text{k}\Omega$，$R_{b1} = 25\,\text{k}\Omega$，$R_{b2} = 10\,\text{k}\Omega$，$R_L = 5\,\text{k}\Omega$，$\beta = 50$，$r_{be} = 1\,\text{k}\Omega$，$U_{BE} = 0.7\,\text{V}$。试求：（1）静态值 $I_B$、$I_C$ 和 $U_{CE}$；（2）计算电压放大倍数 $A_u$。

9. 图 2-65 为分压式偏置放大电路，已知 $U_{CC} = 24\,\text{V}$，$R_c = 3.3\,\text{k}\Omega$，$R_e = 1.5\,\text{k}\Omega$，$R_{b1} = 33\,\text{k}\Omega$，$R_{b2} = 10\,\text{k}\Omega$，$R_L = 5.1\,\text{k}\Omega$，$\beta = 60$，$r_{be} = 1\,\text{k}\Omega$，$U_{BE} = 0.7\,\text{V}$。试求：（1）计算电压放大倍数 $A_u$；（2）空载时的电压放大倍数 $A_{u0}$；（3）估算放大电路的输入电阻和输出电阻。

10. 图 2-65 为分压式偏置放大电路，已知 $U_{CC} = 12\,\text{V}$，$R_c = 3\,\text{k}\Omega$，$R_e = 2\,\text{k}\Omega$，$R_{b1} = 20\,\text{k}\Omega$，$R_{b2} = 10\,\text{k}\Omega$，$R_L = 3\,\text{k}\Omega$，$\beta = 60$，$r_{be} = 1\,\text{k}\Omega$，$U_{BE} = 0.7\,\text{V}$。试求：（1）画出微变等效电路；（2）计算电压放大倍数 $A_u$；（3）估算放大电路的输入电阻和输出电阻。

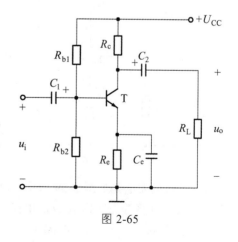

图 2-65

11. 电路如图 2-66 所示，晶体管的 $\beta = 60$，$r_{be} = 1\,\text{k}\Omega$，$U_{BE} = 0.7\,\text{V}$。（1）求静态工作点、（2）求 $A_u$、$r_i$ 和 $r_o$。

12. 电路如图 2-66 所示，晶体管的 $\beta = 50$，$r_{be} = 1\ \text{k}\Omega$，$U_{BE} = 0.7\ \text{V}$。求：（1）$A_u$、$r_i$ 和 $r_o$；（2）设 $U_s = 10\ \text{mV}$（有效值），问 $U_i = ?$　$U_o = ?$

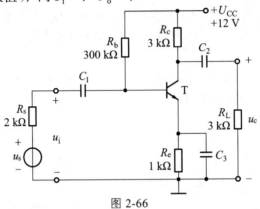

图 2-66

13. 电路如图 2-67 所示的放大电路中，已知晶体管的 $\beta = 50$，$U_{CC} = 12\ \text{V}$，$r_{be} = 1.5\ \text{k}\Omega$，$R_L = \infty$，$R_{b1} = 20\ \text{k}\Omega$，$R_{b2} = 100\ \text{k}\Omega$，$R_e = 1.5\ \text{k}\Omega$，$R_c = 4.5\ \text{k}\Omega$。

（1）估算放大器的静态工作点。（取 $U_{be} = 0.5\ \text{V}$）

（2）计算放大器的电压放大倍数 $A_u$。

（3）当输入信号 $U_i = 10\ \text{mV}$ 时，输出电压为多少？

※14. 已知电路如图 2-68 所示，$U_{CC} = 6\ \text{V}$，$\beta = 30$，$R_L = \infty$，$R_b = 100\ \text{k}\Omega$，$R_c = 2\ \text{k}\Omega$，取 $U_{be} = 0\ \text{V}$。试求：

（1）放大电路的静态工作点。

（2）画出它的直流通路。

（3）画出它的微变等效电路。

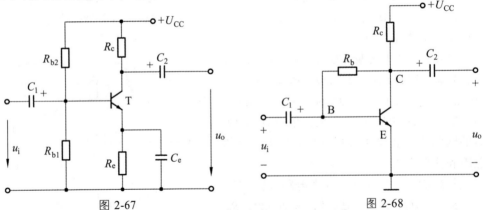

图 2-67　　　　　　　　　图 2-68

15. 单管放大电路如图 2-69 所示，已知三极管的 $\beta = 50$，$U_{be} = 0.7\ \text{V}$，各电容对信号可视为短路。（1）计算静态工作点 $Q$ 的电流、电压值。（2）画微变等效电路；（3）试求电压放大倍数 $A_u$。（取 $r_{be} = 1\text{k}\Omega$，$R_L = 4\ \text{k}\Omega$）

※16. 已知电路如图 2-70 所示，$\beta = 30$，$U_{CC} = 10\ \text{V}$，$r_{be} = 1.7\ \text{k}\Omega$，$R_L = \infty$，$R_{b1} = 10\ \text{k}\Omega$，$R_{b2} = 90\ \text{k}\Omega$，$R_e = 300\ \Omega$，$R_c = 4.7\ \text{k}\Omega$。取 $U_{be} = 0.7\ \text{V}$。试计算此放大电路的静态工作点、电压放大倍数 $A_u$，并画出它的微变等效电路。

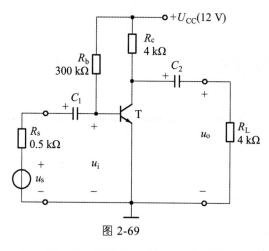

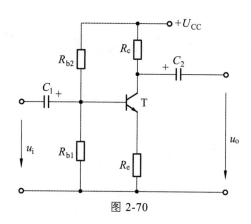

图 2-69 图 2-70

17. 图 2-71 示放大电路中，若测得 $U_B = 3.2$ V，$U_C = 3$ V，而电源电压为 12 V，已知 $R_c = 3$ kΩ，T 为硅管，$U_{be} = 0.7$ V，试求 $I_C$ 与 $R_e$ 的值。该电路的静态工作点是否合适？

18. 电路如图 2-72 所示，$U_{CC} = 12$ V，$R_c = 3$ kΩ，$\beta = \overline{\beta} = 100$，$r_{be} = 1.6$ kΩ，电容 $C_1$、$C_2$ 足够大。试求：

（1）要使静态时 $U_{CE} = 6$ V，$R_b$ 的阻值大约是多少？

（2）计算空载时的电压放大倍数 $A_u$。

（3）画出微变等效电路。

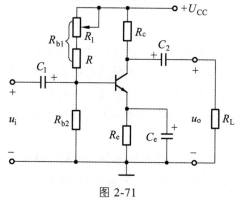

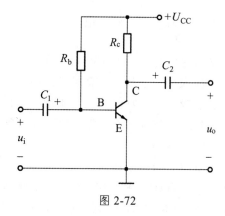

图 2-71 图 2-72

19. 射极输出器的直流通路如图 2-73 所示，已知，$U_{CC} = 6$ V，$\beta = 49$，$R_c = 2$ kΩ，$R_b = 100$ kΩ，取 $U_{be} = 0$ V。（1）试计算各静态值 $I_B$、$I_C$、$U_{CE}$；（2）试画出微变等效电路。

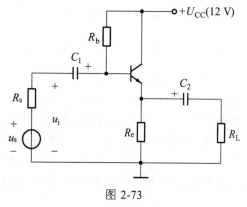

图 2-73

# 第3章 场效应管及其放大电路

【学习目标】

（1）了解场效应管的结构、类型。

（2）掌握场效应管的电压控制原理及特性。

（3）了解场效应管的参数及使用注意事项。

（4）掌握各种场效应管的符号。

（5）掌握场效应管放大电路的几种偏置电路。

（6）掌握场效应管放大电路的微变等效电路分析法，能计算共源极、共漏极放大电路的电压放大倍数、输入电阻和输出电阻。

## 3.1 结型场效应管

场效应管是一种电压控制电流型半导体器件，它利用改变外加电压产生的电场效应来控制其电流大小。它几乎仅靠半导体中的多数载流子导电，故又称单极性晶体管。场效应管不仅具备双极型三极管体积小、质量小、耗电少、寿命长等优点，而且输入阻抗高、噪声低、热稳定性好、抗辐射能力强、耗电少、安全工作区域宽，在大规模及超大规模集成电路中得到了广泛的应用。

场效应管根据结构和工作原理的不同，分为两大类：结型场效应管（Junction Field Effect Transistor，JFET）和金属-氧化物-半导体场效应管（Metal-Oxide-Semiconductor Field Effect Transistor，MOSFET），其中包括耗尽型和增强型。

结型场效应管分为 N 沟道和 P 沟道两种类型，都属于耗尽型场效应管。

### 3.1.1 N 沟道结型场效应管的结构

结型场效应管利用半导体内电场效应工作，结构如图 3-1（a）所示。在一块 N 型半导体两侧通过一定的工艺制作一个高掺杂浓度的 P 型区，用 $P^+$ 表示，便形成两个 PN 结，把两个 P 区并联在一起，引出一个电极，称为栅极 g（Gate），在 N 型半导体的两端分别引出两个电极，一个称为源极 s（Source），一个称为漏极 d（Drain）。夹在两个 PN 结中间的 N 型区域为导电沟道，这种结构就称为 N 沟道结型场效应管。N 沟道 JFET 的符号如图 3-1（c）所示，其中，头所指方向表示栅极和源极之间的 PN 结加正向偏压时，栅极电流的方向是从 P 指向 N。

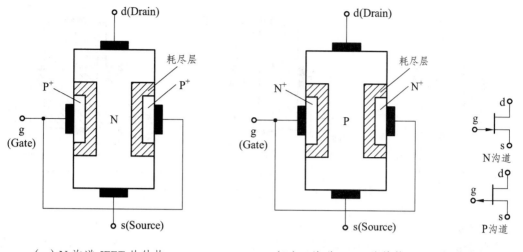

（a）N 沟道 JFET 的结构　　　　（b）P 沟道 JFET 的结构　　　（c）JFET 的符号

图 3-1　结型场效应管结构示意图

按照类似方法，在一块 P 型半导体的两边各扩散一个高浓度的 N 区，就可以制成 P 沟道结型场效应管。图 3-1（b）所示为 P 沟道 JFET 的结构示意图，其符号如图 3-1（c）所示。对于 P 沟道 JFET，在使用过程中，除了直流电源电压极性和漏极电流的方向与 N 沟道 JFET 相反外，两者的工作原理完全一样。因此，本节仅以 N 沟道 JFET 为例介绍结型场效应管的工作原理。

### 3.1.2　N 沟道结型场效应管的工作原理

从 N 沟道 JFET 的结构上看，当 N 沟道 JFET 工作时，需要在栅极和源极之间加一个负电压（$u_{GS} < 0$），使栅极与 N 沟道间的 PN 结反偏，栅极电流 $i_G \approx 0$，JFET 呈现出高达 $10^9 \Omega$ 的输入电阻。在漏极和源极间加一个正电压（$u_{DS} > 0$），使 N 沟道中的多数载流子（电子）在电场作用下由源极向漏极运动，形成漏极电流 $i_D$。应注意到，$i_D$ 的大小受 $u_{DS}$ 的影响，同时也受 $u_{GS}$ 的控制。因此，讨论 JFET 的工作原理实际上就是分析 $u_{GS}$ 对 $i_D$ 的控制作用和 $u_{DS}$ 对 $i_D$ 的影响。

1. $u_{GS}$ 对导电沟道和 $i_D$ 的控制作用

为了分析方便首先假定 $u_{DS} = 0$。当 $u_{GS} = 0$ 时，导电沟道未受任何电场的作用，PN 结处于平衡状态，导电沟道最宽，如图 3-2（a）所示。当 $u_{GS}$ 由零向负值增大时，在 $u_{GS}$ 的反向偏置电压作用下，两个 PN 结反偏，耗尽层将加宽，导电沟道变窄，沟道电阻增大，如图 3-2（b）所示。当 $|u_{GS}|$ 增大到一定值，使 $|u_{GS}| = U_{GS(off)}$ 时，两侧的耗尽层在中间完全合拢，导电沟道被夹断，如图 3-2（c）所示。此时漏-源极之间的电阻趋于无穷大，相应的栅-源极之间的电压称为夹断电压 $U_{GS(off)}$。N 沟道 JFET 的 $U_{GS(off)} < 0$。

由上述分析可见，改变 $u_{GS}$ 的大小可以有效控制导电沟道电阻的大小。但由于 $u_{DS} = 0$，漏极电流 $i_D = 0$。若 $u_{DS}$ 为一固定正值，则在 $u_{DS}$ 作用下漏极流向源极的电流 $i_D$ 将受 $u_{GS}$ 的控制，$|u_{GS}|$ 增大时，沟道电阻增大，$i_D$ 将减小；$|u_{GS}|$ 减小时，沟道电阻减小，$i_D$ 将增大。$|u_{GS}| = U_{GS(off)}$ 时，$i_D = 0$。

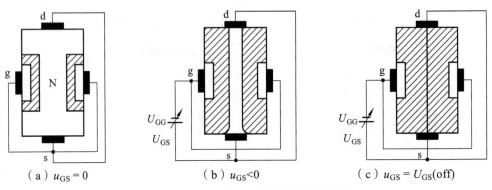

（a）$u_{GS} = 0$      （b）$u_{GS} < 0$      （c）$u_{GS} = U_{GS}(\text{off})$

图 3-2    $u_{GS} = 0$ 时 $u_{GS}$ 对沟道的控制作用

2. $u_{DS}$ 对导电沟道和 $i_D$ 的控制作用

首先假定 $u_{DS} = 0$，$u_{GS} = 0$，此时导电沟道未受任何电场的作用，PN 结也处于平衡状态，导电沟道最宽，如图 3-3（a）所示。

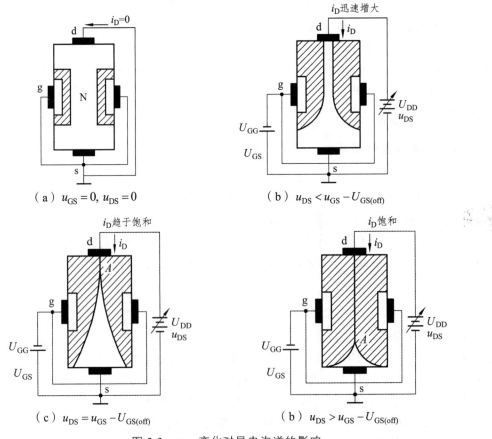

（a）$u_{GS} = 0$，$u_{DS} = 0$      （b）$u_{DS} < u_{GS} - U_{GS(\text{off})}$

（c）$u_{DS} = u_{GS} - U_{GS(\text{off})}$      （b）$u_{DS} > u_{GS} - U_{GS(\text{off})}$

图 3-3    $u_{DS}$ 变化对导电沟道的影响

当 $u_{GS}$ 为某一固定值，且 $U_{GS(\text{off})} < u_{GS} < 0$ 时，若 $u_{DS} = 0$，则 $i_D = 0$。当 $u_{DS}$ 从零逐渐增大时，沟道中产生电位梯度，在电场的作用下导电沟道中形成沟道电流 $i_D$。$i_D$ 从漏极流向源极。由于沟道中的电位梯度从源极到漏极，沿导电沟道的电位差从靠近源极端的零电位逐渐升高到靠近漏极端的 $+u_{DS}$，因此从源极端到漏极端的不同位置上，栅极与导电沟道之间的电位差

在逐渐变化，即距离源极越远电位差越大，施加到 PN 结的反偏压也越大，耗尽层越向沟道中心扩展，使导电沟道形成楔形，如图 3-3（b）所示。所以从这方面看，增大 $u_{DS}$，靠近漏极的沟道变窄，沟道电阻增大，产生了阻碍漏极电流 $i_D$ 增大的因素。但在 $u_{DS}$ 较小时靠近漏极的沟道还没有被夹断，漏极电流 $i_D$ 随 $u_{DS}$ 几乎成正比地增大。

当 $u_{DS}$ 继续增大到 $u_{DS} = u_{GS} - U_{GS(off)}$，即 $u_{GD} = u_{GS} - u_{DS} = U_{GS(off)}$ 时，靠近漏极端的耗尽层在 $A$ 点合拢，如图 3-3（c）所示，称为预夹断。此时，$A$ 点耗尽层两边的电位差用夹断电压 $U_{GS(off)}$ 表示。预夹断处 $A$ 点的电压 $U_{GS(off)}$ 与 $u_{DS}$ 和 $u_{GS}$ 关系为

$$u_{DS} = u_{GS} - U_{GS(off)} \tag{3-1}$$

通常称为 JFET 的预夹断方程。图 3-4 所示为 $u_{GS} = 0$ 时 N 沟道 JFET 的 $u_{DS}$-$i_D$ 的关系。预夹断时相当于图 3-4 中 $u_{DS} = |U_{GS(off)}|$ 时的情况，此时 $i_D$ 达到了饱和漏电流 $I_{DSS}$。$I_{DSS}$ 下标中的第二个 S 表示栅-源极间短路。

若 $u_{DS}$ 继续增大，夹断区加长，夹断点 $A$ 点沿导电沟道向源极端延伸，如图 3-3（d）所示。$u_{DS}$ 增加的部分主要降落在夹断区，夹断区的电场也随之增大，仍能将载流子（电子）拉过夹断区形成漏极电流 $i_D$。这一点与 NPN 型晶体三极管的 bc 结反偏压仍能将电子越过耗尽区形成 $i_C$ 类

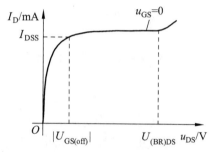

图 3-4　$u_{GS} = 0$ 时 N 沟道 JFET 的 $u_{DS}$-$i_D$ 的关系

似。此时未被夹断的沟道内的电场基本上不随 $u_{DS}$ 增大而变化，漏极电流 $i_D$ 趋于饱和，几乎不随 $u_{DS}$ 变化，仅取决于 $u_{GS}$。

### 3.1.3　结型场效应管的特性曲线

#### 1. 输出特性曲线

N 沟道结型场效应管的输出特性曲线是指当栅源电压 $u_{GS}$ 一定时，FET 漏极电流 $i_D$ 与漏源电压 $u_{DS}$ 之间的关系曲线，如图 3-5（a）所示，其函数关系为

$$i_D = f(u_{DS})|_{u_{GS} = 常数} \tag{3-2}$$

图 3-5（a）所示为 N 沟道 JFET 的输出特性曲线。与晶体三极管 BJT 的输出特性线类似，JFET 的输出特性曲线也分为 3 个区域：夹断区、可变电阻区和恒流区。

#### 2. 转移特性曲线

如前所述，FET 是电压控制器件，由于栅源之间的 PN 结加反偏压，流过栅极的电流几乎为零，因此讨论 FET 的输入特性曲线没有实际意义。为了讨论 $u_{GS}$ 对 $i_D$ 的控制作用，常用 FET 的转移特性来描述。所谓转移特性是指在漏源电压 $u_{DS}$ 为某一常数时，$u_{GS}$ 与 $i_D$ 之间的关系曲线，即

$$i_D = f(u_{GS})|_{u_{GS} = 常数} \tag{3-3}$$

由于输出特性和转移特性都是用来描述 FET 的电压与电流之间关系，因此转移特性可以

直接从输出特性上通过作图法求得。如图 3-5（b）所示为 FET 的转移特性曲线。

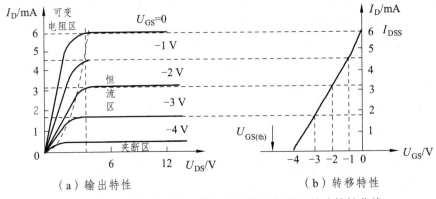

图 3-5　N 沟道结型场效应管的输出特性曲线及转移特性曲线

## 3.2　绝缘栅型场效应管

JFET 的直流输入电阻可以高达 $10^6 \sim 10^9 \, \Omega$，由于这个电阻从本质上看仍然是 PN 结的反向电阻，因此总存在少量的反向电流，这就限制了 FET 输入电阻的进一步提高。在高温度条件下工作时，由于 PN 结反向电流增大，输入电阻值明显减小，尤其是栅源之间的 PN 结加正向电压，将出现较大的栅极电流，影响了 JFET 的正常工作。与 JFET 不同，采用金属-氧化物-半导体场效应管（MOSFET）可以进一步提高 FET 的输入电阻。MOSFET 也是利用半导体表面的电场效应进行工作的。由于 MOSFET 的栅极处于绝缘状态，其输入电阻可以高达 $10^{15} \, \Omega$。

绝缘栅场效应管（Insulated Gate Field Effect Transistor，IG-FET）是目前应用较多的场效应器件之一。除了它的输入电阻很高以外，MOSFET 的制造工艺简单，集成密度高，所以在超大规模集成电路（VLSI）中大都采用 MOSFET。JFET 是利用 PN 结的耗尽区宽度改变导电沟道的宽度，从而控制漏极电流的大小。与 JFET 不同之处在于 MOSFET 是利用感应电荷的多少改变导电沟道的导电特性，因此也称为表面场效应器件。

MOSFET 也有 N 沟道和 P 沟道两种类型，每种类型又有增强型（E 型）和耗尽型（D 型），即有 N 沟道增强型、N 沟道耗尽型、P 沟道增强型和 P 沟道耗尽型四种基本类型的 MOSFET。此外，还有其他类型的 MOSFET，如 VMOSFET 等，但它们的工作原理基本相同。本节主要讨论 N 沟道 MOSFET，其他类型便可以触类旁通。

### 3.2.1　N 沟道增强型 MOSFET

#### 3.2.1.1　N 沟道增强型 MOSFET 的结构

N 沟道增强型 MOS 管的结构示意图如图 3-6（a）所示，增强型 MOSFET 的符号如图 3-6（b）所示。它以一块低掺杂浓度的 P 型硅片作衬底，利用扩散工艺制作两个高掺杂浓度的 N 型区，用 $N^+$ 表示，并引出两个电极分别作为漏极 d 和源极 s。在 P 型硅表面上制作一层很薄的 $SiO^2$ 绝缘层，再覆盖一层金属铝，并引出一个电极作为栅极 g。在衬底上也引出一个引线 B，引线 B 一般在制造时就与源极 s 相连。由于栅极 g 与源极 s、栅极 g 及漏极 d 均是绝缘的，故称为绝缘栅极。

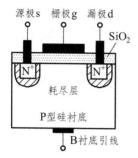
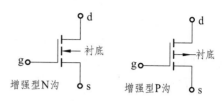

（a）N 沟道增强型 MOSFET 的结构示意图 　　　（b）增强型 MOSFET 的符号

图 3-6　增强型 MOSFET 的结构及符号

### 3.2.1.2　N 沟道增强型 MOSFET 的工作原理

如图 3-7 所示为 N 沟道增强型 MOS 管的工作原理图，主要从 $u_{GS}$ 对 $i_D$ 的控制作用和 $u_{DS}$ 对 $i_D$ 的影响两方面来进行讨论。

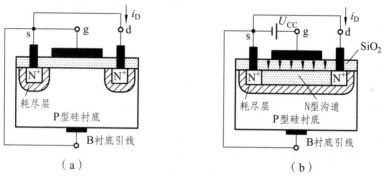

（a）　　　　　　　　　　　　（b）

图 3-7　N 沟道增强型 MOS 管的工作原理

1. $u_{GS}$ 对 $i_D$ 的控制作用

在图 3-7（a）中，$u_{GS} = 0$，即栅源短接时，增强型 MOS 管的漏极 d 和源极 s 之间有两个背靠背的 PN 结，不论 $u_{DS}$ 的极性如何，总有一个 PN 结处于反偏状态，漏-源之间没有导电沟道，阻值可高达 $10^{12}\Omega$ 数量级，所以这时漏极电流 $i_D = 0$。

当 $u_{DS} = 0$，且 $u_{GS} > 0$ 时，栅极和衬底之间的 $SiO_2$ 绝缘层中便产生一个垂直于半导体表面的由栅极指向衬底的电场，由于绝缘层很薄，即使只有几伏的栅源电压 $u_{GS}$，也会产生高达 $10^5 \sim 10^6 V/cm$ 数量级的强电场，这个电场使栅极附近的 P 型衬底中的空穴被排斥，剩下不能移动的受主离子（负离子），形成耗尽层，同时将 P 型衬底中的电子吸引到衬底表面。当 $u_{GS}$ 数值较小，吸引电子的能力不强时，漏-源极之间不会产生导电沟道，当 $u_{GS}$ 达到某一数值时这些电子在栅极附近的 P 型衬底表面便形成一个 N 型薄层。由于其导电类型与 P 型衬底相反，又称为反型层，这个反型层把两个 $N^+$ 区连通，构成了漏极、源极间的 N 型导电沟道，如图 3-7（b）所示。一般把开始形成沟道时的栅源电压称为开启电压，用 $U_T$ 表示。显然 $u_{GS}$ 越大，作用于半导体表面的电场就越强，吸引到 P 型衬底表面的电子也就越多，导电沟道越厚，沟道电阻越小。因此，把这种开始没有导电沟道，必须依靠栅源电压 $u_{GS}$ 作用才产生沟道的 MOS 管称为增强型 MOS 管，在符号中使用短画线来表示这个特点。

2. $u_{GS}$ 对 $i_D$ 的影响

当 $u_{GS} \geqslant U_T$ 时，导电沟道形成，如果在漏极、源极间加上正向电压 $u_{DS}$，将会有漏极电流产生。当 $u_{DS}$ 较小时，只要 $u_{GS}$ 一定，沟道电阻几乎也是一定的。所以 $i_D$ 随 $u_{DS}$ 上升迅速增大，近似呈线性变化。由于 $i_D$ 沿沟道产生的电压降使沟道内各点与栅极间的电压不再相等，即沟道中产生横向电位梯度，使得沟道呈模型，靠近源极一端沟道最厚，而漏极一端沟道最薄，随着 $u_{DS}$ 增大，漏极端的沟道越来越薄，当 $u_{DS}$ 增大到 $u_{GD} = u_{GS} - u_{DS} = U_T$ 时，沟道在漏极端出现预夹断，如果再继续增大 $u_{DS}$，夹断点将向源极方向移动，形成夹断。由于 $u_{DS}$ 的增加部分主要降落在夹断区，故 $i_D$ 几乎不随 $u_{DS}$ 增大而增加，$i_D$ 趋于饱和。

### 3.2.1.3　N 沟道增强型 MOSFET 的特性曲线

MOS 管的输出特性是指栅源电压 $u_{GS}$ 一定时，漏极电流 $i_D$ 与漏源电压 $u_{DS}$ 的关系曲线用公式表示为

$$i_D = f(u_{DS})\big|_{u_{DS}=常数} \tag{3-4}$$

输出特性曲线也是一簇曲线，如图 3-8（a）所示。根据预夹断的临界条件 $u_{GD} = u_{GS} - u_{DS} = U_T$，在输出特性曲线上可划分成可变电阻区、饱和区和截止区三个工作区域。

可变电阻区：当 $u_{DS} \leqslant u_{GS} - U_T$ 时，MOS 管工作在可变电阻区，在这个区域内，$u_{DS}$ 较小，对导电沟道的宽度影响不大，$i_D$ 随 $u_{DS}$ 近似呈线性变化。此时场效应管的动态电阻很小，改变 $u_{GS}$ 就可以改变输出动态电阻，所以把该区称为可变电阻区。

饱和区：当 $u_{GS} \geqslant U_T$ 且 $u_{DS} \geqslant u_{GS} - U_T$ 时，MOS 管工作在饱和区，此时，导电沟道中形成夹断区，$u_{DS}$ 的增加部分主要降落在夹断区，$i_D$ 基本不变，特性曲线呈水平状。场效应管只有工作在这个区域时管子才有放大作用，所以也称放大区或恒流区。

截止区：$u_{GS} < U_T$，导电沟道还没有形成，此时 $i_D = 0$。

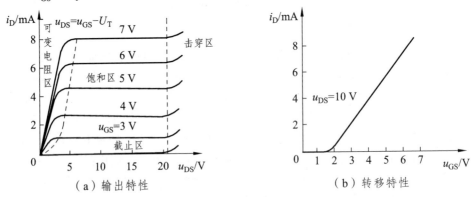

图 3-8　N 沟道增强型 MOS 管特性曲线

另外，除了正常工作区，当 $u_{DS}$ 增大到一定数值时，漏极电流 $i_D$ 会突然增大，使 MOS 管进入击穿区，如图 3-8（a）所示曲线后部上翘部分，当管子处于击穿区时会因过热而损坏，所以使用时应注意防止管子被击穿。

MOS 管的转移特性是当 $u_{DS}$ 一定时，栅源电压 $u_{GS}$ 和漏极电流 $i_D$ 之间的关系，增强型场效应管的转移特性可用下式近似表示：

$$i_D = I_{D0}\left(\frac{u_{GS}}{U_T} - 1\right)^2 \tag{3-5}$$

其中，$I_{D0}$ 是当 $u_{GS} = 2U_T$ 时的 $i_D$ 值。本式使用的条件是 $u_{GS} \geqslant U_T$。

### 3.2.2　N 沟道耗尽型 MOSFET

N 沟道耗尽型 MOSFET 的结构示意图如图 3-9（a）所示，耗尽型 MOSFET 的符号如图 3-9（b）所示。N 沟道耗尽型 MOSFET 的结构与增强型 MOSFET 结构相似，不同之处在于 N 沟道耗尽型 MOSFET 在制造过程中在栅源之间的 SiO$_2$ 绝缘层中注入一些离子（图中 3-9 中用"＋"表示），使漏源之间的导电沟道在 $u_{GS} = 0$ 时就已经存在了，这一沟道称为初始沟道。图 3-9（a）中所示，在绝缘层中预先注入正离子，形成 N 型初始沟道，因此称为 N 沟道耗尽型 MOSFET。由于 $u_{GS} = 0$ 时就存在初始导电沟道，所以只要加上 $u_{DS}$ 就能形成漏极电流 $i_D$。

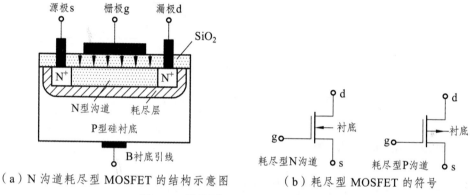

（a）N 沟道耗尽型 MOSFET 的结构示意图　　（b）耗尽型 MOSFET 的符号

图 3-9　耗尽型 MOSFET 的结构示意图

若 $u_{GS} > 0$，即栅源之间加正向电压时，由于 SiO$_2$ 绝缘层的存在，不会形成栅极电流，但栅极与 N 沟道的电场将在沟道中吸收更多的电子，使沟道变宽，沟道电阻减小，在 $u_{DS}$ 作用下，$i_D$ 也较大。

若 $u_{GS} < 0$，即栅源之间加反偏电压时，则沟道变窄，沟道电阻变大，$i_D$ 减小，当 $u_{GS}$ 反偏电压增加到某一数值时，$i_D = 0$，导电沟道完全被夹断，即管子截止，此时的栅源电压称为夹断电压 $U_p$，这种 MOS 管称为耗尽型 MOS 管，输出特性曲线和转移特性曲线如图 3-10 所示。

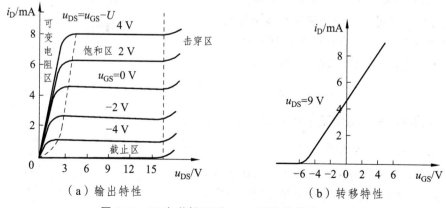

（a）输出特性　　　　　　　（b）转移特性

图 3-10　N 沟道耗尽型 MOS 管特性曲线

**【例 3-1】** 放大电路如图 3-11（a）所示，MOS 管的输出特性曲线如图 3-11（b）所示，现判断栅源电压分别为 1 V、3 V 时 MOS 管的工作状态。

**解：** 根据输出特性曲线可知，开启电压 $U_T = 2$ V，当 $u_{GS} = 1$V 时，由于 $u_{GS} < U_T$ 管子工作在截止区。当 $u_{GS} = 3$ V 时，由输出特性曲线知，$i_D = 1$ mA。假设 MOS 管工作在饱和区，则有 $u_{DS} = 12 - i_D R = 9$ V，$u_{GS} - U_T = 1$ V，显然 $u_{DS} > u_{GS} - U_T$。假设成立，所以 MOS 管工作在饱和区。

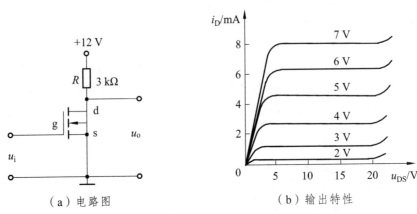

（a）电路图 　　　（b）输出特性

图 3-11　MOS 管工作状态的判断

## 3.3　场效应管放大电路

场效应管的三个电极 s、g、d 和三极管的三个电极 e、b、c 的作用是相对应的，因此，用场效应管组成的放大电路有共源、共漏、共栅三种接法。

### 3.3.1　场效应管放大电路静态偏置

场效应管是电压控制器件，要使场放管能正常工作，必须使栅源电压之间取得一个适当的偏压。

1. 自给偏压电路

图 3-12 所示为耗尽型 NMOS 管构成的共源极放大电路的自给偏压电路。它是利用漏极电流流经源极电阻产生的压降来取得栅源偏压。由于栅极电阻 $R_G$ 上没有直流电流，所以 $U_G = 0$。源极电位 $U_S = I_D R_S$，栅源之间的直流偏压

$$U_{GS} = U_G - U_S = -I_D R_S \qquad （3-6）$$

自给偏压电路只适用耗尽型 MOS 管和结型管。

2. 分压式自偏压电路

图 3-13 所示为分压式自偏压的共源极放大电路，它是在自偏压电压的基础上加接分压电阻后组成的。

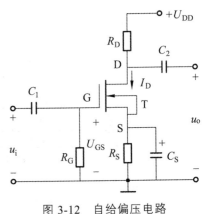

图 3-12　自给偏压电路

电路栅源的支流偏压为（栅极电流为零，$R_{G3}$ 上没有电压降）

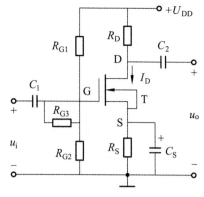

$$U_{GS} = \frac{R_{G2}}{R_{G1}+R_{G2}}V_{DD} - I_D R_S \qquad (3\text{-}7)$$
$$= U_G - I_D R_S$$

3. 静态工作点计算

由图 3-12 所示电路可知：

$$U_{GS} = -I_D R_S$$
$$I_D = I_{DSS}\left(1 - \frac{U_{GS}}{U_{GS(off)}}\right)^2$$
$$U_{DS} = U_{DD} - I_D(R_D + R_S)$$

图 3-13 分压式自偏压电路

图 3-13 所示电路：

对于耗尽型 MOS 管构成的放大电路，有

$$U_{GS} = U_{DD}\frac{R_{G2}}{R_{G1}+R_{G2}} - I_D R_S$$
$$I_D = I_{DSS}\left(1 - \frac{U_{GS}}{U_{GS(off)}}\right)^2$$
$$U_{DS} = U_{DD} - I_D(R_D + R_S)$$

对于增强型 MOS 管构成的放大电路，有

$$U_{GS} = U_{DD}\frac{R_{G2}}{R_{G1}+R_{G2}} - I_D R_S$$
$$I_D = I_{DO}\left(\frac{U_{GS}}{U_{GS(th)}} - 1\right)^2$$
$$U_{DS} = U_{DD} - I_D(R_D + R_S)$$

### 3.3.2 场效应管微变等效电路

场效应管和晶体管一样，也是非线性器件。对交流小信号场效应管放大电路也可采用微变等效电路分析法。

从输入回路看，三极管用一个输入电阻 $r_{be}$ 来表示，由于场效应管放大输入电阻 $r_{gs}$ 很高，栅极电流 $i_g = 0$，所以栅源间可认为开路；从输入回路看，三极管近似地看成一个受基极电流控制的电流源 $\beta i_b$，场效应管在线性放大区工作时，漏极电流 $i_d$ 主要受栅源电压 $\dot{U}_{gs}$ 控制，所以是一个电压控制的电流源。如图 3-14 所示，在场效应管中 $i_d$ 与 $\dot{U}_{gs}$ 变量之间的关系用跨导这个参数来表示，即

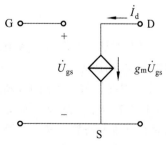

图 3-14 场效应管微变等效电路

$$g_m = \frac{\dot{I}_d}{\dot{U}_{gs}} \qquad\qquad (3\text{-}8)$$

场效应管的输出端 D-S 之间是一个 $\dot{U}_{gs}$ 控制的电流源 $g_m\dot{U}_{gs}$，用它来表示输入对输出的控制作用。

### 3.3.3 场效应管放大电路

利用场效应管微变等效电路可以画出场效应管放大电路的微变等效电路，根据这个等效电路，可以很方便地求出放大电路的电压放大倍数、输入电阻及输出电阻。

1. 共源极放大电路

图 3-13 所示的共源极放大电路的微变等效电路如图 3-15 所示，从图可知电压放大倍数为

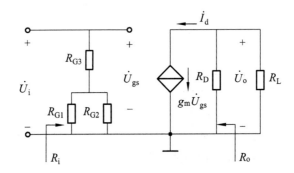

图 3-15　共源极放大电路的微变等效电路

$$\dot{A}_u = \frac{\dot{U}_o}{\dot{U}_i} = -\frac{\dot{I}_o R'_L}{\dot{U}_{GS}} = -\frac{g_m \dot{U}_{gs} R'_L}{\dot{U}_{gs}} = -g_m R'_L \qquad\qquad (3\text{-}9)$$

式中，$R'_L = R_D /\!/ R_L$。负号表示输出电压与输入电压相反。

输入电阻为

$$R_i = \frac{\dot{U}_i}{\dot{I}_i} = R_{G3} + (R_{G1} /\!/ R_{G2}) \approx R_{G3} \qquad\qquad (3\text{-}10)$$

输出电阻

$$R_o = R_D \qquad\qquad (3\text{-}11)$$

综上所述，共源极放大电路的输出电压与输入电压反相，输入电阻高，输出电阻主要由漏极负载 $R_D$ 决定。

【例 3-2】放大电路中，$R_{G1} = 50\ \text{k}\Omega$，$R_{G2} = 150\ \text{k}\Omega$，$R_{G3} = 1\ \text{M}\Omega$，$R_D = 10\ \text{k}\Omega$，$R_S = 10\ \text{k}\Omega$，$R_L = 1\ \text{M}\Omega$，$V_{DD} = 20\ \text{V}$，场效应管的 $U_{GS(th)} = -5\ \text{V}$，$I_{DSS} = 1\ \text{mA}$，$g_m = 0.31\ \text{mA/V}$。求放大电路的电压放大倍数及输入、输出电阻。

**解：** $\dot{A}_u = -g_m R'_L = -g_m(R_D /\!/ R_L) = -3.12$

$$R_i = R_{G3}+(R_{G1}//R_{G2}) = 1000+(50//150) \text{ k}\Omega = 1040 \text{ k}\Omega$$
$$R_o = R_D = 10 \text{ k}\Omega$$

#### 2. 共漏极放大电路

图 3-16 所示为共漏极放大电路。交流信号从栅极输入，从源极输出，输入、输出公共端是漏极，电路也称为源极输出器。

图 3-16 所示的共漏极的放大电路的微变等效电路电路如图 3-17 所示，从图中可求出电压放大倍数和输入、输出电阻。

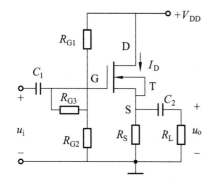

图 3-16　共漏极放大电路

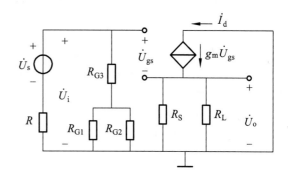

图 3-17　共漏极放大电路的微变等效电路

电压放大倍数为

$$\dot{A}_u = \frac{\dot{U}_o}{\dot{U}_i} = \frac{g_m \dot{U}_{gs} R'_L}{\dot{U}_{gs} + g_m \dot{U}_{gs} R'} = \frac{g_m R'_L}{1 + g_m R'} \tag{3-12}$$

式中，$R'_L = R_S//R_L$

从式（3-12）可见，源极输出器的电压放大倍数小于 1。一般情况，$g_m R'_L \gg 1$，所以 $\dot{A}_u$ 接近 1，即它的输出电压 $\dot{U}_o$ 的大小接近输入电压 $\dot{U}_i$ 的大小，输出电压与输入电压同相位。因此源极输出器又称源极跟随器。

输入电阻为

$$R_i = \frac{\dot{U}_i}{\dot{I}_i} = R_{G3}+(R_{G1}//R_{G2}) \approx R_{G3} \tag{3-13}$$

图 3-18 所示为求输出电阻的等效电路。

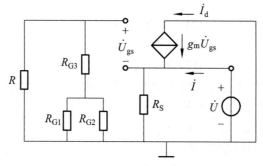

图 3-18　共漏极放大电路求输出电阻等效电路

由图可得

$$R_o = \frac{\dot{U}}{\dot{I}} = \frac{\dot{U}_{gs}}{\dfrac{\dot{U}_{gs}}{R_S} + g_m \dot{U}_{gs}} = R_S \mathbin{/\mkern-5mu/} \frac{1}{g_m} \tag{3-14}$$

即输出电阻很小。

---

## 本章小结

（1）场效应管是利用电场效应控制载流子运动的电压控制器件。

（2）绝缘栅型场效应管可以分为 N 沟道增强型、N 沟道耗尽型、P 沟道增强型、P 沟道耗尽型四种。

增强型与耗尽型场效应管的主要区别在于是否由原始导电沟道。若未加栅压就有导电沟道，则为耗尽型；若加上栅压才有导电沟道，则为增强型。

（3）场效应管的特性曲线由转移特性曲线和输出特性曲线。输出特性曲线可以分为三个区，即夹断区、可变电阻区和恒流区。

（4）场效应管组成的放大电路有共源、共漏、共栅三种接法。共源放大电路常用自给偏压电路和分压式自偏压电路。

自给偏压电路时利用漏极电流流经源极电阻产生的压降来取得栅偏压的。分压式自偏压电路是在自偏压电路的基础上加接分压电阻后组成的。

（5）对交流小信号场效应管放大电路可采用微变等效电路分析法。从输入回路看，场效应管输入电阻 $r_{gs}$ 很高，栅极电流 $i_g = 0$，所以栅源间可认为开路。从输出回路看场效应管是一个受栅源电压控制的电流源。

---

## 习 题

### 一、填空题

1. 场效应管利用外加电压产生的电_____来控制漏极电流的大小，因此它是电_____控制器件。

2. 为了使结型场效应管正常工作，栅源间两 PN 结必须加_____电压来改变导电沟道的宽度，它的输入电阻比 MOS 管的输入电阻_____。结型场效应管外加的栅-源电压应使栅源间的耗尽层承受_____向电压，才能保证其 $R_{GS}$ 大的特点。

3. 场效应管漏极电流由_____载流子的漂移运动形成。N 沟道场效应管的漏极电流由载流子的漂移运动形成。JFET 管中的漏极电流_____（能，不能）穿过 PN 结。

4. 对于耗尽型 MOS 管，$u_{GS}$ 可以为_____。

5. 对于增强型 N 型沟道 MOS 管，$u_{GS}$ 只能为_____，并且只能当_____时，才能有 $I_d$。

6. P 沟道增强型 MOS 管的开启电压为_____值。N 沟道增强型 MOS 管的开启电压为_____值。

7. 场效应管与晶体管相比较，其输入电阻_____；噪声_____；温度稳定性_____；饱和压降_____；放大能力_____；频率特性_____；输出功率_____。

8. 场效应管属于_____控制器件，而三极管属于_____控制器件。

9. 场效应管放大器常用偏置电路一般有_____和_____两种类型。

10. 由于晶体三极管_____，所以将它称为双极型的，由于场效应管_____，所以将其称为单极型的。

11. 跨导 $g_m$ 反映了场效应管_____对_____控制能力，其单位为_____。

12. 若耗尽型 N 沟道 MOS 管的 $u_{GS}$ 大于零，其输入电阻_____会明显变小。

二、简答和计算题

1. 场效应管沟道的预夹断和夹断有什么不同？

2. 如何从转移特性上求 $g_m$ 值？

3. 场效应管符号中，箭头背向沟道的是什么管？箭头朝向沟道的是什么管？

4. 结型场效应管的 $U_{GS}$ 为什么是反偏电压？

5. 如图 3-19 所示转移特性曲线，指出场效应管类型。对于耗尽型管，求 $U_{GS(off)}$、$I_{DSS}$；对于增强型管，求 $U_{GS(th)}$。

6. 如图 3-20 所示输出特性曲线，指出场效应管类型。对于耗尽型管，求 $U_{GS(off)}$、$I_{DSS}$；对于增强型管，求 $U_{GS(th)}$。

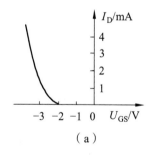

图 3-19

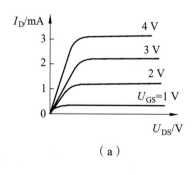
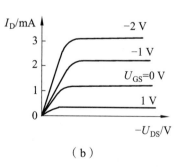

图 3-20

7. 如图 3-21 所示电路，场效应管的 $U_{GS(off)} = -4$ V，$I_{DSS} = 4$ mA；计算静态工作点。

8. 如图 3-22 所示电路。已知 $g_m = 1$ mA/V，电容足够大，电路参数如图所示。画出其微变等效电路，并计算放大电路的电压放大倍数及输入、输出电阻。

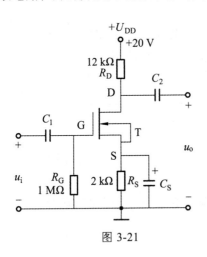

图 3-21

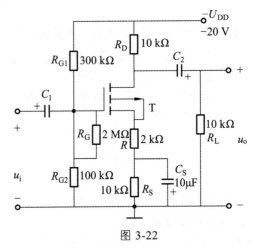

图 3-22

# 第4章 负反馈放大电路

## 4.1 反馈的基本概念

### 4.1.1 反馈的定义

反馈是电子系统中非常重要的技术之一。反馈技术在自动控制、信号处理以及各种电子设备中得到了广泛的应用。例如，在电视接收机中，普遍采用的自动增益控制（Automatic Gain Control，AGC）电路就是反馈技术的应用。放大电路中常常引入负反馈改善放大器的性能，如改变放大器的输入电阻和输出电阻，稳定增益以及展宽通频带等，所以绝大多数实际应用的放大电路中都带负反馈电路；此外，在振荡电路中常引入正反馈满足振荡器的相位要求。例如图 4-1，采用直流负反馈稳定静态工作点。

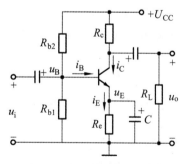

图 4-1 分压偏置放大电路

$R_{b1}$ 和 $R_{b2}$ 分压，使基极 $U_B$ 固定。

$$T\uparrow \longrightarrow I_{CQ}(I_{EQ})\uparrow \longrightarrow U_{EQ}=I_{EQ}R_e\uparrow \longrightarrow U_{BEQ}=U_{BQ}-U_{EQ}\downarrow \longrightarrow I_{BQ}\downarrow \longrightarrow I_{CQ}$$

使 $I_{CQ}$ 基本不随温度变化，稳定了静态工作点。

反馈，是指将放大电路输出电量（输出电压或输出电流）的一部分或全部，通过一定的方式，反送回输入回路中。

$$U_{BEQ}=U_{BQ}-I_{CQ}R_e$$

将输出电流 $I_{CQ}(I_{EQ})$ 反馈回输入回路，改变 $U_{BEQ}$，使 $I_{CQ}$ 稳定。由此可见，欲稳定电路中的某个电量，应采取措施将该电量反馈回输入回路。

反馈元件：既属于输入回路，又属于输出回路的元件。或跨接在输入和输出回路之间的元件。

反馈信号：送回到输入回路的那部分输出信号。

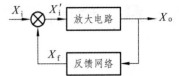

负反馈放大器的基本组成框图如图 4-2 所示，它由基本放大器和反馈网络构成。在放大电路中信号的传输是从输入端到输出端，这个方向称为正向传输。反馈就

图 4-2　负反馈放大器的基本组成框图

是反馈信号从输出端到输入端，是反向传输。所以放大电路无反馈也称开环，放大电路有反馈也称闭环。

图 4-2 中：$X_i$ 是输入信号，$X_f$ 是反馈信号，$X_i'$ 称为净输入信号。所以有 $X_i' = X_i \pm X_f$。

$$开环放大倍数\ A = \frac{输出信号}{净输入信号} = \frac{X_o}{X_i'} \tag{4-1}$$

$$定义：反馈系数\ F = \frac{反馈信号}{输出信号} = \frac{X_f}{X_o} \tag{4-2}$$

$$闭环放大倍数\ A_f = \frac{输出信号}{输入信号} = \frac{X_o}{X_i} \tag{4-3}$$

因为是负反馈，有 $X_i' = X_i - X_f$。

$$
\begin{aligned}
A_f &= \frac{X_o}{X_i} = \frac{AX_i'}{X_i' + X_f} = \frac{AX_i'}{X_i' + FX_o} \\
&= \frac{AX_i'}{X_i' + FAX_i'} = \frac{A}{1 + AF}
\end{aligned}
\tag{4-4}
$$

式（4-4）反映了反馈放大电路的基本关系，是分析反馈问题的基础。式中 $1+AF$ 是描述反馈强弱的物理量，称为反馈深度，在定量分析反馈放大器时是十分重要的物理量。

### 4.1.2　反馈的分类及判断

反馈的类型较多，按照反馈的极性不同，可分为正反馈和负反馈；根据信号的交流、直流属性，分为交流反馈和直流反馈；根据反馈信号在输出端的取样不同，分为电压反馈和电流反馈；根据信号在放大输入回路的连接方式不同分为串联反馈和并联反馈；根据反馈信号的传输途径不同，分为内部反馈和外部反馈；在多级放大电路中还分为局部反馈和级间反馈。本章将重点讨论反馈放大电路中通过反馈网络引入的交流负反馈的类型判断及其分析方法，同时也将介绍直流负反馈的判断及分析。

1. 正反馈与负反馈

反馈按极性分，可分为负反馈和正反馈。

在放大电路中，如果引入反馈信号，使放大器的净输入信号加强，从而增大了放大器增益，这种反馈称为正反馈；正反馈主要用于振荡电路，反之，如果引入反馈信号后，使放大器的净输入信号减弱，从而降低了放大器增益，这种反馈称为负反馈，负反馈主要用来改善放大器的性能。

正负反馈的判断，多采用瞬时极性法。先假定某一瞬间输入信号的极性，然后按信号的放大过程，逐级推出输出信号的瞬时极性，最后根据反馈回输入端的信号对原输入信号的作用，判断出反馈的极性。如果经过放大电路反馈至输入回路的信号削弱了输入信号，则是负反馈，反之则是正反馈。

对三极管组成的放大电路：设基极瞬时极性为正，根据集电极瞬时极性与基极相反、发射极（接有发射极电阻而无旁路电容时）瞬时极性与基极相同的原则，标出相关各点的瞬时极性。信号经过电阻电容时，极性不发生改变。如图 4-3 所示。

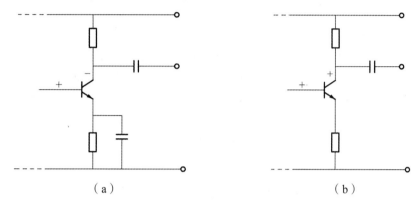

（a）　　　　　　　　　　　　　　（b）

图 4-3　三极管放大电路瞬时极性

判断规则：

若反馈信号直接引回输入端，反馈信号极性与输入信号极性相反为负反馈；反馈信号极性与输入信号极性相同为正反馈。（同点：异号为负，同号为正。）

若反馈信号没有直接引回输入端，反馈信号极性与输入信号极性相反为正反馈；反馈信号极性与输入信号极性相同为负反馈。（异点：同号为负，异号为正。）

图 4-4（a）为负反馈，（b）为正反馈。

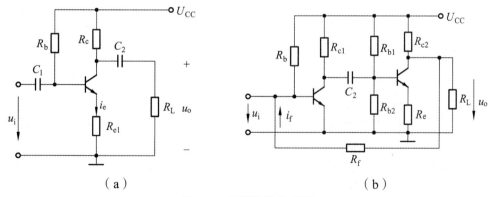

（a）　　　　　　　　　　　　　　（b）

图 4-4　反馈极性的判断

2. 电压反馈和电流反馈

按反馈电路在输出端的取样对象可分为电压反馈和电流反馈。

在反馈电路中，如果反馈信号取样于输出电压，则称为电压反馈；此时反馈信号正比于输出电压，此时输出量 $X_o$ 为电压 $U_o$ 为取样输出电压，电路中，反馈电路并接在输出回路两端，且反馈电路与输出端相接。

在反馈电路中，如果反馈信号取样于输出电流，则称为电流反馈；此时反馈信号正比于输出电流，此时输出量 $X_o$ 为电流 $I_o$ 为取样输出电流，电路中，反馈电路串接在输出回路中，且反馈电路不与输出端相连。

判断方法：

（1）输出短路法。

具体方法是：若将负载电阻 $R_L$ 短路，如果反馈作用消失，则为电压反馈；如果反馈作用存在，则为电流反馈。

（2）通过电路结构判断。

如果放大器的反馈电路在输出回路上与输出端同一极，则为电压反馈；否则，为电流反馈。

按照上述方法，可对图 4-4 所示两图进行判断。对于图 4-4（a），将输出短路，$U_o = 0$，但电流仍存在，即反馈信号仍存在；输出电压是从管子的集电极输出，而反馈信号是通过发射极引出，输出与反馈引出点不同极，故该电路为电流反馈。对于图 4-4（b），当 $U_o = 0$，反馈信号也消失了；输出端与反馈引出端在同一极，故该电路为电压反馈。

3. 串联反馈和并联反馈

按反馈电路与输入回路的连接方式（比较方式），反馈可分为串联反馈和并联反馈。

串联反馈的反馈电路是串接在输入回路上，信号是以电压形式出现，即输入信号 $U_i$，反馈信号 $U_f$，净输入信号 $U_i'$。电路结构上是信号输入端与反馈信号的接入端不在同一极。

并联反馈的反馈电路是并接在输入回路上，信号是以电流形式出现，即输入信号 $I_i$，反馈信号 $I_f$，净输入信号 $I_i'$。电路结构上是信号输入端与反馈信号的接入端在同一极上。

判断方法：

（1）串联：输入信号与反馈信号不在同一电极。

（2）并联：输入信号与反馈信号在同一电极。

按上述方法，可对图 4-4 所示两图进行判断。对于图 4-4（a），输入信号加至基极，而反馈信号是接至发射极的不同极上，故为串联反馈；对于图 4-4（b），输入信号与反馈信号均接至同一极（基极），故为并联反馈。

4. 交流反馈和直流反馈

在放大电路中各电压和电流都是交流分量和直流分量叠加而成。

如果反馈信号中只存在直流分量，则称为直流反馈；在放大电路中如果引入直流负反馈，其目的一般是稳定电流工作状态。

如果反馈信号中只存在交流分量，则称为交流反馈；在放大电路中如果引入交流负反馈，其目的一般是改善放大电路的性能。

判断方法：

直流反馈并联一个旁路电容对交流短路；交流反馈串联电容。

按上述方法，可对图 4-4 所示两图进行判断。对于图 4-4（a），流过 $R_{e1}$ 的电流有直流也有交流，故该电路引入的反馈为交、直流反馈；对于图 4-4（b），由于反馈是通过输出级的隔直流电容引出，故该电路为交流反馈。

5. 局部反馈和级间反馈

多级放大电路中，通常将每级放大电路自身引入的反馈称为局部反馈（或本级反馈），而将两级（或两级以上）引入的反馈称为级间反馈，将从多级放大器的末级放大电路引到输入级的反馈称为主反馈（级间反馈）。

此外，通常将由放大器件内部分布参数引入的反馈称为内部反馈，这些反馈通常在工作频率较高时体现出来。

由于放大电路主要引入负反馈来改善放大器的性能，所以本章仅讨论负反馈。

按上述负反馈的分类，负反馈放大电路有四种组态：串联电流负反馈，串联电压负反馈，并联电流负反馈，并联电压负反馈。

## 4.2  负反馈放大器的四种基本组态

负反馈组态的分析步骤：

（1）找出反馈网络（电阻）。

（2）是交流反馈还是直流反馈？

（3）是否为负反馈？

（4）如果是负反馈，那么是何种类型的负反馈？（判断反馈的组态）

利用 4.1 节中学过的判断方法确定反馈组态类型。

### 4.2.1  串联电压负反馈

电路如图 4-5 所示，为一个两级阻容耦合放大电路。

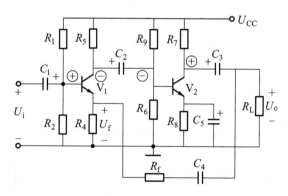

图 4-5  串联电压负反馈放大器

根据判断规则可知，此电路为串联电压负反馈。串联电压负反馈的放大倍数 $A_u$ 定义如下式，因为在输出端取样的是电压，故 $X_o = U_o$，反馈回来是以电压形式在输入端相加，故 $X_i = U_i, X_i' = U_i', X_f = U_f$，所以基本放大电路的放大倍数（开环放大倍数）为

$$A_u = \frac{U_o}{U_i'}(电压放大倍数) \tag{4-5}$$

反馈系数为

$$F_u = \frac{U_f}{U_o}$$

闭环放大倍数为

$$A_{uf} = \frac{U_o}{U_i} = \frac{A_u}{1 + F_u A_u}$$

此式说明串联电压负反馈的闭环电压放大倍数，是开环电压放大倍数的 $\frac{1}{1 + F_u A_u}$ 倍。

### 4.2.2 并联电压负反馈

根据判断规则可知，图 4-6 电路为并联电压负反馈。

串联电压负反馈的放大倍数的关系如下：

由于是电压负反馈，取样输出为电压，故 $X_o = U_o$。由于是并联负反馈，输入回路用电流叠加关系讨论较方便、直观。故

$$X_i' = I_i'$$

所以

$$X_i = I_i, X_f = I_f$$

开环放大倍数

$$A_r = \frac{U_o}{I_i'} \text{(互阻放大倍数，电阻量纲)}$$

$$F_g = \frac{I_f}{U_o} \text{(电导量纲)}$$

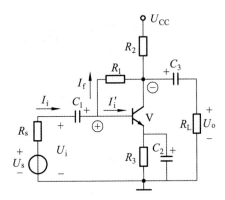

图 4-6　并联电压负反馈放大器

闭环放大倍数

$$A_{rf} = \frac{U_o}{I_i} = \frac{A_r}{1 + F_g A_r}$$

由于是电压负反馈，与前分析一样，它稳定了输出电压。

### 4.2.3 串联电流负反馈

根据判断规则可知，图 4-7 电路为串联电流负反馈。

串联电流负反馈的放大倍数的关系如下：

由于是电流负反馈，取样输出为电流，故 $X_o = I_o$。由于是串联负反馈，所以反馈回来是以电压形式在输入端相加，故 $X_i = U_i$，$X_i' = U_i'$，$X_f = U_f$，故基本放大电路的放大倍数为

$$A_g = \frac{I_o}{U_i'} \text{(互导放大倍数，电导量纲)}$$

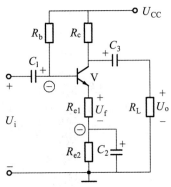

图 4-7　串联电流负反馈放大器

$$F_r = \frac{U_f}{I_o} \text{(电阻量纲)}$$

$$A_{gf} = \frac{I_o}{U_i} = \frac{A_g}{1 + F_r A_g}$$

串联电流负反馈的闭环放大倍数,下降到开环时的 $\dfrac{1}{1 + F_r A_r}$ 倍。

### 4.2.4 并联电流负反馈

根据判断规则可知,图 4-8 电路为并联电流负反馈。由于是电流负反馈,所以稳定输出电流。

串联电流负反馈的放大倍数的关系如下:

由于是电流负反馈,取样输出为电流,故 $X_o = I_o$。由于是并联负反馈,输入回路用电流叠加关系讨论较方便、直观。故

$$X_i = I_i, \ X_f = I_f, \ X_i' = I_i'$$

故开环放大倍数为

$$A_i = \frac{I_o}{I_i} \text{(电流放大倍数)}$$

$$F_r = \frac{I_f}{I_o}$$

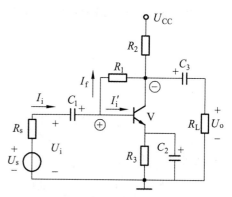

图 4-8 并联电流负反馈放大器

闭环放大倍数

$$A_{if} = \frac{A_i}{1 + F_i A_i}$$

综上所述,以上 4 种不同组态的反馈电路,其放大倍数具有不同的量纲,有电压放大倍数,电流放大倍数,也有互阻放大倍数和互导放大倍数,绝不能都认为是电压放大倍数,为了严格区分这 4 个不同含义的放大倍数,用符号表示时,加上不同的脚注,相应地,4 种不同组态的反馈系数也用不同下标表示出来。

## 4.3 负反馈对放大器性能的影响

### 4.3.1 降低放大器的放大倍数

根据负反馈的定义可知,负反馈总是使净输入信号减弱。所以,对于负反馈放大器而言,必有 $X_i > X_i'$,所以 $\dfrac{X_o}{X_i'} < \dfrac{X_o}{X_i}$,即 $A_f < A$,其关系式为

$$A_f = \frac{A}{1 + FA}$$

可见，闭环放大倍数 $A_f$ 仅是开环放大倍数 $A$ 的 $1/(1+FA)$。

负反馈使放大电路的放大倍数下降，但由于它改善了放大电路的性能，故其应用十分广泛，本书将分析负反馈对放大电路的哪些性能产生影响，使电路性能得到改善，其改善程度与反馈深度有何关系。

### 4.3.2 提高放大倍数的稳定性

放大电路的增益受到环境温度、电源电压以及负载变化等因素的影响，都可能使放大器的增益发生变化，引入负反馈后可使放大器的输出信号基本稳定，如前所述，电压负反馈可以使输出电压基本稳定，电流负反馈，可以使放大器输出电流基本稳定。可见引入负反馈可使闭环增益稳定。其定量关系如下：

由反馈放大器放大倍数的基本表达式：

$$A_f = \frac{A}{1+FA}$$

求 $A_f$ 对 $A$ 的导数，得

$$dA_f = \frac{(1+AF)dA - AFdA}{(1+AF)^2} = \frac{dA}{(1+AF)^2}$$

两端同时除以 $A_f$，得

$$\frac{dA_f}{A_f} = \frac{1}{1+AF} \cdot \frac{dA}{A} \tag{4-6}$$

实际上，常用相对变化量来表示放大倍数的稳定性，式（4-6）中，

$\dfrac{dA}{A}$ 表示基本放大电路放大倍数的相对变化量；

$\dfrac{dA_f}{A_f}$ 表示反馈放大电路放大倍数的相对变化量。

由以上可以看出：$\dfrac{dA_f}{A_f}$ 是 $\dfrac{dA}{A}$ 的 $\dfrac{1}{1+AF}$ 倍，负反馈时 $\dfrac{1}{1+AF}$ 小于 1，$\dfrac{dA_f}{A_f}$ 的相对变化量减小。$A_f$ 的稳定性是 $A$ 的（1+AF）倍。

**【例 4-1】** 已知一个负反馈放大电路的 $A = 10^5$，$F = 2 \times 10^{-3}$。

（1）$A_f$ 为多少？

（2）若 $A$ 的相对变化率为 20%，则 $A_f$ 的相对变化率为多少？

**解：**（1）$A_f = \dfrac{A}{1+AF} = \dfrac{10^5}{1+10^5 \times 2 \times 10^{-3}} \approx 500$

（2）$A_f$ 的相对变化率为 $A$ 的 $1/(1+AF)$，由于

$$1+AF = 201,$$

所以 $\qquad dA_f/A_f = dA/[A(1+AF)] \approx 1\%$

即提高了放大倍数稳定性，但放大倍数降低了。

### 4.3.3 减小非线性失真和抑制干扰、噪声

放大电路中的有源器件（如晶体三极管、场效应管以友集成电路等），其特性曲线都为非线性，如果静态工作点选择不当，或因为输入信号幅度过大，在动态过程中器件可能工作到非线性区域，导致输出信号失真。假如原输入信号是正弦波，在出现失真时，放大器的输出信号将不是原来的正弦波，而是一个失真了的波形。

如图4-9（a）所示为放大器无反馈时的输入输出波形，开环时输入正弦波信号，由于放大器的非线性特性，导致输出信号正负半周不对称，原放大电路产生了非线性失真，出现正半周大，负半周小的失真波形。引入反馈后，输出端的失真波形反馈到输入端，与输入波形叠加后，因此净输入信号成为正半周小，负半周大的波形。此波形经放大后，使得其输出端正、负半周波形之间的差异减小，从而减小了放大电路输出波形的非线性失真，如图4-9（b）所示。

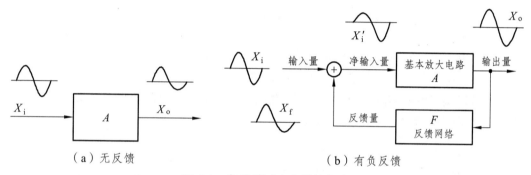

（a）无反馈             （b）有负反馈

图 4-9 负反馈减小非线性失真

需要指出的是，负反馈只能减小本级放大器自身产生的非线性失真，而对输入信号的非线性失真，负反馈是无能为力的。

可以证明，加入负反馈后，放大电路的非线性失真减小到 $r/(1+AF)$。$r$ 为无反馈时的非线性失真系数。

同样道理，采用负反馈也可抑制放大电路自身产生的噪声，其关系为 $N/(1+AF)$。$N$ 为无反馈的噪声系数。

但需指出的是，引入负反馈后，噪声系数减小到 $N/(1+AF)$，但输入信号也将按同样规律减小，结果输出端输出信号与噪声的比值（称为信噪比）并没有提高，因此为了提高信噪比，必须同时提高有用信号的输入，这就要求信号源要有足够的负载能力。

采用负反馈，也可抑制干扰信号。同样，如该干扰混入信号中，负反馈也无济于事。

### 4.3.4 负反馈对输入电阻的影响

负反馈对输入电阻的影响，只与反馈网络和基本放大电路的连接方式有关，而与输出端连接方式无关，即仅取决于是串联反馈还是并联反馈。

1. 串联负反馈使输入电阻提高

图 4-10 所示为串联负反馈的方框图，$R_i$ 为无反馈时放大电路的输入电阻，即 $R_i = \dfrac{U_i'}{I_i}$，

有负反馈时输入电阻 $R_{if}$，应为无反馈时的输入电阻 $R_i$ 与反馈网络的等效电阻 $R_f$ 之和，显然大于 $R_i$，即 $R_{if}=R_i+R_f>R_i$，大了多少，其定量关系如下：

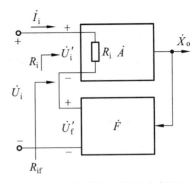

$$R_{if}=\frac{U_i'}{I_i}+\frac{U_f}{I_i}$$

当是串联电压负反馈时，$U_f=F_uU_o=F_uA_uU_i'$，则

$$R_{if}=\frac{U_i'}{I_i}+\frac{F_uA_uU_i'}{I_i}=(1+F_uA_u)R_i$$

图 4-10　串联负反馈的方框图

即引入串联电压负反馈时，放大电路的输入电阻增加到 $(1+F_uA_u)R_i$，当是串联电流负反馈时，$U_f=F_rI_o=F_rA_gU_i'$，则

$$R_{if}=\frac{U_i'}{I_i}+\frac{F_rA_gU_i'}{I_i}=(1+F_rA_g)R_i$$

即引入串联电压负反馈时，放大电路的输入电阻增加到 $(1+F_rA_g)R_i$

但只要是串联负反馈，由于 $R_{if}=R_i+R_f$，故 $R_{if}$ 将增大，增大到（$1+AF$）$R_i$。需要指出的是，当考虑偏置电阻 $R_b$ 时，输入电阻应为 $R_{if}//R_b$，故输入电阻的提高，受到 $R_b$ 的限制，当 $R_b$ 值较小时，则输入电阻取决于 $R_b$ 值。

2. 并联负反馈使输入电阻减小

图 4-11 所示为并联负反馈的方框图，$R_i$ 为无反馈时放大电路的输入电阻，即 $R_i=\frac{U_i}{I_i'}$，引入并联负反馈时输入电阻 $R_{if}$，等于无反馈时输入电阻 $R_i$ 与反馈网络等效电阻 $R_f$ 并联，所以 $R_{if}<R_i$，即 $R_{if}=R_{if}//R_f$。由图 4-11 可得

$$R_i=\frac{U_i}{I_i'}$$

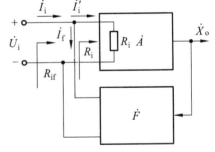

$$R_{if}=\frac{U_i}{I_i}=\frac{U_i}{I_i'+I_f}$$，其中 $I_f=AFI_i'$，由于 $U_i$ 相同，$I_i>I_i'$，所以 $R_{if}<R_i$，

$$R_{if}=\frac{U_i}{I_i}=\frac{U_i}{I_i'+I_f}=\frac{U_i}{(1+AF)I_i'}=\frac{1}{(1+AF)}R_i$$

图 4-11　并联负反馈的方框图

所以，并联负反馈使输入电阻减小，降低到 $R_i/(1+AF)$。

### 4.3.5　负反馈对输出电阻的影响

负反馈对输出电阻的影响，取决于反馈网络和基本放大电路输出端的连接方式，而与输入端连接方式无关，即仅取决于是电压反馈还是电流反馈。

1. 电压负反馈使输出电阻减小

将放大电路输出端用电压源等效，如图 4-12 所示，$R_o$ 为无反馈放大器的输出电阻。$R_f$

为反馈网络在的输出端的等效电阻，定性的分析 $R_{of} = R_o // R_{of} < R_o$。而下降多少通过定量分析求得。按求输出电阻的方法，令输入信号为零（$U_i = 0$ 或 $I_i = 0$）时，在输出端（不含负载电阻 $R_L$），外加电压 $U_o$，则无论是串联反馈还是并联反馈，$X_i' = -X_f$ 均成立，故

$$AX_i' = -X_f A = -U_o FA$$

$$I_o = \frac{U_o - AX_i'}{R_o} = \frac{U_o + U_o AF}{R_o} = \frac{U_o(1 + AF)}{R_o}$$

$$R_{of} = \frac{U_o}{I_o} = \frac{R_o}{1 + AF}$$

可见，引入电压负反馈使输出电阻减小到 $\dfrac{R_o}{1 + AF}$。不同的反馈形式，其中 $A$、$F$ 的含义不同。

串联负反馈 $F = F_u = \dfrac{U_f}{U_o}$，$A = A_u = \dfrac{U_o}{U_i'}$；

并联负反馈 $F = F_g = \dfrac{I_f}{U_o}$，$A = A_r = \dfrac{U_o}{I_i'}$。

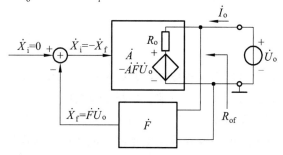

图 4-12 电压负反馈的方框图

## 2. 电流负反馈使输出电阻增大

定性分析：$R_o$ 为无反馈放大器的输出电阻。$R_f$ 为反馈网络在的输出端的等效电阻，$R_{of} = R_o + R_f > R_o$。其定量关系分析如下：

将放大器输出端用电流源等效，如图 4-13 所示。令输入信号为零，在输出端外加电压，则 $X_i' = -X_f$，则

$$I_o = AX_i' + \frac{U_o}{R_o}$$

而

$$AX_i' = -X_f A = -I_o FA$$

$$I_o = -FAI_o + \frac{U_o}{R_o}$$

$$(1 + AF)I_o = \frac{U_o}{R_o}$$

$$R_{of} = \frac{U_o}{I_o} = \frac{R_o}{1 + AF}$$

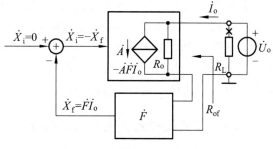

图 4-13 电流负反馈的方框图

可见，引入电流负反馈，使输出电阻增大到 $\dfrac{R_o}{1 + AF}$。同样，不同的反馈形式，其 $A$、$F$

的含义不同。串联负反馈 $F=F_r=\dfrac{U_f}{I_o}$，$A=A_g=\dfrac{I_o}{U_i'}$；并联负反馈 $F=F_o=\dfrac{I_f}{I_i}$，$A=A_i=\dfrac{I_o}{I_i}$。需要指出的是，电流负反馈使输出电阻增大，但当考虑 $R_o$ 时，输出电阻 $R_c\,/\!/\,R_{of}$，故总的输出电阻增加不多，当 $R_c\ll R_{of}$ 时，则放大电路的输出电阻仍然近似等于 $R_c$。

综上所述：

（1）放大电路引入负反馈后，如为串联负反馈则提高输入电阻，如为并联负反馈则使输入电阻降低。其提高或降低的程度取决于反馈深度（$1+AF$）。

（2）放大电路引入负反馈后，如为电压负反馈使输入电阻减小，如为电流负反馈则使输出电阻增加。其减小或增加的程度取决于反馈深度（$1+AF$）。

### 4.3.6 放大电路引入负反馈的一般原则

放大电路引入负反馈以后，可以改善放大器多方面的性能，而且反馈组态不同，引起的影响不同。所以引入反馈时，应根据不同的目的，不同的要求，引入合适的负反馈组态。

（1）为了稳定静态工作点，需引入直流负反馈；为了改善电路的动态性能，应引入交流负反馈。

（2）要稳定输出电压信号时，应引入电压负反馈；要稳定输出电流信号时，应引入电流负反馈。

（3）要提高输入电阻，引入串联负反馈；要减小输入电阻，引入并联负反馈。

（4）要提高输出电阻，引入电流负反馈；要减小输出电阻，引入电压负反馈。

性能的改善与改变都与反馈深度（$1+AF$）有关，且均是以牺牲放大倍数为代价。反馈深度越大，对放大电路的放大性能的改善程度也越好，但反馈过深容易引起自激振荡，使放大电路无法进行放大，性能改善也就失去了意义。

## 4.4 负反馈放大电路的计算

对于任何复杂的放大电路，均可用等效电路来求解放大倍数和输入输出电阻等指标，放大电路在引入负反馈以后，由于增加了输入与输出之间的反馈网络，是电路在结构上出现多个回路和多个节点，使计算十分复杂。所以一般不采用此方法。

另一种方法是将负反馈放大电路网络分解成基本放大电路和反馈网络两个部分，分别求出放大倍数 $A$ 和反馈系数 $F$，按上节课所学的放大电路的公式，分别计算 $A_f$、$r_{if}$、$r_{of}$。在多数情况下，常采用多级负反馈放大器，所以均满足深负反馈条件，即 $1+AF\gg1$，因此可以对放大电路进行估算。这是本节讨论的重点。

### 4.4.1 深度反馈放大电路的近似计算

对于 $1+AF\gg1$ 的深度负反馈放大器来说，由于 $1+AF\approx AF$，所以有 $A_f=\dfrac{A}{1+AF}\approx\dfrac{1}{F}$，此式表明，引入负反馈后放大电路取决于反馈网络，与基本放大电路放大倍数 $A$ 基本无关。根据 $A_f$ 和 $F$ 的关系，可以先找出反馈系数 $F$，再算出 $A_f$。

实际中需要计算的往往是电压放大倍数。而用上述关系计算出来的 $A_f$，除电压串联负反

馈电路的 $A_f$ 表示电压放大倍数之外，其他组态电路的 $A_f$ 都不是电压放大倍数。要得到电压放大倍数，还要经过换算方能算出。

为此，我们从深度反馈的特点出发，找出 $X_f$ 和 $X_i$ 之间的联系，直接估算出电压放大倍数。由于

$$A_f = \frac{X_o}{X_i}$$

$$F = \frac{X_f}{X_o}$$

深负反馈时

$$A_f \approx \frac{1}{F}$$

故得

$$X_i \approx X_f$$

这样，在串联负反馈电路里，$U_i \approx U_f$，$U_i' \approx 0$。

从此式找出输出电压 $U_o$ 和输入电压 $U_i$ 的关系，从而估算出电压放大倍数 $A_{uf}$。

在并联负反馈电路里，$I_f \approx I_i$，$I_i' \approx 0$，$U_i' \approx 0$。

从此式找出输出电压 $U_o$ 和输入电压 $U_i$ 的关系，从而估算出电压放大倍数 $A_{uf}$。

下面通过 4 种负反馈组态的分析，说明如何利用上述近似条件进行估算。

### 4.4.2 串联电压负反馈

计算图 4-14 所示电压串联负反馈电路的电压放大倍数。

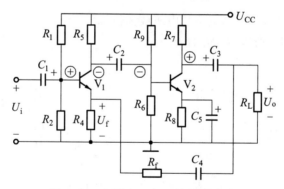

图 4-14 串联电压负反馈放大电路

由于是串联电压负反馈，故 $U_i \approx U_f$。由反馈网络可知，输出电压 $U_o$ 经 $R_f$ 和 $R_4$ 分压后反馈至输入回路。即

$$U_f = \frac{R_4}{R_f + R_4} U_o$$

$$A_{uf} = \frac{U_o}{U_i} \approx \frac{U_o}{U_f} = \frac{R_4 + R_f}{R_4}$$

如 $R_4 = 100\ \Omega$，$R_f = 10\ \text{k}\Omega$，

$$A_{uf} = \frac{10 + 0.1}{0.1} = 101$$

由于输出电压与输入电压相位一致，故电压放大倍数为正值。

### 4.4.3 串联电流负反馈

计算图 4-15 所示串联电流负反馈电路的电压放大倍数。

串联负反馈 $U_i \approx U_f$，由反馈网络可得。

设输出电流 $I_o$ 为三极管集电极电流，则有

$$U_o = -I_o R'_L = -I_o(R_L /\!/ R_c)$$

而

$$U_i \approx U_f = I_e R_{e1} = I_o R_{e1}$$

所以

$$A_{uf} = \frac{U_o}{U_i} \approx \frac{U_o}{U_f} = -\frac{R'_L}{R_{e1}}$$

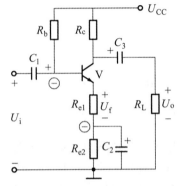

图 4-15　串联电流负反馈放大电路

负号表示输出电压与输入电压相位相反。设 $R_{e1}$ = 100 Ω，$R_c$ = 1 kΩ，$R_L$ = 1 kΩ，则

$$R'_L = \frac{R_c R_L}{R_c + R_L} = \frac{1 \times 1}{1 + 1} = 500 \text{ Ω}$$

$$A_{uf} = -\frac{R'_L}{R_{e1}} = -\frac{0.5}{0.1} = -5$$

### 4.4.4 并联电压负反馈

计算图 4-16 并联电压负反馈电路的电压放大倍数。

由于是并联负反馈，所以 $I_f \approx I_i$ 且 $U'_i \approx 0$，
所以

$$I_i = \frac{U_s}{R_s}$$

$$I_f = \frac{U_o}{R_1}$$

因此可以得到

$$\frac{U_s}{R_s} = \frac{U_o}{S_1}$$

所以

$$A_{usf} = \frac{U_o}{U_s} = -\frac{R_1}{R_s}$$

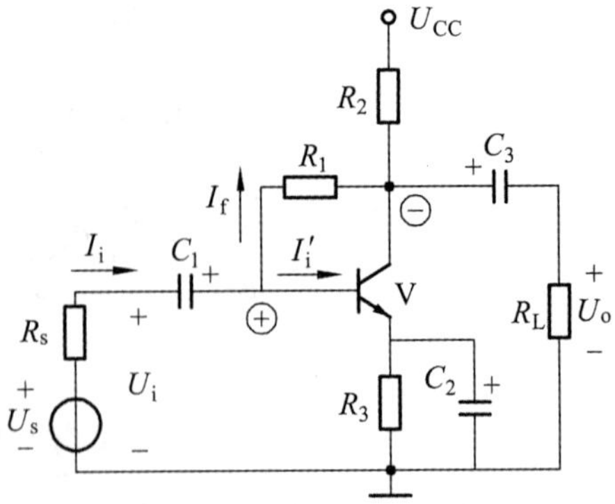

图 4-16　并联电压负反馈放大电路

$A_{us}$ 表示考虑信号源内阻时电压放大倍数，即源电压放大倍数。

### 4.4.5 并联电流负反馈

计算图 4-17 所示并联电流负反馈电路的电压放大倍数。

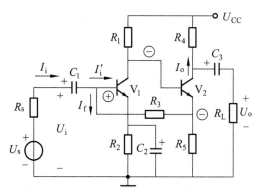

图 4-17 并联电流负反馈放大电路

在图 4-17 中，设输出电流 $I_o$ 是三极管 $V_2$ 的集电极电流，由于 $U_i' \approx 0$，

$$I_f = \frac{R_5}{R_3 + R_5} I_o$$

$$I_i = \frac{U_s}{R_s}$$

$$U_o = I_o R_L'$$

$$I_i \approx I_f$$

所以

$$A_{usf} = \frac{U_o}{U_s} = \frac{I_o R_L'}{I_i R_s} \approx \frac{I_o R_L'}{I_f R_s} = \frac{I_o R_L'}{\dfrac{R_5}{R_3 + R_5} I_o R_s} = \frac{(R_3 + R_5) R_L'}{R_5 R_s}$$

如设 $R_s = 5.1 \text{ k}\Omega$，$R_c = 6.8 \text{ k}\Omega$，$R_5 = 2 \text{ k}\Omega$，$R_4 = 6.8 \text{ k}\Omega$，$R_L = 5.1 \text{ k}\Omega$，则

$$R_L' = \frac{R_4 R_L}{R_4 + R_L}$$

$$A_{usf} = \frac{(R_3 + R_5) R_L'}{R_5 R_s} = \frac{6.8 + 2}{2 \times 5.1} \cdot \frac{6.8 \times 5.1}{6.8 + 5.1} = 2.5$$

由上述 4 种反馈组态电路的分析可看出，深负反馈时电压放大倍数可以十分方便地求出。但是，用上述方法难以求输入电阻 $r_{if}$ 和输出电阻 $r_{of}$。且当放大电路不满足深反馈时，用上述方法求出的电压放大倍数误差很大，也就不适宜用上述方法。此时，可以采用方框图的计算方法。

## 4.5　负反馈放大电路的自激振荡

从上节的讨论中已知，放大电路中引入负反馈，可以改善放大器的性能。一般说来，反馈越深，改善的程度越明显。但由于基本放大器和反馈网络在某些频率分量下产生的相位移可能改变反馈的极性，深度负反馈有可能引起放大器自激振荡，此时，即使不加任何输入信号，放大器也会有某一频率的信号输出，使放大器失去了原有的功能。因此，在设计、使用负反馈放大器时，应尽量避免或采取措施消除自激振荡现象。

### 4.5.1 产生自激振荡原因

**1. 自激振荡的幅度条件和相位条件**

放大电路的闭环放大倍数为

$$\dot{A}_{\mathrm{f}} = \frac{\dot{A}}{1 + \dot{A}\dot{F}}$$

在中频段，$\left|1 + \dot{A}\dot{F}\right| > 1$；在高、低频段，放大倍数 $\dot{A}$ 和反馈系数 $\dot{F}$ 的模和相角都随频率变化，使 $\left|1 + \dot{A}\dot{F}\right| < 1$。当 $1 + \dot{A}\dot{F} = 0$ 时，$\dot{A}_{\mathrm{f}} = \infty$，说明，此时放大电路没有输入信号，但仍有一定的输出信号，因此产生了自激振荡。

所以，负反馈放大电路产生自激振荡的条件是：

$$1 + \dot{A}\dot{F} = 0 \quad \text{即} \quad \dot{A}\dot{F} = -1$$

幅度条件： $\qquad \left|\dot{A}\dot{F}\right| = 1$

相位条件： $\qquad \arg \dot{A}\dot{F} = \pm(2n+1)\pi \quad (n = 0,1,2,\cdots)$

可见，在低、高频段，放大电路分别产生了 $0 \sim +90°$ 和 $0 \sim -90°$ 的附加相移。

两级放大电路将产生 $0 \sim \pm180°$ 附加相移；三级放大电路将产生 $0 \sim \pm270°$ 的附加相移。

对于多级放大电路，如果某个频率的信号产生的附加相移为 $180°$，而反馈网络为纯电阻，则 $\arg \dot{A}\dot{F} = 180°$。

满足自激振荡的相位条件，如果同时满足自激振荡的幅度条件，放大电路将产生自激振荡。

结论，单级放大电路不会产生自激振荡；两级放大电路当频率趋于无穷大或趋于零时，虽然满足相位条件，但不满足幅度条件，所以也不会产生自激振荡；但三级放大电路，在深度负反馈条件下，对于某个频率的信号，既满足相位条件，也满足幅度条件，可以产生自激振荡。

**2. 自激振荡的判断方法**

利用负反馈放大电路回路增益 $\dot{A}\dot{F}$ 的波特图，分析是否同时满足自激振荡的幅度和相位条件。

某负反馈放大电路的 $\dot{A}\dot{F}$ 波特图为图 4-18。

由波特图中的相频特性可见，当 $f = f_0$ 时，相位移 $\varphi_{AF} = -180°$，满足相位条件；此频率对应的对数幅频特性位于横坐标轴之上，即

$$\left|\dot{A}\dot{F}\right| > 1$$

结论：当 $f = f_0$ 时，电路同时满足自激振荡的相位条件和幅度条件，将产生自激振荡。

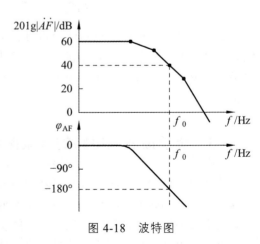

图 4-18 波特图

由负反馈放大电路 $\dot{A}\dot{F}$ 的波特图如图 4-19，由波特图可见，当 $f = f_0$，相位移 $\varphi_{AF} = -180°$ 时 $|\dot{A}\dot{F}| < 1$，结论：该负反馈放大电路不会产生自激振荡，能够稳定工作。

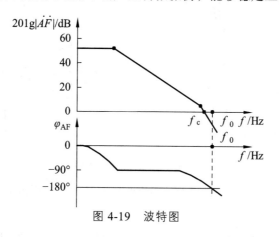

图 4-19　波特图

### 4.5.2　常用的校正措施

为保证放大电路稳定工作，对于三级或三级以上的负反馈放大电路，需采取适当措施破坏自激振荡的幅度条件和相位条件。

最简单的方法是减小反馈系数或反馈深度，使得在满足相位条件时不满足幅度条件。但是，由于反馈深度下降，不利于放大电路其他性能的改善，因此通常采用接入电容或 RC 元件组成校正网络，以消除自激振荡。

#### 1. 电容校正

比较简单的消振措施是在负反馈放大电路的适当地方接入一个电容。如图 4-20 所示。

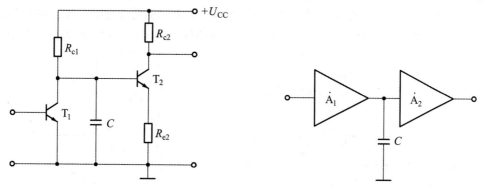

图 4-20　电容校正网络

接入的电容相当于并联在前一级的负载上，在中、低频时，容抗很大，所以这个电容基本不起作用。高频时，容抗减小，使前一级的放大倍数降低，从而破坏自激振荡的条件，使电路稳定工作。

#### 2. RC 校正

除了电容校正以外，还可以利用电阻、电容元件串联组成的 RC 校正网络来消除自激振荡。如图 4-21 所示。

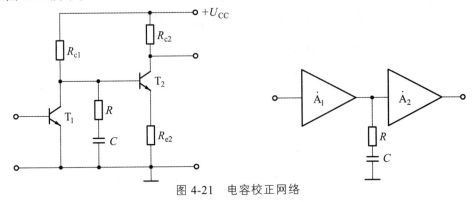

图 4-21　电容校正网络

利用 $RC$ 校正网络代替电容校正网络，将使通频带变窄的程度有所改善。

# 实验 5　两级负反馈放大电路设计

## 一、实验目的

（1）观察负反馈对放大电路性能的影响。

（2）熟练运用放大电路增益、输入电阻、输出电阻、幅频特性的测量方法。

（3）加深对负反馈放大电路的原理和分析方法的理解。

## 二、实验原理

电路原理图如图 4-22 所示。反馈网络由 $R_f$、$C_f$、$R_{ef}$ 构成，在放大电路中引入了电压串联负反馈，反馈信号是 $U_f$。在实验四中已测量了基本放大电路的有关性能参数，在本实验中将测量反馈放大电路的性能参数，观察负反馈对放大电路性能的影响，验证有关的电路理论。

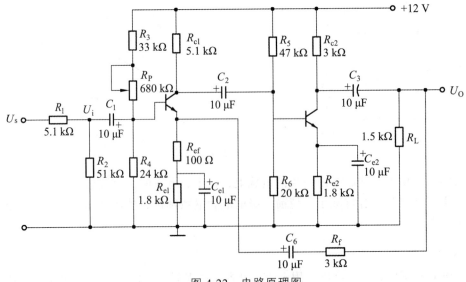

图 4-22　电路原理图

图 4-21 中，反馈系数为

$$F_{uu} = \frac{U_f}{U_o} \approx \frac{R_{ef}}{R_{ef} + R_f}$$

反馈放大电路的电压放大倍数 $A_{uuf}$、输入电阻 $R_{if}$、输出电阻 $R_{of}$、下限频率 $f_{Lf}$、上限频率 $f_{Hf}$ 与基本放大电路的有关参数的关系分别如下：

$$A_{uuf} = \frac{A_{uu}}{1 + F_{uu}A_{uu}}$$

$$R_{if} = (1 + F_{uu}A_{uu})R_i$$

$$R_{of} = R_o /(1 + F_{uu}A_{uu})$$

$$f_{Lf} = f_L /(1 + F_{uu}A_{uu})$$

$$f_{Hf} = (1 + F_{uu}A_{uu})f_H$$

反馈深度为 $\qquad$ $1 + F_{uu}A_{uu}$

对负反馈来说 $\qquad$ $(1 + F_{uu}A_{uu}) > 1$。

其中，$A_{uu}$、$R_i$、$R_o$、$f_L$、$f_H$ 分别为基本放大电路（见图 4-21）的电压放大倍数、输入电阻、输出电阻、下限频率和上限频率。可见，电压串联负反馈使得放大电路的电压放大倍数的绝对值减小，输入电阻增大，输出电阻减小；负反馈还对放大电路的频率特性产生影响，使得电路的下限频率降低、上限频率升高，起到扩大通频带、改善频响特性的作用。

此外，电压串联负反馈还能提高放大电路的电压放大倍数的稳定性、减小非线性失真。这些都可以通过实验来验证。

基本放大电路的电压放大倍数的相对变化量与负反馈放大电路的电压放大倍数的相对变化量的关系可以用下式来表示：

$$\frac{dA_{uuf}}{A_{uuf}} = \frac{1}{1 + F_{uu}A_{uu}} \cdot \frac{dA_{uu}}{A_{uu}}$$

### 三、实验内容和数据记录

1. 设置静态工作点

（1）按图连线，注意接线尽可能短。

（2）静态工作点设置：要求第二级在输出波形不失真的前提下幅值尽量大，第一级为增加信噪比，静态工作点尽可能低。

（3）在输入端加上 1 kHz 幅度为 1 mV 的交流信号调整工作点使输出信号不失真。

2. 负反馈放大器开环和闭环放大倍数的测试

（1）开环电路。

① 按图 4-21 接线，$R_f$ 先不接入。

② 输入端接入 $U_i = 1$ mV，$f = 1$ kHz 的正弦波。调整接线和参数使输出不失真且无振荡。

③ 按表 4-1 要求进行测量并填表。

④ 根据实测值计算开环放大倍数。

（2）闭环电路。

① 接通 $R_f$。

② 按表 4-1 要求测量并填表，计算 $A_{uf}$。

③ 根据实测结果，验证 $A_{uf} \approx \dfrac{1}{F}$。

（表中数据为取整后数据，有误差存在）

表 4-1  负反馈放大器开环和闭环放大倍数的测试实验数据

|  | $R_L/k\Omega$ | $U_i/mV$ | $U_o/mV$ | $A_u(A_{uf})$ |
|---|---|---|---|---|
| 开环 | ∞ | 1 |  |  |
|  | 1.5 kΩ | 1 |  |  |
| 闭环 | ∞ | 1 |  |  |
|  | 1.5 kΩ | 1 |  |  |

3. 负反馈对失真的改善作用

（1）将图 4-21 电路开环，逐步加大 $U_i$ 的幅度，使输出信号出现失真（注意不要过分失真）记录失真波形幅度。

（2）将电路闭环，观察输出情况。

（3）画出上述各步实验的波形图。

4. 测放大电路频率特性

（1）将图 4-21 电路先开环，选择输入端接入 $U_i = 1\ mV$，$f = 1\ kHz$ 的正弦波，使输出信号在示波器上有满幅正弦波显示。

（2）保持输入信号幅度不变逐步增加频率，直到波形减小为原来的 70%，此时信号频率即为放大电路 $f_H$。

（3）条件同上，但逐渐减小频率，测得 $f_L$。

（4）将电路闭环，重复 1～3 步骤，并将结果填入表 4-2。

表 4-2  测放大电路频率特性实验数据

|  | $f_H/Hz$ | $f_L/Hz$ |
|---|---|---|
| 开环 |  |  |

四、实验结论与心得

（1）结论：

① 负反馈可提高增益的稳定性：在放大电路中引入负反馈，虽然会导致闭环增益的下降，但能使放大电路的许多性能得到改善。

② 负反馈可扩大通频带：负反馈具有稳定闭环增益的作用，信号频率的变化引起的增益的变化都将减小。

③ 负反馈可减小非线性失真：引入负反馈后，将使放大电路的闭环电压传输特性曲线变

平缓，线性范围明显展宽。

（2）心得：

通过本次试验，可以真正地掌握 proteus 的简单操作，深入地了解了负反馈在放大电路中的应用以及如何提高放大电路的稳定性。

## 本章小结

（1）反馈元件：既属于输入回路，又属于输出回路的元件。或跨接在输入和输出回路之间的元件。

（2）反馈：反馈元件将输出信号的一部分或全部送回到输入回路，与原输入信号相加或相减的过程。

（3）正反馈——反馈信号与输入信号相加，使净输入信号增大的反馈；负反馈——反馈信号与输入信号相减，使净输入信号减小的反馈。

（4）如果反馈信号中只存在直流分量，则称为直流反馈；在放大电路中如果引入直流负反馈，其目的一般是稳定电流工作状态。

（5）如果反馈信号中只存在交流分量，则称为交流反馈；在放大电路中如果引入交流负反馈，其目的一般是改善放大电路的性能。

（6）负反馈放大电路的四种基本组态：电压串联负反馈，电压并联负反馈，电流串联负反馈，电流并联负反馈。

（7）性能的改善与改变都与反馈深度（$1+AF$）有关，且均是以牺牲放大倍数为代价。反馈深度越大，对放大电路的放大性能的改善程度也越好，但反馈过深容易引起自激振荡，使放大电路无法进行放大，性能改善也就失去了意义。

（8）在需要进行信号变换时，选择合适的组态。

若将电流信号转换成电压信号，应引入电压并联负反馈；若将电压信号转换成电流信号，应引入电流串联负反馈；若将电流信号转换成与之成比例的电流信号，应引入电流并联负反馈；若将电压信号转换成与之成比例的电压信号，应引入电压串联负反馈。

## 习　题

**一、填空题**

1. 为了稳定静态工作点，应在放大电路中引入_____负反馈。

2. 在放大电路中引入串联负反馈后，电路的输入电阻____。

3. 欲减小电路从信号源索取的电流，增大带负载能力，应在放大电路中引入负反馈的类型是_____。

4. 欲从信号源获得更大的电流，并稳定输出电流，应在放大电路中引入负反馈的类型是_____。

5. 欲得到电流-电压转换电路，应在放大电路中引入_____负反馈。

6. 负反馈放大器自激振荡的条件为_____。

7. 欲将电压信号转换成与之成比例的电流信号，应在放大电路中引入负反馈的类型是_____。

二、选择题

1. 放大电路中有反馈的含义是（    ）。
   A. 输出与输入之间有信号通路　　　　　　B. 电路中存在反向传输的信号通路
   C. 除放大电路以外还有信号通道

2. 根据反馈的极性，反馈可分为（    ）反馈。
   A. 直流和交流　　B. 电压和电流　　C. 正和负　　　　D. 串联和并联

3. 根据反馈信号的频率，反馈可分为（    ）反馈
   A. 直流和交流　　B. 电压和电流　　C. 正和负　　　　D. 串联和并联

4. 根据取样方式，反馈可分为（    ）反馈
   A. 直流和交流　　B. 电压和电流　　C. 正和负　　　　D. 串联和并联

5. 根据比较的方式，反馈可分为（    ）反馈
   A. 直流和交流　　B. 电压和电流　　C. 正和负　　　　D. 串联和并联

6. 负反馈多用于（    ）。
   A. 改善放大器的性能　　　　　　　　B. 产生振荡
   C. 提高输出电压　　　　　　　　　　D. 提高电压增益

7. 正反馈多用于（    ）。
   A. 改善放大器的性能　　　　　　　　B. 产生振荡
   C. 提高输出电压　　　　　　　　　　D. 提高电压增益

8. 交流负反馈是指（    ）。
   A. 只存在于阻容耦合电路中的负反馈　　B. 交流通路中的负反馈
   C. 变压器耦合电路中的负反馈　　　　　D. 直流通路中的负反馈

9. 若反馈信号正比于输出电压，该反馈为（    ）反馈。
   A. 串联　　　　　B. 电流　　　　　C. 电压　　　　　D. 并联

10. 若反馈信号正比于输出电流，该反馈为（    ）反馈
    A. 串联　　　　　B. 电流　　　　　C. 电压　　　　　D. 并联

11. 当电路中的反馈信号以电压的形式出现在电路输入回路的反馈称为（    ）反馈。
    A. 串联　　　　　B. 电流　　　　　C. 电压　　　　　D. 并联

12. 当电路中的反馈信号以电流的形式出现在电路输入回路的反馈称为（    ）反馈。
    A. 串联　　　　　B. 电流　　　　　C. 电压　　　　　D. 并联

13. 电压负反馈可以（    ）。
    A. 稳定输出电压　　B. 稳定输出电流　　C. 增大输出功率

14. 串联负反馈（    ）。
    A. 提高电路的输入电阻　　　　　　　B. 降低电路的输入电阻
    C. 提高电路的输出电压　　　　　　　D. 提高电路的输出电流

15. 电压并联负反馈（    ）。

A. 提高电路的输入电阻　　　　　B. 降低电路的输入电阻

C. 提高电路的输出电压　　　　　D. 提高电路的输出电流

16. 电流串联负反馈放大电路的反馈系数称为（　　　）反馈系数。

A. 电流　　　　　B. 互阻　　　　　C. 互导　　　　　D. 电压

17. 负反馈所能抑制的干扰和噪声是指（　　　）。

A. 输入信号所包含的干扰和噪声　　　B. 反馈环外的干扰和噪声

C. 反馈环内的干扰和噪声

18. 负反馈放大电路是以降低电路的（　　　）来提高电路的其他性能指标。

A. 通频带宽　　　　　B. 稳定性　　　　　C. 增益

19. 引入反馈系数为 0.1 的并联电流负反馈，放大器的输入电阻由 1 kΩ 变为 100 Ω，则该放大器的开环和闭环电流增益分别为（　　　）。

A. 90 和 9　　　　　B. 90 和 10　　　　　C. 100 和 9

### 三、判断题

图 4-23 所示各电路中是否引入了反馈；若引入了反馈，则判断是正反馈还是负反馈；若引入了交流负反馈，则判断是哪种组态的负反馈。

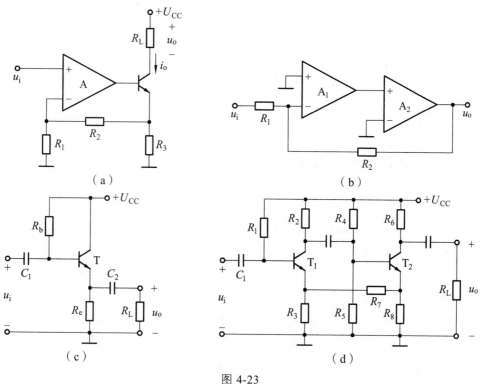

图 4-23

### 四、计算题

已知一个负反馈放大电路的 $A = 10^5$，$F = 2 \times 10^{-3}$。

（1）$\dot{A}_f = ?$

（2）若 $A$ 的相对变化率为 20%，则 $\dot{A}_f$ 的相对变化率为多少？

# 第 5 章　集成运算放大电路

【学习目标】

（1）了解集成电路的分类、特点，了解集成运算放大电路的组成。

（2）掌握差动放大电路抑制零点漂移的原理。理解共模信号、差模信号和共模抑制比的概念。

（3）掌握差动放大电路的输入、输出方式，能进行差模放大倍数、输入和输出电阻的计算。

（4）了解集成运放的主要参数。

（5）理想集成运放的特点及工作在线性区的"虚断""虚短"概念。

（6）掌握集成运放组成的基本运算电路的输入、输出关系。

（7）了解集成运放的线性及非线性应用。

（8）了解集成运放使用时应注意的问题，会应用集成运放。

## 5.1　集成运算放大电路概述

1. 集成电路和集成电路的分类、特点

集成电路（Integrated Circuit，IC）是 20 世纪 60 年代初发展起来的一种固体组件。指的是采用半导体平面工艺或薄、厚膜工艺，将电路的有源元器件（二极管、三极管、场效应管）、无源元器件（电阻、电容、电感）以及它们之间的连线所组成的整个电路集成在一块半导体基片上，封装在一个管壳内，构成的一个完整的具有一定功能的半导体器件。

集成电路按其功能的不同，可分为模拟集成电路和数字集成电路两大类。模拟集成电路的种类很多，如集成运算放大器，集成功率放大器，集成高、中频放大电路，集成稳压源等。

集成电路具有体积小、质量小、价格低、可靠性高、通用性好等优点，在自动检测、自动控制、信号产生与处理等方面获得了广泛的应用。

2. 集成运算放大电路的组成

集成运算放大电路是一种高放大倍数的多级直接耦合放大电路，集成运算放大电路通常由差动输入级、中间级（电压放大级）、输出级和偏置电路四部分组成，如图 5-1 所示。

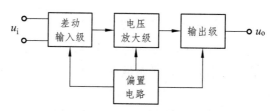

图 5-1　集成运算放大电路的组成

　　差动输入级是集成运算放大电路的关键部分,由差动放大电路组成。其特点是电路对称,输入电阻很高,能有效放大有用信号,抑制干扰信号。中间级为运放提供足够的电压放大倍数,一般由共射放大电路组成。输出级为了能输出较大功率推动负载,一般由互补对称式电路构成,其输出阻抗很低。偏置电路的作用是给各级放大电路提供合理的静态工作点电流,使各级电路具有合理的静态工作点。

## 5.2　差分放大电路

　　交流放大电路放大的是随时间变化较快的周期性信号,为使电路简单、设计方便,常采用阻容耦合。但在实际应用中,常常要放大一些变化极为缓慢的非周期信号或某一直流量,通常把这些信号统称为直流信号。对于直流信号,不能采用阻容耦合或变压器耦合,必须采用直接耦合方式。这种直接耦合、能放大直流信号的放大电路称为直流放大电路。

### 5.2.1　直流耦合电路的主要问题:零点漂移

1. 零点漂移

　　运算放大器均是采用直接耦合方式,在第 2 章对直接耦合方式进行了介绍,这里主要讨论直接耦合放大电路的零点漂移问题。把前一级的输出端直接接到后一级的输入端,就是“直接耦合”方式,如图 5-2 所示,这种方式最方便,不用附加元件,特别适用于集成电路。

　　如果把图 5-2 中的电路的输入端短路,则输出电压 $u_o$ 应为某一初始值（用正、负电源供电时,一般要求 $u_o$ 为零）,而且应该不变。但是,如果在输出端接上电压表或记录仪,就会发现随着时间的推移,$u_o$ 会偏离初始值而做缓慢的、无规则的漂移,如图 5-3 所示。这种现象就称为零点漂移,可描述为:输入电压为零,输出电压偏离零值的变化。它又被简称为零漂或温漂。

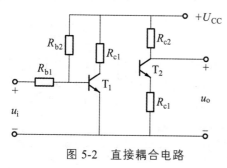

图 5-2　直接耦合电路

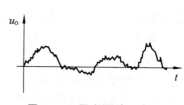

图 5-3　零点漂移

2. 产生零点漂移的原因和抑制零点漂移的方法

产生零漂的原因主要有电源电压的波动、元器件参数的变化，特别是环境温度的变化。当放大电路输入级的 $Q$ 点由于某种原因而稍有偏移时，输入级的输出电压会发生微小的变化，这种缓慢的微小变化会被逐级放大，致使放大电路输出端产生较大的漂移电压，而且级数越多，漂移越大。当漂移电压的大小可以和有效信号电压相比拟时，就无法分辨是有效信号还是漂移电压。严重时漂移电压甚至会淹没有用信号，使放大电路无法工作。特别是当温度变化较大，放大电路级数较多时，造成的影响尤为严重。因此，设计电路时必须对此现象加以抑制。

抑制零点漂移的方法有如下几种：

（1）采用恒温措施，使晶体管工作温度稳定。此方法设备复杂，成本高。

（2）认真选择元器件。电路元器件在使用前要经过认真筛选及"老化"处理，确保质量和参数的稳定性。

（3）采用高稳定度的电源。

（4）利用非线性元件进行温度补偿。即在电路中用热敏元件或二极管进行温度补偿。

（5）采用差动放大器。差动放大器也就是差分放大器（简称差放），即利用两只同型号、特性相同的晶体管中的一只晶体管来进行放大，另一只晶体管用作温度补偿，能获得比较理想的效果。

（6）采用调制解调式直流放大器。它的缺点是所用设备较复杂，而且对缓慢变化中的快速变化部分响应较差，因此已逐渐被高质量的集成电路所取代。

温漂是直接耦合放大器所特有的现象，也是最棘手的问题。人们采用多种补偿措施来抑制，其中最有效的方法是采用差动放大电路。

### 5.2.2 差分放大电路分析

差动放大电路是一种具有两个输入端且电路结构对称的放大电路，其基本特点是只对两个输入端的输入信号间差值进行放大，即差动放大电路放大的是两个输入信号的差，所以称为差动放大电路。差动放大电路被广泛应用于集成电路中。

1. 基本差分放大电路的工作原理

差动放大电路的基本形式如图 5-4 所示，它是由对称的两个基本放大电路组成，两个电路的参数完全对称，而且两个管子的温度特性也完全对称。输出信号是取自 $T_1$、$T_2$ 管的集电极。

（1）静态分析。

静态时 $u_{i1} = u_{i2} = 0$。由于电路左右对称，$I_{C1} = I_{C2}$，$U_{C1} = U_{C2}$，输出电压 $U_o = U_{C1} - U_{C2} = 0$。

当电源电压波动或是温度变化时，两个三极管的集电极电流和集电极电位同时发生变化，输出电压仍然为零。可见，尽管各三极管的零漂存在，但总输出电压为零，从而使零漂得到抑制。

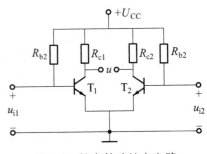

图 5-4　基本差动放大电路

（2）动态分析。

① 差模输入：放大电路的两个输入端分别输入大小相等极性相反的信号（$u_{i1} = -u_{i2}$），这种输入方式称之为差模输入。

差模输入电压为

$$u_{id} = u_{i1} - u_{i2} = 2u_{i1} = -2u_{i2} \tag{5-1}$$

则

$$u_{i1} = \frac{1}{2}u_{id} u_{i2} = -\frac{1}{2}u_{id} \tag{5-2}$$

差模输出电压为

$$u_{od} = u_{o1} - u_{o2} = 2u_{o1} = -2u_{o2} \tag{5-3}$$

差模电压放大倍数

$$A_{ud} = \frac{u_{od}}{u_{id}} = \frac{2u_{o1}}{2u_{i1}} = A_{u1} = A_{u2} \tag{5-4}$$

即差动放大电路的差模电压放大倍数等于单管共射极电路的电压放大倍数。

$$A_{ud} = A_{u1} = -\beta\frac{P_C}{r_{be}} \tag{5-5}$$

若接上 $R_L$，则

$$A_{ud} = A_{u1} = -\beta\frac{R'_L}{r_{be}} \tag{5-6}$$

式中，$R'_L = R_C // \left(\frac{1}{2}R_L\right)$。

由于两管对称，$R_L$ 的中点电位不变，相当于交流的零电位。因此，一个放大电路的负载 $R_L$ 的一半，即 $\frac{1}{2}R_L$。

输入电阻是从放大电路的两个输入端向电路里看进去的等效动态电阻，由图 5-4 可知输入电阻为

$$r_i = 2r_{be} \tag{5-7}$$

因为输出端经过两个 $R_c$，故输出电阻为

$$r_o = 2R_c \tag{5-8}$$

② 共模输入：在差分放大电路的两个输入端分别加入信号大小相等，相位相同，即 $u_{i1} = u_{i2} = u_{ic}$，这样的输入称为共模输入。共模输入时，此时输出电压与输入电压的比称为共模电压放大倍数，用 $A_{uc}$ 表示。在电路完全对称的情况下，输出端电压 $u_{oc} = u_{o1} - u_{o2} = 0$，即输出电压为零，故 $A_{uc} = \frac{u_{oc}}{u_{ic}} = 0$，共模电压放大倍数为零。

抑制零点漂移的原理为：在差分放大电路中，无论是电源电压波动还是温度变化，都会

使两个三极管的集电极电流和集电极电位发生相同的变化,相当于在两输入端加入共模信号。由于电路完全对称,使得共模输出为零,共模电压放大倍数 $A_{uc} = 0$,从而抑制了零点漂移。

③ 任意信号分解。$u_{i1}$ 和 $u_{i2}$ 是两个任意信号,可写成

$$u_{i1} = \frac{u_{i1} + u_{i2}}{2} + \frac{u_{i1} - u_{i2}}{2}$$

$$u_{i2} = \frac{u_{i1} + u_{i2}}{2} - \frac{u_{i1} - u_{i2}}{2}$$

那么就有

$$u_{i1} = u_{ic} + u_{id} \quad u_{i2} = u_{ic} - u_{id}$$

其中

$$u_{ic} = \frac{u_{i1} + u_{i2}}{2}$$

$$u_{id} = \frac{u_{i1} - u_{i2}}{2}$$

任意信号输入时,先分解为差模输入信号和共模输入信号后,分别放大后再叠加。

(3) 共模抑制比。

在理想状态下,即电路完全对称时,差分放大电路对共模信号有完全的抑制作用。在实际电路中,差分放大电路不可能绝对对称,这时,共模输出信号不等于零,从而 $A_{uc} \neq 0$,为了衡量差分放大电路对共模信号的抑制能力,引入共模抑制比,用 $K_{CMRR}$ 表示,即

$$K_{CMRR} \left| \frac{A_{ud}}{A_{uc}} \right| \tag{5-9}$$

共模抑制比的大小反映了差分放大电路对共模信号的抑制能力。其对数表示式为

$$K_{CMRR} = 20\lg \left| \frac{A_{ud}}{A_{uc}} \right| \quad (\text{dB})$$

由上式可以看出,$K_{CMRR}$ 越大,差分放大电路放大差模信号(有用信号)的能力越强,抑制共模信号(无用信号)的能力越强,即 $K_{CMRR}$ 越大越好。理想的差分放大电路,其共模抑制比 $K_{CMRR}$ 趋近无穷大。

2. 带 $R_e$ 的差分放大电路

图 5-4 所示的差分放大电路仍存在如下问题:首先,即使输出端的漂移小了,但每个管子集电极对地的漂移并没有减少,如果只从一个三极管的集电极输出信号,则差分电路的优势不存在;其次,当每个三极管的漂移量比较大时,在大范围完全抵消的可能性就很小。所以,要尽可能提高每个管子抑制零漂的能力,有效的解决办法是在图 5-4 的基础上增加发射极电阻 $R_e$,同时增加一 $-U_{EE}$,组成

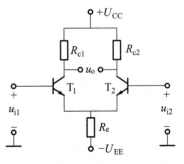

图 5-5　带 $R_e$ 的差分放大电路

如图 5-5 所示带 $R_e$ 的差分放大电路。

由于 $R_e$ 具有负反馈作用，当温度增加时，两管的 $I_B$ 同时增加，两管的 $I_C$ 也同时增加，从而导致发射极 $U_E$ 电位升高，两管发射结电压 $U_{BE}$ 降低，使两管基极电流 $I_B$ 减小，集电极电流 $I_C$ 减少，最终使 $I_C$ 基本保持不变。$R_e$ 越大，工作点越稳定，但 $R_e$ 过大会导致 $U_E$ 过高，从而使静态工作点电流太小，加入负电源 $-U_{EE}$ 可以补偿 $R_e$ 上的压降。

（1）静态分析。

流过 $R_e$ 的电流为两个三极管发射极电流 $I_{E1}$ 和 $I_{E2}$ 之和，又由于电路对称，则 $I_{E1} = I_{E2}$，流过 $R_e$ 的电流为 $2I_{E2}$（$2I_{E1}$）。由于

$$U_{BE} + 2I_E R_e - U_{EE} = 0$$

则

$$I_C \approx I_E = \frac{U_{EE} - U_{BE}}{2R_e} \tag{5-10}$$

$$U_{CE} = U_{CC} + U_{EE} - I_C R_c - 2I_E R_e \tag{5-11}$$

（2）动态分析。

① $R_e$ 对差模电压放大倍数没有影响。如图 5-5 所示，加入差模信号，由于 $u_{i1} = -u_{i2}$，则 $i_{E1} = -i_{E2}$，流过 $R_e$ 的电流 $i_E = i_{E1} + i_{E2} = 0$。对差模信号来讲，$R_e$ 上没有信号压降，即 $R_e$ 对差模电压放大倍数没有影响。差模电压放大倍数、输入电阻、输出电阻与基本差分放大电路相同。

② $R_e$ 对于共模信号的影响。在图 5-5 所示电路中加入共模信号，可以等效成每管发射极接入 $2R_e$ 的电阻。

共模电压放大倍数为

$$A_{uc} = -\beta \frac{R_c}{r_{be} + 2(1+\beta)R_e} \tag{5-12}$$

与不加 $R_e$ 时的放大倍数相比，加上 $R_e$ 使共模电压放大倍数减小。而且 $R_e$ 越大，$A_{uc}$ 越小，$K_{CMRR}$ 越大。

### 3. 带恒流源的差分放大电路

由上述分析可知，发射极电阻 $R_e$ 也是共模抑制电阻，其值越大，共模信号的抑制能力超强，共模抑制比就越大，所以单纯从抑制共模信号，提高共模抑制比来看，应该尽可能将 $R_e$ 增大。但是 $R_e$ 太大，当 $-U_{EE}$ 一定时，必然使 $T_1$、$T_2$ 管的静态偏置电流过小，难以得到合适的工作点。如果保持静态偏置不变，则要求 $-U_{EE}$ 的绝对值比较大，采用过高的电源是不现实的。另外，在集成电路中，制作大电阻也不方便，所以不能一味地通过增大 $R_e$ 来达到提高共模抑制比。为此，需要采用其他方式使差分放大器既有合理的直流电阻值，又有非常大的交流电阻值，既可以提供合适的静态偏置，又可以有较大的共模抑制比。为此，可采用恒流电路。

带恒流源的差分放大电路如图 5-6 所示，利用 $T_3$ 的 c-e 极之间的交流等效电阻 $r_{ce3}$，其值一般在几十千欧以上，取代图 5-5 所示带 $R_e$ 差分放大电路中的 $R_e$；二极管 D 具有补偿 $U_{BE3}$

随温度变化的作用，其简化画法如图 5-7 所示。

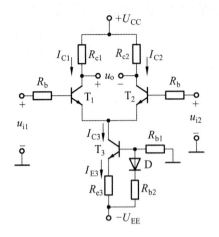

图 5-6  带恒流源的差分放大电路　　图 5-7  带恒流源差分电路的简化画法

### 5.2.3  差分放大电路的四种形式

差动放大电路一般有两个输入端：同相输入端、反相输入端。根据规定的正方向，在一个输入端加上一定极性的信号，如果所得到的输出信号极性与其相同，则该输入端称为同相输入端；反之，如果所得到的输出信号的极性与其相反，则该输入端称为反相输入端。若信号同时加到同相输入端和反相输入端，称为双端输入；若信号仅从一个输入端加入，称为单端输入。

差动放大电路可以有两个输出端，一个是集电极 $c_1$，另一个是集电极 $c_2$。从 $c_1$ 到 $c_2$ 输出称为双端输出，仅从集电极 $c_1$ 或 $c_2$ 对地输出称为单端输出。

差动放大电路可以有四种接法：

（1）双端输入、双端输出（双双）；

（2）双端输入、单端输出（双单）；

（3）单端输入、双端输出（单双）；

（4）单端输入、单端输出（单单）。

1. 双端输入双端输出

电路如图 5-8 所示，其中，差模电压放大倍数为

$$A_{ud} = -\beta \frac{R'_L}{r_{be}}$$

（5-13）

式中，$\left( R'_L = R_c // \left( \frac{1}{2} R_L \right) \right)$。

输入电阻为

$$R_i = 2r_{be}$$

（5-14）

输出电阻为

$$R_o = 2R_c \qquad (5\text{-}15)$$

此电路适用于输入、输出不需要接地，对称输入、对称输出的场合。

2. 单端输入双端输出

如图 5-9 所示，信号从一只管子的基极和地之间输入，另一只管子的基极接地，表面上似乎两管不是工作在差分状态，但实际上输入信号 $U_{i1} = U_i$，$U_{i2} = 0$，两个输入端之间的差模输入信号就等于 $U_i$，因此，单端输入的实际还是双端输入，其 $A_{ud}$，$R_i$，$R_o$ 的计算与双端输入双端输出的情况相同。

此电路适用于单端输入转换成双端输出的场合。

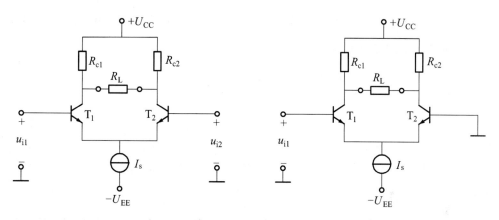

图 5-8　双端输入双端差分放大电路　　　图 5-9　单端输入双端差分放大电路

3. 单端输入单端输出

图 5-10 所示为单端输入单端输出差分放大电路。信号只从一只管子的基极与地之间接入，输出信号从一只管子的集电极与地之间输出，输出电压只有双端输出的一半，电压放大倍数 $A_{ud}$ 也只有双端输出的一半。

$$A_{ud} = -\beta \frac{R_L'}{2r_{be}} \qquad (5\text{-}16)$$

式中，$R_L' = R_c /\!/ R_L$。

输入电阻为

$$R_i = 2r_{be} \qquad (5\text{-}17)$$

输出电阻为

$$R_o = R_c \qquad (5\text{-}18)$$

此电路适用于输入、输出均有一端接地的场合。

4. 双端输入单端输出

图 5-11 所示电路的输入方式和双端输入相同，输出方式和单端输出相同，它的 $A_{ud}$，$R_i$，$R_o$ 的计算单端输入单端输出相同，此电路适用于双端输入转换成单端输出的场合。

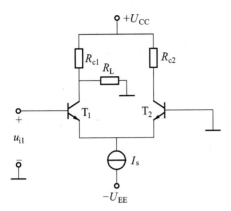

图 5-10　单端输入单端差分放大电路

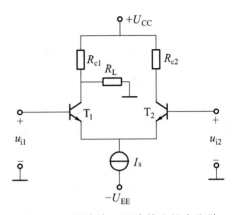

图 5-11　双端输入双端差分放大电路

以上各种情况下的参数如表 5-1 所示。

表 5-1　差分放大电路几种接法的性能对照表

| 输入方式 | 双端输入 | | 单端输入 | |
|---|---|---|---|---|
| 输出方式 | 双端 | 单端 | 双端 | 单端 |
| 差模电压放大倍数 | $A_{ud} = -\dfrac{\beta\left(R_e // \dfrac{R_L}{2}\right)}{R_b + r_{be}}$ | $A_{ud} = -\dfrac{1}{2}\dfrac{\beta R_c // R_L}{R_b + r_{be}}$ | $A_{ud} = -\dfrac{\beta\left(R_e // \dfrac{R_L}{2}\right)}{R_b + r_{be}}$ | $A_{ud} = -\dfrac{1}{2}\dfrac{\beta R_c // R_L}{R_b + r_{be}}$ |
| 共模电压放大倍数 | $A_{uc} \to 0$ | $A_{uc} \approx -\dfrac{R_c}{2R_e}$ | $A_{uc} \to 0$ | $A_{uc} \approx -\dfrac{R_c}{2R_e}$ |
| 共模抑制比 | $K_{CMRR} \to \infty$ | $K_{CMRR} = \dfrac{\beta R_e}{R_b + r_{be}}$ | $K_{CMRR} \to \infty$ | $K_{CMRR} = \dfrac{\beta R_e}{R_b + r_{be}}$ |
| 差模输入电阻 | $R_{id} = 2(R_b + r_{be})$ | | $R_{id} = 2(R_b + r_{be})$ | |
| 共模输入电阻 | $R_{ie} = R_b + r_{be} + (1+\beta)2R_e$ | | $R_{ie} = R_b + r_{be} + (1+\beta)2R_e$ | |
| 输出电阻 | $R_{od} = 2R_e$ | $R_{od} = 2R_e$ | $R_{od} = 2R_e$ | $R_{od} = 2R_e$ |
| 用途 | 1. 用于输入、输出不需要接地的场合；2. 用于直接耦合放大电路的输入级和中间级 | 将双端输入转换为单端输出，用于直接耦合放大电路的输入级和中间级 | 将单端输入转换为双端输出，用于直接耦合放大电路的输入级 | 用于输入、输出电路均需要一端接地的场合 |

## 5.3　集成运算放大器

集成电路是利用氧化、光刻、扩散、外延、蒸铝等集成工艺，把晶体管、电阻、导线等集中制作在一小块半导体（硅）基片上，构成一个完整的电路。按功能可分为模拟集成电路和数字集成电路两大类。

### 5.3.1　集成运放的产生和特点

1. 集成运放的产生

集成电路（Integrated Circuit，IC）是 20 世纪 60 年代初发展起来的一种固体组件。指的是采用半导体平面工艺或薄、厚膜工艺,将电路的有源元器件(二极管、三极管、场效应管)、无源元器件(电阻、电容、电感)以及它们之间的连线所组成的整个电路集成在一块半导体基片上,封装在一个管壳内,构成的一个完整的具有一定功能的半导体器件。

集成运算放大器(简称集成运放或运放)实际上是一种高放大倍数的直接耦合放大器。目前,集成运放的放大倍数可高达 107 倍(140 dB)。在该集成电路的输入与输出之间接入不同的反馈网络,可实现不同用途的电路,例如,利用集成运算放大器可非常方便地完成信号放大、信号运算(加、减、乘、除、对数、反对数、平方、开方等)、信号的处理(滤波、调制)以及波形的产生和变换。早期的集成电路主要用在实施模拟信号的运算上,故常称为集成运算放大器。尽管现在集成运放的应用早已远远超出了模拟运算的范围,但仍保留了运放的名称。

集成运放的发展大致有以下几个阶段。20 世纪 60 年代初出现的原始型运放,如 F001,它的特点是全部由 NPN 型管组成,制造工艺简单,集成度不高,放大倍数较低。1965 年出现第一代集成运放,如 FC3,它采用了微电源的恒流源,放大倍数和输入电阻有了较大的提高,是中放大倍数的运放。1966 年出现的第二代集成运放,如 F007,它采用了有源器件来代替负载电阻,采用短路保护以防止过流损害,是一种高放大倍数的集成运放。1972 年出现的第三代集成运放,如 F031,它采用超自管作为输入级,并在设计时考虑了热反馈的效应,是一种高精度低漂移的集成运放。1973 年出现的第四代集成运放,如国外的 HA2900,它将晶体管和 MOS 管集成在同一硅片上,并采用斩波稳零电路来抑制漂移,是一种漂移极低的集成运放(不用调零)。目前,集成运放还在不断发展,其方向是更低的漂移、噪声和功耗,更高的速度、放大倍数和输入电压,以及更大的输出功率等。

2. 集成运放的特点

集成电路是相对分立电路而言的。集成电路在体积、质量以及功耗等方面均比前者更小、更小、更低,而且由于缩短了元器件相互间的连接距离,免去了焊接点,从而提高了工作可靠性,降低了成本。这些突出优点,决定了分立电路将逐渐被集成电路所取代。与分立元件相比,集成运放电路具有以下特点:

(1)由于集成工艺不能制作大容量的电容,所以电路结构均采用直接耦合方式。在需要大容量电容的场合,采用外接法。

(2)为了提高集成度和集成电路的性能,一般集成电路的功耗要小,这样集成运放各级的偏置电流通常较小。

(3)由于横向 PNP 管自值小,因此不能与 NPN 管配对直接组成互补管。

(4)在集成电路中,制造有源器件(晶体三极管、场效应管)比制造大电阻占用的面积小,且工艺上也不麻烦,因此在集成电路中大量使用有源器件来代替大电阻,以减少制造工序和节省硅片面积。二极管常用三极管的发射结代替(其基极与集电极短接),主要用于温度补偿。

(5)集成电路中各元器件的绝对精度差,但相对精度高,故对称性好,特别适宜制作对称性要求高的电路,如差动放大电路。

(6)为改进集成运放的性能,可以采用复合管和多集电极三极管。

3. 集成电路的设计特点

模拟集成电路在电路设计思想上与分立元器件电路相比有很大的不同:

（1）在所用元器件方面，尽可能地多用晶体管，少用电阻、电容。

（2）在电路形式上大量选用差动放大电路与各种恒流源电路，级间耦合多采用直接耦合方式。

（3）尽可能地利用参数补原理把对单个元器件的高精度要求转化为对两个器件有相同参数误差的要求，尽量选择特性只受电阻或其他参数比值影响的电路。

集成电路运算放大器（线性集成电路）是模拟集成电路中应用最广泛的，它实质上是一个高增益的直接耦合多级放大电路。

### 5.3.2　集成运放的分类

目前广泛应用的电压型集成运算放大器是一种高放大倍数的直接耦合放大器。在该集成电路的输入与输出之间接入不同的反馈网络，可实现不同用途的电路，例如，利用集成运算放大器可非常方便地完成信号放大、信号运算、信号处理（滤波、调制）以及波形的产生和变换。集成运算放大器的种类非常多，可适用于不同的场合。

按照集成运算放大器的参数来分，集成运算放大器可分为如下几类。

#### 1. 通用型运算放大器

通用型运算放大器是以通用为目的而设计的。这类器件的主要特点是价格低廉、产品量大面广，其性能指标能适合于一般性使用。例如，mA741（单运放）、LM358（双运放）、LM324（四运放）及以场效应管为输入级的 LF356 等都属于此类。它们是目前应用最为广泛的集成运算放大器。

#### 2. 高阻型运算放大器

这类集成运算放大器的特点是差模输入阻抗非常高，输入偏置电流非常小，一般 $r_{id} > 10^9 \sim 10^{12}\ \Omega$，$I_{iB}$ 为几皮安到几十皮安。实现这些指标的主要措施是利用场效应管高输入阻抗的特点，组成运算放大器的差分输入级，不仅输入阻抗高，输入偏置电流低，而且具有高速、宽带和低噪声等优点，但输入失调电压较大。常见的集成器件有 LF356、LF355、LF347（四运放）及更高输入阻抗的 CA3130、CA3140 等。

#### 3. 低温漂型运算放大器

在精密仪器、弱信号检测等自动控制仪表中，总是希望运算放大器的失调电压小且不随温度的变化而变化。低温漂型运算放大器就是为此而设计的。目前常用的高精度、低温漂运算放大器有 OP-07、OP-27、AD508 及由 MOSFET 组成的斩波桂零型低漂移器件 ICL7650 等。

#### 4. 高速型运算放大器

在快速 A/D 和 D/A 转换器、视频放大器中，要求集成运算放大器的转换速率 $S_R$ 一定要高，单位增益带宽 $BW_G$ 一定要足够大，像通用型集成运放是不能适合于高速应用的场合的。高速型运算放大器主要特点是具有高的转换速率和宽的频率响应。常见的运放有 LM318、mA715 等，其 $S_R = 50 \sim 70\text{V/ms}$，$BW_G > 20\ \text{MHz}$。

#### 5. 低功耗型运算放大器

由于电子电路集成化的最大优点是能使复杂电路小型、轻便，所以随着便携式仪器应用范围的扩大，必须使用低电源电压供电、低功率消耗的运算放大器与之相适应。常用的运算放大器有 TL-022C、TL-060C 等，其工作电压为± 2 ~ ±18 V，消耗电流为 50 ~ 250 mA。目前有的产品功耗已达 μW 级。例如，ICL7600 的供电电源为 1.5 V，功耗为 10 mW，可采用单节电池供电。

6. 高压大功率型运算放大器

运算放大器的输出电压主要受供电电源的限制。在普通的运算放大器中，输出电压的最大值一般仅几十伏，输出电流仅几十毫安。若要提高输出电压或增大输出电流，集成运放外部必须要加辅助电路。高压大电流集成运算放大器外部不需附加任何电路，即可输出高电压和大电流。例如，D41 集成运放的电源电压可达± 150 V，mA791 集成运放的输出电流可达1 A。

### 5.3.3 集成运放电路的组成及各部分的作用

集成运放电路由四部分组成：输入级、中间级、输出级、偏置电路。下面以集成运放芯片 F007 为例来介绍，其内部电路如图 5-12（a）所示。

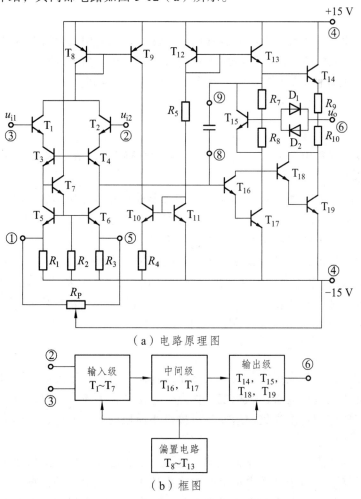

（a）电路原理图

（b）框图

图 5-12　集成运放内部电路组成

## 1. 输入级

输入级的好坏直接影响集成运放的整体质量，如输入电阻、输入电压（包括差模、共模）范围、共模抑制比以及电压放大倍数等许多性能指标的优劣，输入级都起着决定性的作用。

F007 的输入级由 $T_1 \sim T_7$ 及 $R_1$、$R_2$、$R_3$ 组成。$T_1$、$T_2$ 组成共集电路，$T_3$、$T_4$ 组成共基电路，它们共同构成共集-共基复合差动放大电路，作为全电路的输入电路，差模信号由 $T_1$、$T_2$ 基极（2、3 端）输入。$T_1$、$T_2$ 组成的共集电路，其输入电阻较高，再加上 $T_3$、$T_4$ 组成的共基电路的输入电阻，可以达到很高的输入电阻。$T_1$、$T_2$ 的集电极电位较高，可以提高共模输入电压。$T_3$、$T_4$ 的集射结之间的反相击穿电压比较高，因而最大差模输入电压较高，可达 $\pm 30$ V。

$T_5$、$T_6$ 构成 $T_3$、$T_4$ 的有源负载，其结构比较对称，使得共模抑制比可以提高。

$T_7$ 的作用除了向 $T_5$、$T_6$ 提供偏流外，还通过将 $T_3$、$T_5$ 集电极电压变化传递到 $T_6$ 的基极，使 $T_6$ 的集电极电压的变化提高一倍，从而提高电压放大倍数。

此外，在 $T_5$、$T_6$ 的发射极引出了两个引脚①、⑤，用来外接调零电位器 $R_P$，将 $R_P$ 的中间滑动头接负电源，调整滑动头，可以改变 $T_5$、$T_6$ 的射极电阻，从而使静态输出为 0 V。

## 2. 中间级

中间级的作用是使集成运放具有较强的放大能力，故采用复合管组成共射放大电路。

$T_{16}$、$T_{17}$ 的输入电阻较高，可以减少对输入级的影响。为了消除自激振荡，在该级还外接了一只 30 pF 的补偿电容[参见图 5-11（a），⑧、⑨两点间]。以电流源作集电极负载，可以实现很高的中间级的放大倍数。

## 3. 输出级

输出级由互补对称电路（$T_{14}$、$T_{18}$、$T_{19}$）、扩大电路（$T_{15}$、$R_7$、$R_8$）、过载保护电路（$D_1$、$D_2$、$R_9$、$R_{10}$）组成。

$T_{18}$、$T_{19}$ 构成的复合 PNP 管，与 NPN 的 $T_{14}$ 形成互补对称功率放大电路。为克服交越失真，利用 $T_{15}$ 及 $R_7$、$R_8$ 组成的 $V_{BE}$ 倍增电路给输出级建立偏置。由于 $V_{BE15}$ 的恒压特性，使 $V_{CE15}$ 电压稳定，所以输出级获得稳定的静态工作点。

为了防止输入级的信号过大或输出级负载电流过大造成 $T_{14}$、$T_{18}$、$T_{19}$ 的损坏，在电路中引入 $D_1$、$D_2$ 组成的过电流保护电路。当正向输出电流过大时，$R_9$ 上的电压降变大使 $D_1$ 两端电压上升而导通，造成对 $I_{B14}$ 的分流，从而限制 $I_{E14}$ 的增大，保护了 $T_{14}$ 不致因过流而损坏，$D_2$ 对过高的反向输出电流起保护作用。

## 4. 偏置电路

偏置电路用于设置集成运放各级放大电路的静态工作点。偏置电流源可提供稳定的、几乎不随温度而变化的偏置电流，以稳定工作点，它由各种电流源电路组成。

电流源电路的作用：①为集成运放各级提供小而稳的偏置电流；②作为各放大级的有源负载；①提高电压增益。

电流源电路的优点：①用晶体管代替大电阻，节省硅片面积，降低成本；②用较少的级数可获得很高的增益，由于级数少和电路输出阻抗大，集成运放的消振问题容易解决；①由于放大管集电极电流与集电极电位无关，电路可以在很宽的电源电压范围内工作而偏置电流基本不变。

F007 采用的是微电流源电路。$T_{10}$、$R_5$、$T_{11}$ 构成主偏置电路，$T_{10}$、$T_{11}$ 构成微电流源。$T_8$、$T_9$ 构成镜像电流源，与 $T_{10}$ 组成了一个共模负反馈，起到稳定工作点的作用，并且提高了整个电路的共模抑制比。$T_{12}$、$T_{13}$ 构成镜像电流源，作为中间级的有源负载，提高中间级的放大倍数。

综上所述，F007 具有较高的电压增益，一般超过 100 dB，因输入级在微电流下工作，可以获得较高的输入电阻和较小的输入失调电流。利用共模负反馈作用可使共模抑制比高达 80 ~ 86 dB。因此，这种集成运放在实践中获得广泛应用。

### 5.3.4 集成运算放大器的符号

按照国家标准，符号如图 5-13 所示。运算放大器的符号中有三个引线端，两个输入端，一个输出端。一个称为同相输入端，即该端输入信号变化的极性与输出端相同，用符号"＋"表示；另一个称为反相输入端，即该端输入信号变化的极性与输出端相反，用符号"－"表示。输出端一般画在输入端的另一侧。实际的运算放大器通常必须有正、负电源端，有的运算放大器还有补偿端和调零端。

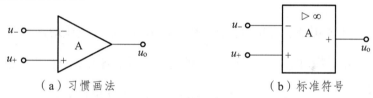

（a）习惯画法    （b）标准符号

图 5-13　集成运放的图形符号

### 5.3.5 集成运算放大器的主要性能指标

评价集成运放好坏的参数很多，它们是描述一个实际运放与理想放大器件接近程度的数据，这里仅介绍其中主要的几种。为了合理地选用和正确地运用运算放大器，必须了解各主要参数的意义。常用的集成运算放大器性能指标有以下几种。

（1）开环差模电压放大倍数 $A_{ud}$。

这是指集成运放在开环（无外加反馈）条件下的差模电压放大倍数，常用 $A_{ud}$ 表示，即

$$A_{ud} = \frac{u_o}{u_{id}}$$

$A_{ud}$ 是影响运算精度的重要参数，常用分贝表示。对于集成运放而言，这个值越大越好。一般运放的 $A_{ud}$ 为 60 ~ 100 dB，目前最高的可达 140 dB 以上。

（2）最大输出电压 $U_{opp}$。

能使输出电压保持不失真的输出电压的峰-峰值，称为运算放大器的最大输出电压。

（3）输入失调电压 $U_{Io}$。

输入电压为零时，将输出电压除以电压增益，即为折算到输入端的失调电压。$U_{Io}$ 是表征运放内部电路对称性的指标，越小越好，典型值为 2 mV，高质量的集成运放可达 1 mV 以下。

（4）输入失调电流 $I_{Io}$

在零输入时，差分输入级的差分对管基极电流之差，用于表征差分级输入电流不对称的

程度，一般为 0.5 ~ 5 μA。

（5）输入偏置电流 $I_{IB}$。

运放两个输入端偏置电流的平均值，用于衡量差动放大对管输入电流的大小。通常，$I_{Ib}$ 为 0.1 ~ 10 μA。

（6）最大差模输入电压 $U_{IDM}$。

运放两输入端能承受的最大差模输入电压，超过此电压时，差分管将出现反向击穿现象。

（7）最大共模输入电压 $U_{ICM}$。

在保证运放正常工作条件下，共模输入电压的允许范围。共模电压超过此值时，输入差分对管出现饱和，放大器失去共模抑制能力。

（8）差模输入电阻 $r_{id}$。

输入差模信号时，运放的输入电阻是衡量差分对管从差模输入信号索取电流的大小的。$r_{id}$ 越大越好，性能好的运放，$r_{id}$ 在 1 MΩ以上。

（9）输出电阻 $r_o$。

集成运放开环工作时，从输出端向里看进去的等效电阻，其值越小，说明集成运放带负载的能力越强。

（10）共模抑制比 $K_{CMRR}$。

与差分放大电路中的定义相同，是差模电压增益与共模电压增益之比，常用分贝数来表示，$K_{CMRR} = 20\lg \left| \dfrac{A_{ud}}{A_{uc}} \right|$ (dB)，该值越大，说明输入差分级各参数对称程度越好。

除了以上介绍的指标外，还有带宽、转换速率、电源电压抑制比等。此外，近年来，集成运放的各项指标不断改进，除通用型外，还开发了各种专用型集成运放，如高速型（过渡时间短、转换频率高）、高阻型（具有高输入电阻）、高压型（有较高的输出电压）、大功率型（输出功率高达十几瓦）、低功耗型（静态功耗低，如 1 ~ 2 V、10 ~ 100 μA）、低漂移型（温漂较小）等。实际应用中，考虑到成本与采购方便，一般应选择通用型集成运放，特殊需要时，则应选择专用型。

## 5.4　理想集成运放的模型

### 5.4.1　集成运放的电压传输特性

运放输入电压与输出电压之间的关系，可以用电压传输特性来描述，如图 5-14 所示，分为线性区 $BC$ 段和非线性区（饱和区）$AB$ 和 $CD$ 段。

在线性区 $BC$ 段，输入 $u_i = u_+ - u_-$，输出 $u_o = A_{ud} \cdot u_i$。当输入 $u_i$ 的绝对值增大到一定值，输出 $u_o$ 将进入正负饱和区。当运放为理想时，$A_{ud} \to \infty$，即使输入 $u_i$ 的绝对值很小，也会使运放进入饱和区 $AB$ 和 $CD$ 段，$u_o = \pm U_{opp}$。所以线性区很小（接近理想特性），非线性区从饱和区 $AB$ 和 $CD$ 段扩大到 $AB'$

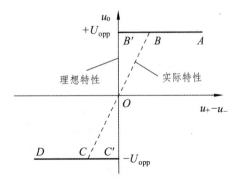

图 5-14　集成运送的电压传输特性

和 $C'D$ 段。因而，要使运放工作在线性区，必须外加深度负反馈。

当运放在开环状态下，并不工作在线性区，不满足 $u_o = A_{ud} \cdot u_i$，而工作在非线性区。

### 5.4.2 理想集成运放的特点

（1）开环差模电压放大倍数 $A_{ud} \to \infty$。
（2）差模输入电阻 $R_{id} \to \infty$。
（3）输出电阻 $R_o \to 0$。
（4）共模抑制比 $K_{CMRR} \to \infty$。
（5）输入偏置电流 $I_{B1} = I_{B2} = 0$。
（6）失调电压，失调电流及温漂为零。

### 5.4.3 理想集成运放工作在线性区特点

由于集成运放的开环差模电压放大倍数很大（$A_{ud} \to \infty$），而开环电压放大倍数受温度影响很不稳定，采用深度负反馈可以提高其稳定性。此外，运放的开环带宽很窄，如 F007 只有 7 Hz，无法适应交流信号的放大要求，加负反馈后可以将带宽扩展（$1+AF$）倍。负反馈还可以改变输入、输出电阻，减小失真，提高稳定性等。所以集成运放工作在线性区，采用负反馈是必要条件。有关负反馈的内容将在下一章详细讨论。

由于集成运放的差模输入电阻 $R_{id} \to \infty$，输入偏置电流 $I_B \approx 0$，不向外部索取电流，因此两输入端电流近似为零。即 $i_+ \approx i_- \approx 0$，这称为"虚断"。

由于理想运放开环电压放大倍数为无穷大，最大输出电压 $u_o = A_{ud} \cdot (u_+ - u_-)$ 为有限值，所以两输入端电位近似相同，即 $u_+ \approx u_-$，称为"虚短"。

### 5.4.4 理想集成运放工作在非线性区特点

集成运放工作在非线性区时，一般为开环或引入正反馈。其特点如下：

当 $u_- \approx u_+$ 时，$u_o = -U_{opp}$；当 $u_- < u_+$ 时，$u_o = +U_{opp}$。理想集成运放工作在非线性区时，不再具有"虚短"特性。

由于集成运放的差模输入电阻 $R_{id} \to \infty$，因此两输入端电流近似为零，即 $i_+ \approx i_- \approx 0$。理想集成运放在非线性区时，仍具有"虚断"特性。

## 5.5 基本运算放大电路

在集成运放的基础上外接电阻、电容等元件即可构成基本运算电路，常见的由集成运放构成的基本运算电路有比例运算、加法、减法、微积分运算等。

### 5.5.1 比例运算电路

比例运算电路有反相比例运算电路和同相比例运算电路两种，它们是最基本的运算电路。

1. 反相比例运算电路

图 5-15 所示为反相比例运算电路，输入信号 $u_i$ 从集成运放的 $u_-$ 反相输入端接入，反馈

电阻 $R_f$ 将输出电压反馈到反相输入端，构成电压并联负反馈。

（1）"虚地"的概念。

由于集成运放工作在线性区，$u_+ \approx u_-$，$i_+ \approx i_- \approx 0$，即流过 $R_2$ 的电流为零，则 $u_+ = 0$，$u_- \approx u_+ = 0$，说明反相输入端虽然没有直接接地，但其电位为地电位，相当于接地，是"虚假接地"，简称为"虚地"。"虚地"是方向比例运算电路的重要特点。

（2）电压放大倍数。

如图 5-15 所示，可得

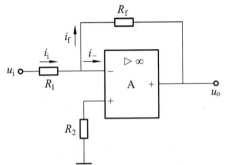

$$i_f = \frac{u_- - u_o}{R_f} = -\frac{u_o}{R_f}$$

$$i_i = \frac{u_i - u_-}{R_1} = \frac{u_i}{R_1}$$

由于 $i_+ \approx i_- \approx 0$，则 $i_f = i_i$，即

图 5-15　反相比例运算电路

$$\frac{u_i}{R_1} = -\frac{u_o}{R_f}$$

则

$$u_o = -\frac{R_f}{R_1} u_i \qquad\qquad (5\text{-}19)$$

或

$$A_{uf} = \frac{u_o}{u_i} = -\frac{R_f}{R_1} \qquad\qquad (5\text{-}20)$$

式中，$A_{uf}$ 是反相比例运算电路的电压放大倍数。

式（5-20）表明，反相比例运算电路中，输出电压与输入电压成比例关系，且相位相反。图 5-15 中，$R_2 = R_1 // R_f$ 称为平衡电阻，作用是消除输入偏置电流对输出电压的影响及温漂的影响。当出现 $R_f = R_1$ 时，由式（5-20）可知，此时 $u_o = -u_i$，即输入电压与输出电压大小相等，相位相反，此时的电路称为反相器。

（3）输入电阻、输出电阻。

由于 $u_- = 0$，所以反相比例运算电路的输入电阻为

$$R_{if} = \frac{u_i}{i_i} = R_1$$

由于反相比例运算放大电路采用并联负反馈，所以从输入端看进去的电阻很小，近似等于 $R_1$。放大电路采用电压负反馈，其输出电阻很小，$R_o \approx 0$。

2. 同相比例运算电路

如图 5-16 所示为同相比例运算电路，输入信号 $u_i$ 从集成运放的 $u_+$ 同相输入端接入，反馈电阻 $R_f$ 接到反相端，构成电压串联负反馈。$R_2$ 为平衡电阻（$R_2 = R_1 // R_f$）。

（1）电压放大倍数。

利用"虚断"和"虚短"可得

$$i_f = i_{R1}$$

根据

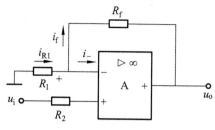

图 5-16　同相比例运算电路

$$i_{R1} = -\frac{u_-}{R_1}$$

$$i_f = \frac{u_- - u_o}{R_f}$$

则

$$u_o = \left(1 + \frac{R_f}{R_1}\right) u_i \qquad\qquad (5\text{-}21)$$

可得电压放大倍数为

$$A_{uf} = \frac{u_o}{u_i} = 1 + \frac{R_f}{R_1}$$

上式表明,同相比例运算放大电路中输出电压与输入电压的相位相同,大小成比例关系,比例系数为（ $1 + \frac{R_f}{R_1}$ ）。

式（5-21）中,当 $R_f \to 0$ 时,可得 $u_o = u_i$ ,即输入输出电压大小相等,相位相同,此时的电路称为电压跟随器,也就是输出电压跟随输入电压的变化而变化。此时的电路可简化为如图 5-17 所示的电路。

（2）输入电阻、输出电阻。

由于采用了深度电压串联负反馈,该电路具有很高的输入电阻和很低的输出电阻,即 $R_{if} \to \infty$ , $R_o \to 0$ 。这是同相比例运算电路的重要特点。

通过以上的学习,我们发现不管是同相比例运算还是反相比例运算,输入信号都只有一个,并且只接

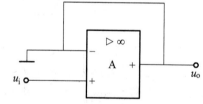

图 5-17　电压跟随器

在了一个端子上,如果有多个或者一组输入信号同时接在反相或者同相端时,会构成什么电路呢? 我们来分析一下。

### 5.5.2　加法运算电路

1. 反相加法运算电路

如果在反相比例运算电路的反相输入端同时加上若干输入信号,则构成反相加法运算电路,如图 5-18 所示。利用运算放大器工作在线性区的虚断、虚短的概念及 KCL 有

$$u_- \approx u_+ = 0$$
$$i_f = i_1 + i_2 + i_3$$

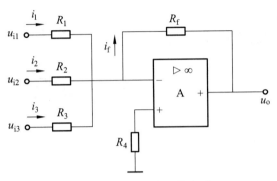

图 5-18　反相加法运算电路

其中各支路电流分别为

$$i_1 = \frac{u_{i1}}{R_1} , \quad i_2 = \frac{u_{i2}}{R_2} , \quad i_3 = \frac{u_{i3}}{R_3} , \quad i_f = -\frac{u_o}{R_f}$$

由以上各式得

$$-\frac{u_o}{R_f} = \frac{u_{i1}}{R_1} + \frac{u_{i2}}{R_2} + \frac{u_{i3}}{R_3}$$

即

$$u_o = -\left( \frac{R_f}{R_1} u_{i1} + \frac{R_f}{R_2} u_{i2} + \frac{R_f}{R_3} u_{i3} \right) \qquad （5-22）$$

当 $R_1 = R_2 = R_3 = R$ 时，上式变为

$$u_o = -\frac{R_f}{R} (u_{i1} + u_{i2} + u_{i3}) \qquad （5-23）$$

若 $R_f = R$，有 $u_o = -(u_{i1} + u_{i2} + u_{i3})$。由上式可知，该电路实现了多个信号的比例求和运算。加法运算电路也与运放本身参数无关，只要电阻足够精确，就可保证加法运算电路的精度和稳定性。平衡电阻 $R_4 = R_1 // R_2 // R_3 // R_f$。

【**例 5-1**】　一个测量系统的输出电压与待测量之间关系为 $u_o = 2u_{i1} + u_{i2} + 4u_{i3}$，试用集成运放构成电路，并求各电阻值。

**解：** 电路如图 5-19 所示。输出电压和输入电压的关系为

$$u_{o1} = -\frac{R_{f1}}{R_1} u_{i1} - \frac{R_{f1}}{R_2} u_{i2} - \frac{R_{f1}}{R_3} u_{i3}$$

$$u_o = -\frac{R_{f2}}{R_4} u_{o1} = \left( \frac{R_{f1}}{R_1} u_{i1} + \frac{R_{f1}}{R_2} u_{i2} + \frac{R_{f1}}{R_3} u_{i3} \right) \frac{R_{f2}}{R_4}$$

其中　　　　$\dfrac{R_{f1}}{R_1} = 2, \quad \dfrac{R_{f1}}{R_2} = 1, \quad \dfrac{R_{f1}}{R_3} = 4, \quad \dfrac{R_{f2}}{R_4} = 1$

取　　　　　$R_{f1} = R_{f2} = R_4 = 10 \text{ k}\Omega$

则　　　　　$R_1 = 5 \text{ k}\Omega, \quad R_2 = 10 \text{ k}\Omega, \quad R_3 = 2.5 \text{ k}\Omega$

而 $R_5 = R_1//R_2//R_3//R_{f1} = 1.25 \text{ k}\Omega$，$R_6 = R_4//R_{f2} = R_{f2}/2 = 5 \text{ k}\Omega$。

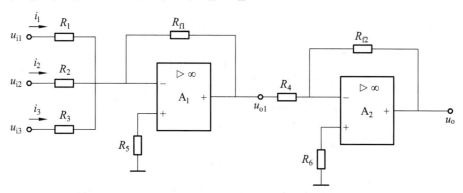

图 5-19　例 5-1 图

2. 同相加法运算电路

如果在同相比例运算电路的同相输入端同时加上若干输入信号，则构成同相加法运算电路，如图 5-20 所示，满足 $R_1//R_f = R_2//R_3$。

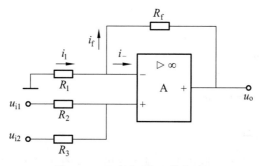

图 5-20　同相加法运算电路

$u_{i1}$、$u_{i2}$ 作用应用叠加定理，可得

$$u_+ = \frac{R_3}{R_2+R_3}u_{i1} + \frac{R_2}{R_2+R_3}u_{i2}$$

根据 $u_o = \left(1+\dfrac{R_f}{R_1}\right)u_+$，可得

$$u_o = \left(1+\frac{R_f}{R_1}\right)\left(\frac{R_3}{R_2+R_3}u_{i1} + \frac{R_2}{R_2+R_3}u_{i2}\right) = \frac{R_3//R_2}{R_1//R_f}\cdot R_f\cdot\left(\frac{u_{i1}}{R_2}+\frac{u_{i2}}{R_3}\right)$$

因 $R_1//R_f = R_2//R_3$，有

$$u_o = R_f\left(\frac{u_{i1}}{R_2}+\frac{u_{i2}}{R_3}\right) \tag{5-24}$$

式（5-24）能够实现多个输入信号的同相比例求和运算。但由于同相端的输入电阻和每个电阻都有关，调节输出、输入之间的关系比较麻烦；另外，由于不存在"虚地"，运放承受的共模输入电压也比较大，故在实际中，反相加法运算电路得到广泛应用。

【例5-2】 同相输入加法电路如图 5-21 所示，求输出电压 $u_{\text{o}}$。

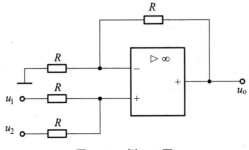

图 5-21　例 5-2 图

**解：** 有两个输入信号同时接在同相端，运放工作在线性区，利用叠加定理可得

$$u_+ = \frac{R}{R+R}u_1 + \frac{R}{R+R}u_2 = \frac{1}{2}(u_1 + u_2)$$

对于反相端，根据"虚断"可知：

$$\frac{0-u_-}{R}u_1 = \frac{u_- - u_{\text{o}}}{R}$$

即　　　　　　　　$u_{\text{o}} = 2u_-$

又因为"虚短"　　$u_+ = u_-$

所以　　　　　　　$u_{\text{o}} = 2u_- = u_1 + u_2$

### 5.5.3　减法运算电路

如果两个输入端都有信号，则为差动输入，电路如图 5-22 所示。

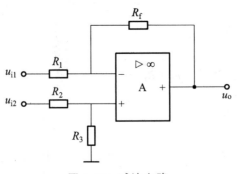

图 5-22　减法电路

方法一：

由于虚断 $i_- = 0$，有 $u_+ = \frac{R_3}{R_2 + R_3}u_{\text{i2}}$

由于虚短，有 $u_+ = u_-$，则

$$\frac{u_{\text{i1}} - u_+}{R_1} = \frac{u_+ - u_{\text{o}}}{R_f}$$

$$u_o = \left(1 + \frac{R_f}{R_1}\right)u_+ - \frac{R_f}{R_1}u_{i1} \qquad (5-25)$$

即

$$u_o = \left(1 + \frac{R_f}{R_1}\right) \cdot \frac{R_3}{R_2 + R_3}u_{i2} - \frac{R_f}{R_1}u_{i1}$$

当 $R_1 = R_2 = R_3 = R_f$ 时，上式变为 $u_o = u_{i1} - u_{i2}$，实现了减法运算。

方法二：

由于运算放大器工作在线性区，也可以采用叠加原理，求出其运算关系。

$u_{i1}$ 单独作用时，$u_{i2} = 0$，这是一个反相比例运算电路，即

$$u_o' = -\frac{R_f}{R_1}u_{i1}$$

$u_{i2}$ 单独作用时，$u_{i1} = 0$，这是一个同相比例运算电路，即

$$u_o'' = \left(1 + \frac{R_f}{R_1}\right)u_+$$

由"虚断"的概念 $i_+ = 0$，有

$$u_+ = \frac{R_3}{R_2 + R_3}u_{i2}$$

因此有

$$u_o = u_o' + u_o'' = -\frac{R_f}{R_1}u_{i1} + \left(1 + \frac{R_f}{R_1}\right)\frac{R_3}{R_2 + R_3}u_{i2} \qquad (5-26)$$

当 $R_1 = R_2$，$R_3 = R_f$ 时，其为一个比例减法运算电路

$$u_o = -\frac{R_f}{R_1}(u_{i1} - u_{i2})$$

若取 $R_1 = R_2 = R_3 = R_f$，则为一个减法电路

$$u_o = u_{i1} - u_{i2}$$

【例 5-3】 如图 5-23 所示电路，分析输出与输入电压关系。

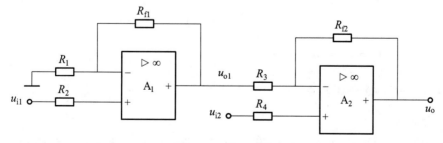

图 5-23　例 5-3 图

**解**：第一级运放构成同相比例运算电路，第二级构成减法运算电路。

根据前面的分析，有

$$u_{o1} = \left(1 + \frac{R_{f1}}{R_1}\right)u_{i1}$$

$$u_o = \left(1 + \frac{R_{f2}}{R_3}\right)u_{i2} - \frac{R_{f2}}{R_3}u_{o1} = \left(1 + \frac{R_{f2}}{R_3}\right)u_{i2} - \frac{R_{f2}}{R_3}\left(1 + \frac{R_{f1}}{R_1}\right)u_{i1}$$

若 $\dfrac{R_{f2}}{R_3} = \dfrac{R_1}{R_{f1}}$，取 $R_1 = R_{f2}$、$R_3 = R_{f1}$，则有

$$u_o = \left(1 + \frac{R_{f2}}{R_3}\right)(u_{i2} - u_{i1})$$

【例 5-4】 试写出如图 5-24 所示电路中输出电压与输入电压之间的关系。

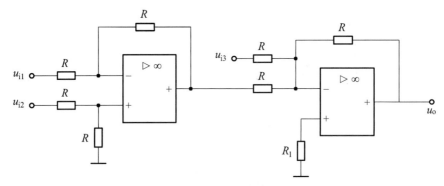

图 5-24 例 5-4 图

**解**：电路有两级运放组成，第一级运放实现减法运算，第二级运放实现加法运算，且第一级的输出作为第二级的输入信号使用。根据以上的学习可知：

第一级运放的输入输出电压之间的关系为

$$u_{o1} = u_{i2} - u_{i1}$$

$u_{o1}$ 与输入信号 $u_{i3}$ 作为第二级的输入信号，一起接在第二级的反相端，构成加法运算电路，第二级运放的输入输出电压之间的关系为

$$u_{o2} = -(u_{i3} + u_{o1})$$

所以

$$u_o = u_{o2} = -u_{i2} + u_{i1} - u_{i3}$$

### 5.5.4 积分、微分运算电路

1. 积分运算

在反相比例运算电路中，将反馈电阻 $R_f$ 换成电容器 $C$，就构成了积分运算电路，如图 5-25 所示。积分电路可将矩形波变成三角波进行输出。积分运算电路在自动控制系统中用以延缓

过渡过程的冲击，使其控制的电动机外加电压缓慢上升，避免其机械转矩猛增，造成传动机械的损坏。积分运算电路还常用作显示器的扫描电路，用于 A/D、数学模拟运算等。

电路中 $u_o = -u_C$，$i_i = i_C = \dfrac{u_i}{R_1}$

而 $i_C = C\dfrac{\mathrm{d}u_C}{\mathrm{d}t}$，则

$$u_C = \frac{1}{C}\int i_C \mathrm{d}t$$

因此有

$$u_o = -\frac{1}{R_1 C}\int u_i \mathrm{d}t \tag{5-27}$$

若 $u_i = U$，由式（5-27）可得

$$u_o = \frac{U}{R_1 C}t + u_C(0_+)$$

此时 $u_o$ 与 $t$ 成正比，$u_C(0_+)$ 为电容 $C$ 两端电压初始值。若 $u_C(0_+) = 0$，$u_o$ 与 $u_i$ 波形如图 5-25（b）所示。

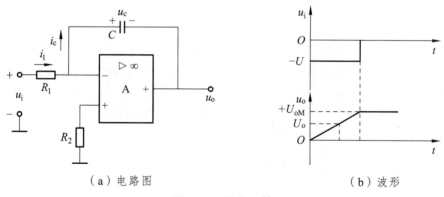

（a）电路图　　　　　　　　　（b）波形

图 5-25　积分运算

2. 微分运算

将积分运算电路中的元件 $R$ 和 $C$ 互换位置，可得微分运算电路，电路如图 5-26（a）所示。微分电路可将矩形波变成尖脉冲输出。微分电路在自控系统中可用作加速环节。例如，电动机出现短路故障时，起加速保护作用，迅速降低其供电电压。

根据虚断、虚短，有

$$i_C = i_f = C\frac{\mathrm{d}u_C}{\mathrm{d}t} = C\frac{\mathrm{d}u_i}{\mathrm{d}t}$$

则

$$u_o = -i_f R_f = -i_C R_f = -R_f C\frac{\mathrm{d}u_i}{\mathrm{d}t} \tag{5-28}$$

由式（5-28）可以看出，输出信号与输入信号有微分关系，即实现了微分运算。负号表示输出信号与输入信号反相。$R_fC$ 为微分时间常数，其值越大，微分输出电压越大。

当输入信号 $u_i$ 为矩形脉冲时，输出 $u_o$ 为尖脉冲。如图 5-26（b）所示。

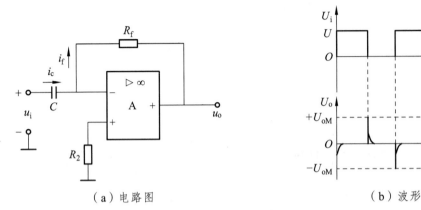

（a）电路图　　　　　　　　　　　（b）波形

图 5-26　微分运算

## 5.6　集成运放的应用

### 5.6.1　集成运放的线性应用

1. 测量放大器

测量放大器常用于热电偶、应变电桥、生物电测量及其他具有较大共模干扰的直流缓变微弱信号的检测。常用的测量放大器电路如图 5-27 所示。该电路由三个集成运放组成，每个集成运放都接成比例运算电路，$A_1$、$A_2$ 接成同相输入方式，$A_1$、$A_2$ 组成第一级，输入电阻很高。由于电路对称，它们的零漂和失调相互抵消。$A_3$ 组成减法运算电路。

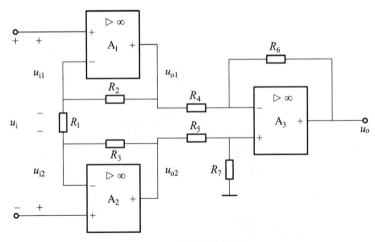

图 5-27　测量放大器

当加上差模信号 $u_i$ 时，若运放 $A_1$、$A_2$ 参数对称，且 $R_2 = R_3$，$R_1$ 的中点将为地电位，此时

$$u_{o1} = \left(1 + \frac{R_2}{\frac{1}{2}R_1}\right) u_{i1} = \left(1 + \frac{2R_2}{R_1}\right) u_{i1}$$

同理

$$u_{o2} = \left(1 + \frac{2R_2}{R_1}\right) u_{i2}$$

则

$$u_{o1} - u_{o2} = \left(1 + \frac{2R_2}{R_1}\right)(u_{i1} - u_{i2}) = \left(1 + \frac{2R_2}{R_1}\right) u_i$$

第一级电压放大倍数为

$$\frac{u_{o1} - u_{o2}}{u_i} = 1 + \frac{2R_2}{R_1}$$

第二级为减法运算电路，若 $R_4 = R_5$，$R_6 = R_7$，可得

$$\frac{u_o}{u_{o1} - u_{o2}} = -\frac{R_6}{R_4}$$

该测量放大器的电压放大倍数为

$$A_{uf} = \frac{u_o}{u_i} = \frac{u_o}{u_{o1} - u_{o2}} \cdot \frac{u_{o1} - u_{o2}}{u_i} = -\frac{R_6}{R_4}\left(1 + \frac{2R_2}{R_1}\right)$$

放大器的差模输入电阻等于两个同相比例电路的输入电阻之和。

$R_4$、$R_5$、$R_6$、$R_7$ 四个电阻必须采用高精度电阻，并要精确匹配，否则不仅给放大倍数带来误差，而且将降低电路的共模抑制比。

2. 滤波器

滤波是信号处理中的一个重要概念，滤波电路（又称滤波器）是一种能使自己需要的信号通过，而将不需要的信号加以抑制的装置，常用于信号的处理、数据的传输和噪声的抑制干扰等工程中。

根据处理信号的不同，滤波器可分为模拟滤波器和数字滤波器。根据采用的器件不同，模拟滤波器可分为有源滤波器和无源滤波器。根据输出信号中所保留的频率段的不同，滤波器又可分为低通滤波器（LPF）、高通滤波器（HPF）、带通滤波器（BPF）、带阻滤波器（BEF）等。它们的幅频特性如图 5-28 所示，能够通过的信号的频率范围称为通带，被抑制的（即不能通过的）频率范围称为阻带，处于两者的界限频率称为截止频率。

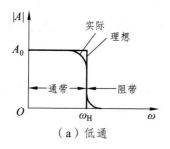

（a）低通

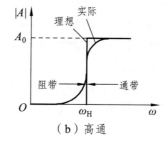

（b）高通

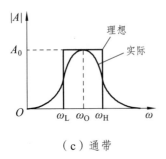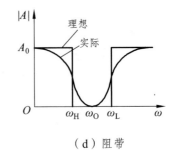

（c）通带 （d）阻带

图 5-28 滤波电路的幅频特性

滤波电路的理想特性：通带范围内信号无衰减地通过，阻带范围内无信号输出；通带与阻带之间的过渡带为零。

（1）无源滤波器。

由 $R$、$C$ 等无源元件构成的滤波器称为无源滤波器。图 5-29 所示电路分别为低通滤波器和高通滤波器。其幅频特性如图 5-30 所示。

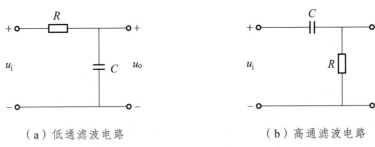

（a）低通滤波电路 （b）高通滤波电路

图 5-29 无源滤波器

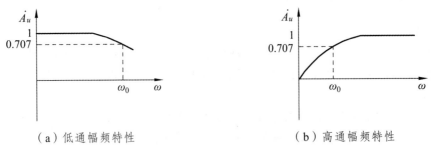

（a）低通幅频特性 （b）高通幅频特性

图 5-30 无源滤波器幅频特性

其特点如下：

① 由于 $R$、$C$ 上有信号压降，使输出信号幅值下降。

② 带负载能力差，当负载变化时，输出信号的幅值将随之变化，滤波性能也随之变化。

③ 过渡带较宽，幅频特性不理想。

（2）有源低通滤波器。

图 5-31（a）将无源滤波网络接到集成运放的同相输入端，图 5-31（b）将无源滤波网络接到集成运放的反相输入端。有源低通滤波器的幅频特性如图 5-32 所示。调整 $R$、$C$ 参数即可改变截止频率。

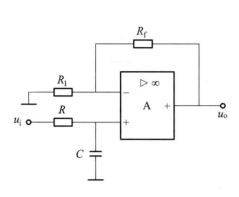 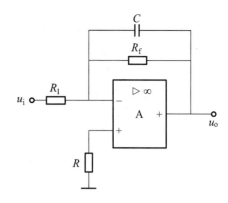

（a）$RC$ 接同相输入端　　　　　　　　　（b）$R_fC$ 接反相输入端

图 5-31　有源低通滤波器

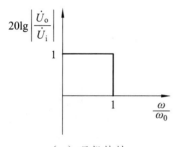 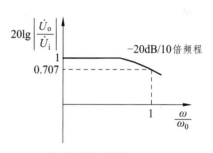

（a）理想特性　　　　　　　　　　（b）幅频特性

图 5-32　有源低通滤波器幅频特性

（3）有源高通滤波器。

有源高通滤波器如图 5-33 所示。图 5-33（a）所示为同相输入接法，图 5-33（b）为反相输入接法。改变 $R_f$、$R_1$ 可调整电压放大倍数，调整 $RC$、$R_1C$ 参数可改变截止频率。

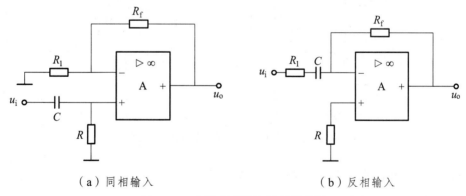

（a）同相输入　　　　　　　　　　（b）反相输入

图 5-33　有源高通滤波器幅频特性

（4）有源带通滤波电路和有源带阻滤波电路。

将低通滤波器、高通滤波器进行不同的组合，可以构成带通滤波器和带阻滤波器。

如图 5-34 所示，将一个低通滤波电路与一个高通滤波电路串联可组成带通滤波电路，将一个低通滤波电路与一个高通滤波电路并联可组成带阻滤波电路。

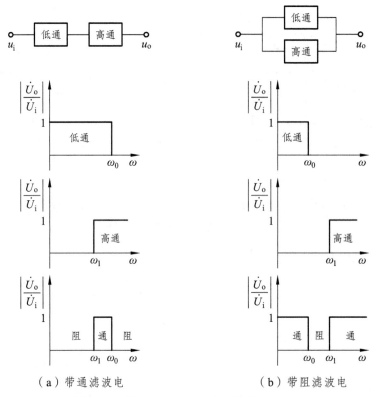

（a）带通滤波电 　　　　　　　（b）带阻滤波电

图 5-34　带通滤波电路和带阻滤波电

带通滤波电路与带阻滤波电路的典型电路如图 5-35 所示。

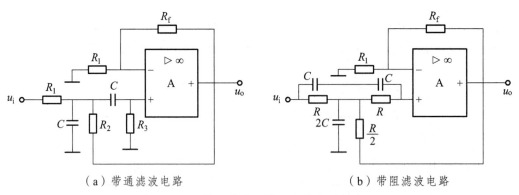

（a）带通滤波电路 　　　　　　　（b）带阻滤波电路

图 5-35　带通滤波和带阻滤波典型电路

### 5.6.2　集成运放的非线性应用 —— 电压比较器

电压比较器可以看作是放大倍数接近"无穷大"的运算放大器。

电压比较器的功能：比较两个电压的大小。

比较方法如下：（用输出电压的高或低电平，表示两个输入电压的大小关系）

当 $u_+ > u_-$，即 $u_i < 0$ 时，电压比较器输出 $u_o$ 为高电平 $+u_{om}$；当 $u_+ < u_-$，即 $u_i > 0$ 时，此时电压比较器输出 $u_o$ 为高电平 $-u_{om}$；可见，集成运放可工作在线性工作区和非线性工作区。

上面学习的比例电路、微积分电路等是集成运放工作在线性工作区时的应用，其特点是

"虚短"和"虚断";当集成运放工作在非线性工作区时,其特点是跳变和虚断;以下将要分析的是集成运放工作在非线性区的应用。

综上所述,电压比较器的输出只有低电平和高电平两种状态,所以其中的集成运放常工作在非线性区。它可分为单限电压比较器和滞回电压比较器两类。电压比较器常用于自动控制、波形产生与变换、模数转换以及越限报警等许多场合。

1. 单限电压比较器

电压比较器的基本功能是比较两个或多个模拟输入量的大小,并将比较结果由输出状态反映出来。

图 5-36(a)所示电路为简单的单限电压比较器。图中,反相输入端接输入信号 $u_i$,同相输入端接基准电压 $u_R$。集成运放处于开环工作状态,当 $u_i < u_R$ 时,输出为高电平 $+u_{om}$;当 $u_i > u_R$ 时,输出为高电平 $-u_{om}$,其传输特性如图 5-36(b)所示。

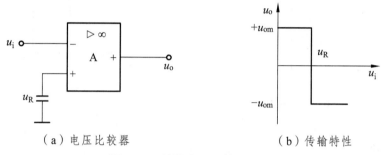

（a）电压比较器　　　　　　　　　　（b）传输特性

图 5-36　单限电压比较器

单值比较器主要用于波形变换、整形及电平检测等电路。当在比较器输入端加正弦波时,若 $u_R = 0$,则 $u_i$ 每过零一次,输出状态就要翻转一次,如图 5-37(a)所示;若 $u_R \neq 0$,则 $u_i$ 每过 $u_R$ 一次,输出状态就要翻转一次,如图 5-37(b)所示。

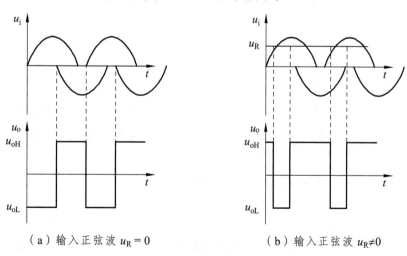

（a）输入正弦波 $u_R = 0$　　　　　　　　（b）输入正弦波 $u_R \neq 0$

图 5-37　过零比较器

2. 迟滞电压比较器

单限比较器具有电路简单,灵敏度高等优点,但其抗干扰能力差。如果输入信号受到干扰或噪声的影响，在门限电压附近上下波动，则输出电压将在高、低电平之间反复跳变。如果控制系统发生这种情况，将对执行机构产生不利影响。为了解决上述问题，可以采用具有滞回特性的比较器，迟滞比较器又称为施密特触发器，电路如图 5-37（a）所示。该电路的同相输入端电压 $u_+$ 由 $u_o$ 和 $u_R$ 共同决定，根据叠加原理有

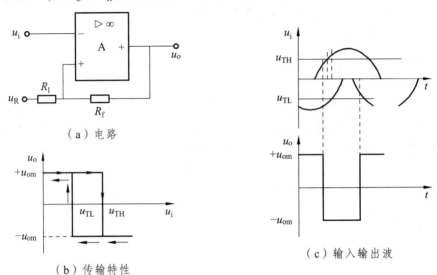

（a）电路

（b）传输特性

（c）输入输出波

图 5-38　迟滞电压比较器

$$u_+ = \frac{R_1}{R_1 + R_f} u_o + \frac{R_f}{R_1 + R_f} u_R$$

当输出电压为 $u_{oH} = +u_{om}$ 时，$u_+$ 的上门限值为

$$u_{TH} = \frac{R_1}{R_1 + R_f} u_{om} + \frac{R_f}{R_1 + R_f} u_R$$

输出电压为 $u_{oL} = -u_{om}$ 时，$u_+$ 的下门限值为

$$u_{TL} = \frac{-R_1}{R_1 + R_f} u_{om} + \frac{R_f}{R_1 + R_f} u_R$$

这种比较器在两种状态下，有各自的门限电压。对应于 $u_{om}$ 有高门限电平 $u_{TH}$，对应于 $-u_{om}$ 有低门限电平 $u_{TL}$。回差电压 $\Delta u = |u_{TH} - u_{TL}|$。回差电压越大，比较器的抗干扰能力越强。

## 5.7　集成运放应用时应注意的问题

### 1. 调零

由于运放内部参数不完全对称，以至当输入信号为零时，仍然有信号输出。为了消除失调电压和失调电流引起的误差，必须采用调零技术。

目前有的集成运放有自动调零功能，但一般都采用外接调零方式。如果运放具有外接调零端，可依照说明书外接调零元件。对于无外接调零端的运放或不用厂家提供外接调零端调

零时，可采用外接输入端调零，如图 5-39 所示。其原理为在运放输入端施加一补偿电压，抵消运放本身的失调电压，以达到调零的目的。特点是不受运放内部电路结构的影响，调零范围较宽。

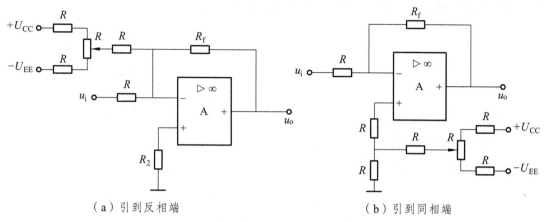

（a）引到反相端　　　　　　　　　　　　（b）引到同相端

图 5-39　运放的调零电路

### 2. 消除自激

运放内部是一个多级高增益放大电路，而运算放大电路又引入了深度负反馈，在工作中容易产生自激振荡。大多数集成运放在内部都设置了消除自激振荡的补偿网络，有些运放引出了消振端子，用外接 $RC$ 消除自激振荡现象。实际使用时可按图 5-40，在电源端、反馈支路及输入端连接电容或阻容支路来消除自激。

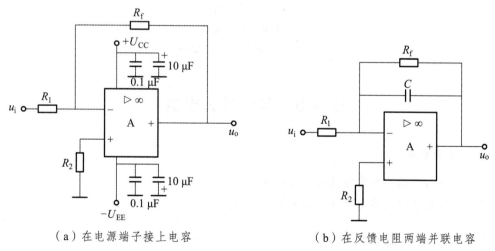

（a）在电源端子接上电容　　　　　　　　（b）在反馈电阻两端并联电容

图 5-40　运放的消振电路

### 3. 保护措施

为防止输入差模或共模电压过高损坏集成运放的输入级，可在集成运放的输入端并接极性相反的二极管，从而使输入电压的幅度限制在二极管的正向导通电压之内，如图 5-41（a）所示。

为了防止输出级被击穿，可采用图 5-41（b）所示的保护电路。当输出电压大于双向稳压管的稳压值时，稳压管被击穿。减小了反馈电阻，负反馈加深，将输出电压限制在双向稳压管的稳压范围内。

为了防止电源极性接反，在正、负电源回路串接二极管。若电源极性接反，则二极管截止，相当于电源断开，起到保护作用。如图 5-41（c）所示。

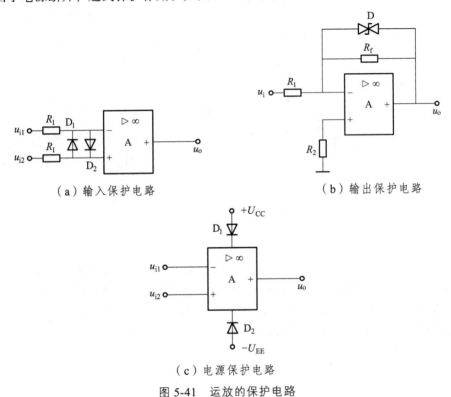

（a）输入保护电路　　　　　　　　　　（b）输出保护电路

（c）电源保护电路

图 5-41　运放的保护电路

# 实验 6　差分放大电器

## 一、实验目的

（1）加深对差动放大器性能及特点的理解。
（2）学习差动放大器主要性能指标的测试方法。

## 二、实验主要仪器

（1）双踪示波器一台。
（2）信号发生器一台。
（3）直流稳压电源一台。
（4）晶体管毫伏表一台。
（5）万用表一块。

### 三、实验内容

1. 典型差动放大器性能测试

按图 5-42 连接实验电路，开关 K 拨向左边构成典型差动放大器。

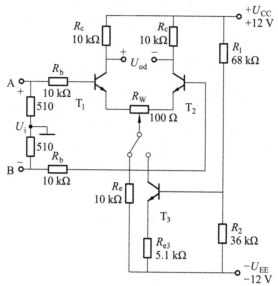

图 5-42 差动放大电路实验电路图

（1）测量静态工作点。

① 调零：将放大器输入端 A、B 与地短接，接通直流电源，用万用表测量输出电压 $U_o$，然后调节调零电位器 $R_W$，使 $U_o = 0$。

② 测量静态工作点：零点调好以后，用万用表测量 $T_1$、$T_2$ 管各电极电位及射极电阻 $R_e$ 两端电压 $U_{Re}$，记入表 5-2 中。

表 5-2 测静态工作点记录表格

| 测量值 | $U_{C1}$/V | $U_{B1}$/V | $U_{E1}$/V | $U_{C2}$/V | $U_{B2}$/V | $U_{E2}$/V | $U_{Re}$/V |
|---|---|---|---|---|---|---|---|
| | | | | | | | |
| 计算值 | $I_C$/mA | | $I_B$/mA | | | $U_{CE}$/V | |
| | | | | | | | |

（2）测量差模电压放大倍数。

① 在放大器的输入端 A、B 之间加入 $U_{id} = 100 \text{ mV}$，$f = 1 \text{ kHz}$ 的差模信号。

② 用毫伏表测量晶体管 $T_1$、$T_2$ 集电极差模输出电压 $U_{od1}$、$U_{od2}$，记入表 5-3 中。

③ 计算 $U_{od} = |U_{od1}| + |U_{od2}|$ 和 $A_{d1}$、$A_{d2}$、$A_d$ 的值，其中 $A_{d1} = U_{od1}/U_{id}$、$A_{d2} = U_{od2}/U_{id}$、$A_d = U_{od}/U_{id}$，将结果记入表 5-3 中。

表 5-3 测差模电压放大倍数记录表格

| 项目 | $U_{id}$ | $U_{od1}$ | $U_{od2}$ | $U_{od}$ | $A_{d1}$ | $A_{d2}$ | $A_d$ |
|---|---|---|---|---|---|---|---|
| 接入 $R_e$ | | | | | | | |
| 接入 $T_3$ | | | | | | | |

（3）测量共模电压放大倍数。

① 去掉输入信号，将放大器的输入端 A、B 两点短接，在 A（即 B）与地之间加入 $U_{ic} = 1$ V，$f = 1$ kHz 的共模信号。

② 用毫伏表测量晶体管 $T_1$、$T_2$ 集电极共模输出电压 $U_{oc1}$、$U_{oc2}$，记入表 5-4 中。

③ 利用公式 $A_{c1} = U_{oc1}/U_{ic}$、$A_{c2} = U_{oc2}/U_{ic}$、$A_c = U_{oc}/U_{ic} = |U_{oc1} - U_{oc2}|/U_{ic}$ 计算 $A_{c1}$、$A_{c2}$、$A_c$，并记入表 5-4 中。

④ 计算共模抑制比 $K_{CMR1} = |A_{d1}/A_{c1}|$、$K_{CMR2} = |A_{d2}/A_{c2}|$、$K_{CMR} = |A_d/A_c|$，将结果记入表 5-4 中。

表 5-4　测共模电压放大倍数记录表格

| 项目 | $U_{ic}$ | $U_{oc1}$ | $U_{oc2}$ | $U_{oc}$ | $A_{c1}$ | $A_{c2}$ | $A_c$ | $K_{CMR1}$ | $K_{CMR2}$ | $K_{CMR}$ |
|---|---|---|---|---|---|---|---|---|---|---|
| 接入 $R_e$ | | | | | | | | | | |
| 接入 $T_3$ | | | | | | | | | | |

2. 具有恒流源的差动放大器性能测试

将图 5-42 中开关 K 拨向右边，构成具有恒流源的差动放大器。重复实验内容（2）、（3）的要求，记入表 5-3 和表 5-4 中。

### 四、思考问题

（1）使用信号发生器前应将"输出细调或正弦幅度"调到最小，然后接通电源，进行预热。以防使输入信号过大，产生不良影响。

（2）几个仪器共同使用时，必需遵守"共地"连接的原则。

（3）严禁信号发生器、稳压电源的输出端短路，以防损坏仪器。

（4）实验完毕按有关规定恢复仪器的面板开关旋钮的位置。

### 五、实验报告

（1）整理实验数据，列表比较实验结果和理论估算值，分析误差原因。

① 静态工作点和差模电压放大倍数。

② 典型差动放大器单端输出时的 $K_{CMR}$ 实测值与理论值比较。

③ 典型差动放大器单端输出时的 $K_{CMR}$ 实测值与具有恒流源的差动放大器 $K_{CMR}$ 实测值比较。

（2）比较 $U_{id}$ 和 $U_{od1}$、$U_{od2}$ 之间的相位关系。

根据实验结果，总结电阻 $R_e$ 和恒流源的作用。

━━━━ 本章小结 ━━━━

（1）集成运放时高增益的直接耦合放大电路，为了有效抑制零点漂移和提高共模抑制比，采用差分放大电路作为输入级；差分放大电路利用其电路的对称性使零输入时达到零输出，对差模信号具有很强的放大能力，而对共模信号具有很强的抑制作用。

（2）差动放大电路的输入和输出方式。

① 差动放大电路可以有两个输入端：同相输入端和反相输入端。根据规定的正方向，在某输入端加上一定极性的信号，如果输出信号的极性与其相同，则该输入端称为同相输入端。反之，如果输出信号的极性与其相反，则该输入端称为反相输入端。

② 信号的输入方式：若信号同时加到同相输入端和反相输入端，称为双端输入；若信号仅从一个输入端加入，称为单端输入。

③ 信号的输出方式：差动放大电路可以有两个输出端：集电极 $C_1$ 和 $C_2$。从 $C_1$ 和 $C_2$ 输出称为双端输出；仅从集电极 $C_1$ 或 $C_2$ 对地输出称为单端输出。

④ 按照信号的输入、输出方式，或输入端与输出端接地情况的不同，差动放大电路有四种接法：双端输入/双端输出；双端输入/单端输出；单端输入/双端输出；单端输入/单端输出；掌握典型差动放大电路——长尾电路的特点，静态和动态计算。

（3）熟悉集成运放的组成及各部分的作用，正确理解主要指标参数的物理意义及其使用注意事项。运算放大器的技术指标很多，其中一部分与差分放大器和功率放大器相同，另一部分则是根据运算放大器本身的特点而设立的。各种主要参数均比较适中的是通用型运算放大器，对某些项技术指标有特殊要求的是各种特种运算放大器。

（4）理想集成运放工作在线性区，具有"虚短""虚断"特点。

（5）集成运放构成的基本运算电路有反相比例运算电路和同相比例运算电路。根据输入电压和输出电压的关系，外加不同的反馈网络可以实现加法、减法、积分、微分等电路。

（6）集成运放线性应用可以构成测量放大器、滤波器，非线性应用可以构成电压比较器、波形发生器等。

（7）集成运放在应用时应注意调零、自激、保护等问题。

# 习　题

## 一、填空题

1. 差动放大电路采用了_____的三极管来实现参数补偿，其目的是为了克服_____。

2. 集成放大电路采用直接耦合方式的原因是_____，选用差分放大电路作为输入级的原因是_____。

3. 差分放大电路的差模信号是两个输入端信号的_____，共模信号是两个输入端信号的_____。

4. 用恒流源取代长尾式差分放大电路中的发射极电阻 $R_e$，将提高电路的_____。

5. 三极管构成的电流源之所以能为负载提供恒定不变的电流，是因为三极管工作在输出特性的_____区域；三极管电流源具有输出电流_____，直流等效电阻_____，交流等效电阻_____的特点。

6. 在放大电路中，采用电流源作有源负载的目的是为了_____电压放大倍数，在含有电流源的放大电路中，判断电路是放大电路还是电流源电路的方法是：电流源是一个_____

网络，而放大电路是一个_____网络。

7. 集成运放的增益越高，运放的线性区越 _____。

8. 为使运放工作于线性区，通常应引入_____反馈。

9. 反相比例运算电路中，电路引入了_____负反馈。（电压串联、电压并联、电流并联）

10. 反相比例运算电路中，运放的反相端_____。（接地、虚地、与地无关）

11. 同相比例运算电路中，电路引入了_____负反馈。（电压串联、电压并联、电流并联）

12. 在同相比例运算电路中，运放的反相端_____。（接地、虚地、与地无关）

13. 反相比例运算电路的输入电流基本上_____流过反馈电阻 $R_f$ 上的电流。（大于、小于、等于）

14. 电压跟随器是_____运算电路的特例。它具有 $R_i$ 很大和 $R_o$ 很小的特点，常用作缓冲器。（反相比例、同相比例、加法）

15. 电压跟随器具有输入电阻很_____和输出电阻很_____的特点，常用作缓冲器。

16. 在反相比例运算电路中，运放输入端的共模电压为_____。（零、输入电压的一半、输入电压）

**二、简答和计算题**

1. 差动放大电路中，单端输出与双端输出在性能上有何区别？

2. 图 5-6 所示基本差分放大电路，已知 $U_{CC} = U_{EE} = 12\ \text{V}$，$R_{c1} = R_{c2} = 10\ \text{k}\Omega$，$R_e = 20\ \text{k}\Omega$，$\beta = 60$，两输出端之间所接负载 $R_L = 20\ \text{k}\Omega$，试计算静态工作点，差模电压放大倍数、差模输入及输出电阻。

3. 已知差动放大电路输入信号，$u_{i1} = 10.02\ \text{mV}$，$u_{i2} = 9.98\ \text{mV}$，求共模和差模输入电压。若 $A_{ud} = -50$、$A_{uc} = -0.5$，试求放大电路输出电压及共模抑制比。

4. 如图 5-43 所示差动放大电路，已知 $\beta_1 = \beta_2 = 80$，试计算静态工作点；差模电压放大倍数、差模输入及输出电阻。

5. 如图 5-44 所示差动放大电路，已知 $U_{CC} = U_{EE} = 12\ \text{V}$，$R_{c1} = R_{c2} = 20\ \text{k}\Omega$，$R_L = 10\ \text{k}\Omega$，$\beta_1 = \beta_2 = 100$，试计算差模电压放大倍数、差模输入及输出电阻。

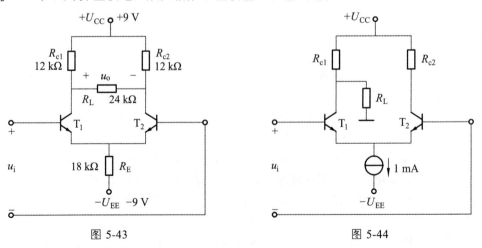

图 5-43                      图 5-44

6. 在图 5-45 中，已知 $R_1 = 2\ \text{k}\Omega$，$R_f = 5\ \text{k}\Omega$，$R_2 = 2\ \text{k}\Omega$，$R_3 = 18\ \text{k}\Omega$，$u_i = 0.5\ \text{V}$，求 $u_o$ 的值。

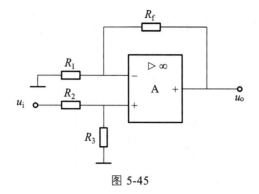

图 5-45

7. 求图 5-46 中运放电路的输出电压 $u_{21}$。

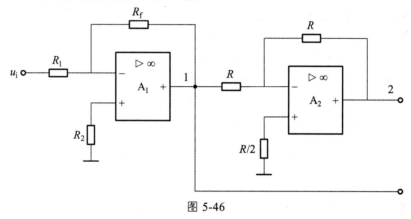

图 5-46

8. 如图 5-47 所示，已知 $R_f = 5R_1$，$u_i = 5$ mV，求 $u_o$ 的值。

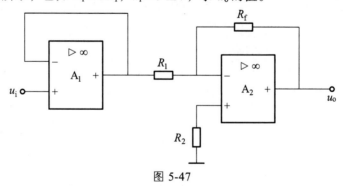

图 5-47

9. 如图 5-48 所示，分析 $u_o$ 与 $u_{i1}$ 和 $u_{i2}$ 之间的关系。

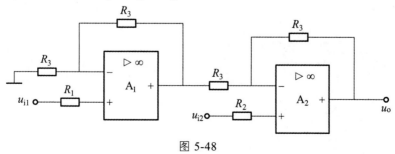

图 5-48

10. 如图 5-49 所示电路，已知 $R_f//R = R_1//R_2$，证明 $u_o = \dfrac{R_f}{R_1}u_{i1} + \dfrac{R_f}{R_2}u_{i2}$。

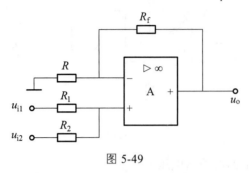

图 5-49

11. 分析设计实现下列运算的电路。

（1）$u_o = -5u_i$ 　　　　　　　（$R_f = 100\ \text{k}\Omega$）

（2）$u_o = -(2u_{i1}+0.5\,u_{i2})$ 　　（$R_f = 100\ \text{k}\Omega$）

（3）$u_o = 3u_i$ 　　　　　　　　（$R_f = 20\ \text{k}\Omega$）

（4）$u_o = -u_{i1}+0.4\,u_{i2}$ 　　　（$R_f = 15\ \text{k}\Omega$）

12. 试设计一个运放电路，满足 $u = 5u_{i1} - 2u_{i2} - u_{i3} - 3u_{i4}$，要求采用反相输入方式。

# 第 6 章　功率放大电路

【学习目标】

（1）了解功率放大电路的特点及要求，掌握功率放大电路的工作状态及特点。
（2）了解乙类互补对称功率放点电路的交越失真。
（3）掌握 OCL、OTL 互补对称功率放大电路的分析方法。
（4）掌握互补对称功率放大电路输出功率和效率的估算方法。
（5）了解功率管的选择原则。

本章首先讨论功率放大电路（简称功放）的特殊问题——效率和失真的问题和解决这类问题的方法，重点讨论了乙类功放的工作原理和功率参数计算及存在的问题以及甲乙类功放电路的构成，最后简单介绍了集成功放及其应用。

## 6.1　功率放大电路的基本概念

在多级放大电路中，包括电压放大电路和功率放大电路。电压放大电路的主要作用是在不失真的前提下，尽可能地提高输出电压，其工作在小信号状态下，可用小信号微变等效电路的方法计算其动态指标如电压放大倍数、输入电阻、输出电阻等。而功率放大电路一般在多级放大电路的输出级，主要作用是在不失真或轻微失真的前提下，尽可能地输出大功率信号，以推动相应负载如扬声器、电机、继电器、指示仪表等。功率放大管工作在大信号状态，不能采用微变等效电路的方法，应采用图解法分析其主要性能指标如效率、输出功率等。因此，与电压放大电路的分析方法相比，功率放大电路的分析方法有其特殊性。

### 6.1.1　功率放大电路的特点和要求

1. 在不失真的前提下尽可能地输出较大功率

由于功率放大电路在多级放大电路的输出级，信号幅度较太，功率放大管往往工作在极限状态。功率放大器的主要任务是为额定负载 $R_L$ 提供不失真的输出功率。

2. 具有较高的效率

由于功率放大电路输出功率较大，效率问题就尤为突出。如果功率放大器的效率不高，不仅浪费能量，而且在电路内部产生热量，使功率器件温度升高，造成电路的工作不稳定。所以，效率问题是功率放大电路的主要问题。

3. 存在非线性失真

功率放大电路中，功率放大器件处于大信号工作状态，由于器件的非线性特性，产生的非线性失真比小信号放大电路产生的失真严重许多，因此需要合理选择静态工作点和采取一些措施以减小非线性失真。

4. 采用图解法分析

由于功率放大器件处于大信号工作状态，已不属于线性电路的范围，因此不能采用线性电路的分析方法，通常采用图解法对其输出功率、效率等性能指标做近似估算。

5. 要有散热和保护措施

在功率放大电路中，有相当大的功率消耗在管子的集电结上，使得结温和管壳温度升高。当结温升高到一定程度以后，就会使管子损坏。为了充分利用允许的管耗，使管子输出足够大的功率，必须采用妥善的散热措施。另外，由于功放管承受的高电压，通过电流大，所以还必须考虑管子的保护问题。

### 6.1.2　功率放大电路的分类

在电压放大电路中，静态工作点设在交流负载线的中点[见图 6-1（a）]，这种工作状态称为甲类工作状态。甲类功放的特点是：静态工作时 $U_{CEQ} \approx U_{CC}$，在信号的整个周期内功放管都处于导通状态，电流流通角 $\theta = 2\pi$，不论有无输入信号，电源供给的功率 $P_E = I_C U_{CC}$ 总是不变的。当无信号输入时，电源功率全部消耗在管子和电阻上，以功放管集电极损耗为主，导致功率管发热，易于损坏。当有输入信号时，其中一部分转化为有用的输出功率。输出信号越大，输出功率越大，管子损耗越小。集电极最高效率为 50%。所以，目前较少采用甲类功率放大电路。为提高效率、降低损耗，应从两方面考虑：一是增加放大电路的动态工作范围来增加输出功率；二是减少电源供给的功率，即在 $U_{CC}$ 一定时使静态电流 $I_C$ 减小，也就是将静态工作点沿交流负载线下移，从而减小功率器件的损耗。但输出信号的大小由实际情况决定，故需要通过降低静态工作电流，即降低静态工作点的方法来降低损耗。

工作点较低的情况如图 6-1（b）所示，每只功放管的导通时间在半个周期到一个周期之间，称为甲乙类状态。这时，功率管的电流流通角为 $\pi < \theta < 2\pi$，输出波形负半周有明显的失真。不设置静态电流（即 $I_C = 0$）的情况如图 6-1（c）所示，每只功放管的导通时间为半个周期，称为乙类状态，即功率管的电流流通角为 $\theta = \pi$，整个负半周信号将无法正常放大。解决失真的方法是增加一个性能对称的 PNP 管，负责信号负半周的放大，把 NPN 管放大的正半周信号和 PNP 管放大的负半周信号合并起来构成一个完整的正弦信号，这样就可解决负半周的失真问题。

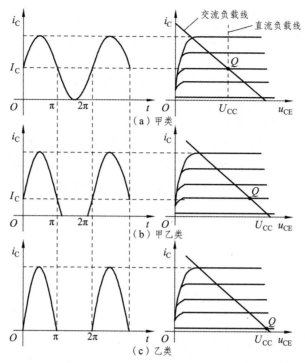

图 6-1　三类功放电路静态工作点和输出波形的关系

## 6.2　乙类互补对称功率放大电路

### 6.2.1　无输出电容的双电源互补对称功率放大电路（OCL）

图 6-2（a）所示为无输出电容（OCL）乙类双电源互补对称功率放大电路原理图。$T_1$ 为 NPN 管，$T_2$ 为 PNP 管，要求 $T_1$、$T_2$ 的特性对称一致。由于没有设置基极偏置电压，故 $I_B$、$I_C$、$U_{BE}$ 均为零，是乙类工作状态。从电路形式看，两个三极管都接成射极输出器的形式，具有 $u_o = u_i$，输入电阻高，输出电阻低的特点。

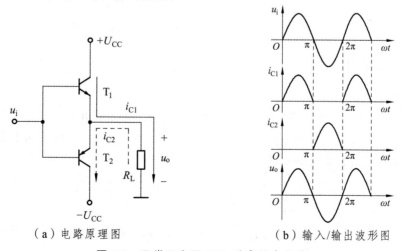

（a）电路原理图　　　　　　　　（b）输入/输出波形图

图 6-2　乙类双电源 OCL 功率放大电路

假定 $u_i$ 为正弦波，当 $u_i$ 为正半周期时，$T_1$ 导通，$T_2$ 截止，流过 $R_L$ 的电流为 $i_{C1}$，$u_o = u_i$。当 $u_i$ 为负半周期时，$T_2$ 导通，$T_1$ 截止，流过 $R_L$ 的电流为 $i_{c2}$，由于 $T_1$、$T_2$ 对称，$i_{C1} = i_{C2}$，$u_o = u_i$。

由此可见，在输入信号 $u_i$ 的一个周期内，$T_1$、$T_2$ 交替导通，互相补足，故称为互补对称功率放大电路。电流 $i_{C1}$、$i_{C2}$ 以正反不同的方向交替流过负载 $R_L$，在 $R_L$ 上得到一个完整的正弦输出信号 $u_o$，如图 6-2（b）所示。

采用图解法分析，为了便于分析，将图 6-2 所示的 $T_2$ 的特性曲线倒置，与 $T_1$ 的特性曲线连在一起，并令二者在 $Q$ 点，即 $u_{CE} = U_{CC}$ 处重合。图 6-3 为采用图解法分析的双电源 OCL 功率放大电路的波形图，从图可知，输出电压的最大不失真输出幅值为

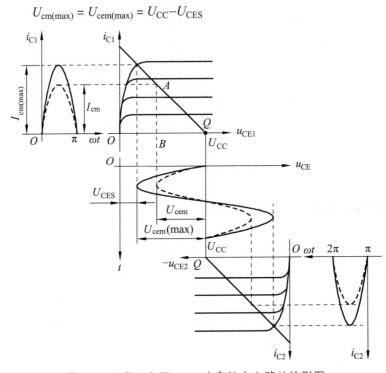

图 6-3　乙类双电源 OCL 功率放大电路的波形图

### 6.2.2　功率参数分析

1. 输出功率 $P_o$

设输入、输出信号均为正弦波，$U_o$、$I_o$ 分别为输出正弦交流电压和电流的有效值，$U_{om}$、$I_{om}$ 分别为输出正弦交流电压和电流的幅值。根据输出功率的定义，即输出功率实际上就是负载 $R_L R_L$ 上的电压电流有效值的乘积

$$P_o = U_o I_o = \frac{U_{om}}{\sqrt{2}} \cdot \frac{I_{om}}{\sqrt{2}} = \frac{1}{2} \cdot U_{om} \cdot I_{om} = \frac{1}{2} \cdot \frac{u_{om}^2}{R_L} = \frac{1}{2} \cdot I_{om}^2 R_L \qquad （6-1）$$

当输入信号足够大，使 $U_{om} = U_{cem(max)} = U_{CC} - U_{CES}$ 和 $I_{om} = I_{cm(max)}$ 时，可获得最大不失真输出功率为

$$P_{om} = \frac{1}{2} \cdot U_{cem(max)} \cdot I_{cm(max)} = \frac{1}{2} \cdot \frac{U_{cem(max)}^2}{R_L} = \frac{1}{2} \cdot \frac{(U_{CC} - U_{CES})^2}{R_L} \qquad (6-2)$$

理想情况下（$U_{CES} \approx 0$ 时），有

$$P_{om} \frac{1}{2} \cdot \frac{U_{CC}^2}{R_L} \qquad (6-3)$$

## 2. 直流电源供给的功率 $P_U$

由于每个电源只提供半个周期的电流，故直流电源的供给的功率为

$$P_U = 2 \cdot \frac{1}{2\pi} \int_0^\pi U_{CC} I_{cm} \sin \omega t \mathrm{d}(\omega t) = \frac{2}{\pi} \cdot U_{CC} \cdot I_{cm} = \frac{2}{\pi} \cdot U_{CC} \cdot \frac{U_{om}}{R_L} \qquad (6-4)$$

当输出最大功率时，电源提供的总功率为

$$P_{Um} \approx \frac{2}{\pi} \frac{U_{CC}^2}{R_L} \qquad (6-5)$$

## 3. 效率 $\eta$

效率是负载获得的功率 $P_o$ 与直流电源提供的功率 $P_U$ 之比，$\eta = \dfrac{P_o}{P_U}$。

理想情况下，电路的效率为

$$\eta = \frac{P_{om}}{P_{Um}} = \frac{\dfrac{1}{2} \cdot \dfrac{U_{CC}^2}{R_L}}{\dfrac{2}{\pi} \dfrac{U_{CC}^2}{R_L}} = \frac{4}{\pi} \approx 78.5\% \qquad (6-6)$$

这个结果是在输入信号足够大，忽略了晶体管饱和压降 $U_{CES}$ 的情况下得到的，实际效率要低于此值，乙类互补对称功率放大电路的效率仅能达到 60% 左右。

## 4. 管耗 $P_T$

两只管子总的耗散功率为

$$P_T = P_U - P_o \qquad (6-7)$$

乙类互补对称功率放大电路输出功率最大时，两管的总管耗为

$$P_T = P_{Um} - P_{om} = \frac{2}{\pi} U_{CC} I_{cm(max)} - \frac{1}{2} I_{cm(max)}^2 R_L \qquad (6-8)$$

对式（6-8）经过一定的数学运算，可以得出：

当 $I_{cm(max)} = \dfrac{2U_{CC}}{\pi R_L}$ 时，管耗最大。此时两管最大管耗 $P_{Tm}$ 为

$$P_{Tm} = \frac{2}{\pi} U_{CC} \left( \frac{2U_{CC}}{\pi R_L} \right) - \frac{1}{2} \left( \frac{2U_{CC}}{\pi R_L} \right)^2 R_L = \frac{4}{\pi^2} P_{om} = 0.4 P_{om} \qquad (6-9)$$

即每只管子的最大管耗为

$$P_{\text{Tm1}} = P_{\text{Tm2}} = \frac{1}{2}P_{\text{Tm}} = 0.2P_{\text{om}}$$ （6-10）

式（6-10）是在输入理想正弦波条件下推导出来的，实际上最大管耗还要大一些。

5. 功率管的选择

由以上的计算可知，若想得到最大功率，每只管子的参数必领满足下列条件：

（1）每只管子的最大允许管耗 $P_{\text{CM}}$ 必须大于 $P_{\text{Tm1}} = 0.2P_{\text{om}}$；

（2）当 $T_2$ 导通时，$u_{\text{CE2}} \approx 0$，此时 $u_{\text{CE1}} = 2U_{\text{CC}}$ 为最大值，应选用 $|U_{\text{(BR)CEO}}| > 2U_{\text{CC}}$ 的管子。

（3）通过管子的最大集电极电流为 $U_{\text{CC}}/R'_{\text{L}}$，所选管子的 $I_{\text{CM}}$ 不宜低于此值。

【例 6-1】 乙类互补对称功率放大电路，电源 $U_{\text{CC}} = 16 \text{ V}$，负载 $R_{\text{L}} = 12 \text{ }\Omega$，试计算：

（1）当输入信号足够大时，输出的最大功率、直流电源提供的功率、效率及管耗；

（2）当输入信号有效值为 6 V 时，输出的功率、直流电源提供的功率、效率及管耗。

**解：**（1）当输入信号足够大时，电路的最大不失真输出功率为

$$P_{\text{om}} \approx \frac{1}{2} \cdot \frac{U_{\text{CC}}^2}{R_{\text{L}}} = \frac{1}{2} \cdot \frac{16^2}{12} \text{ W} \approx 10.6 \text{ W}$$

$$P_{\text{Um}} = \frac{2}{\pi} \cdot \frac{U_{\text{CC}}^2}{\pi R_{\text{L}}} = \frac{2}{\pi} \cdot \frac{16^2}{12} \text{ W} \approx 13.6 \text{ W}$$

$$\eta = \frac{P_{\text{om}}}{P_{\text{Um}}} = \frac{10.7 \text{ W}}{13.6 \text{ W}} = 78\%$$

$$P_{\text{T}} = P_{\text{Um}} - P_{\text{om}} = 13.6 \text{ W} - 10.6 \text{ W} = 3 \text{ W}$$

（2）当输入信号有效值为 6 V 时，由于是射级输出，因此输出电压与输入电压近似相等，输出电压幅值 $U_{\text{om}} = \sqrt{2} \times 6 \text{ V} = 8.5 \text{ V}$，输出的功率为

$$P_{\text{o}} = \frac{1}{2} \cdot \frac{U_{\text{om}}^2}{R_{\text{L}}} = \frac{1}{2} \cdot \frac{8.5^2}{12} \text{ W} \approx 3 \text{ W}$$

$$P_U = \frac{2}{\pi} U_{\text{CC}} \cdot I_{\text{cm}} = \frac{2}{\pi} \cdot 16 \cdot \frac{8.5}{12} \text{ W} \approx 7.2 \text{ W}$$

$$\eta = \frac{P_{\text{o}}}{P_U} = \frac{3 \text{ W}}{7.2 \text{ W}} = 41.7\%$$

$$P_{\text{T}} = P_U - P_{\text{o}} = 7.2 \text{ W} - 3 \text{ W} = 4.2 \text{ W}$$

### 6.2.3　无输出变压器的单电源互补对称功率放大电路（OTL）

图 6-4 所示为单电源无输出变压器互补对称功率放大电路的原理图，它利用电容 $C_{\text{L}}$ 的存储电能的作用代替了负电源。在静态时，A 点的电位为 $U_{\text{CC}}/2$，耦合电容 $C_{\text{L}}$ 上的电压为 $U_{\text{CC}}/2$。为保证正常工作，输入端的直流电位也应为 $U_{\text{CC}}/2$，$T_1$、$T_2$ 管工作于乙类状态。

当 $T_1$ 导通时，电容 $C_{\text{L}}$ 被充电，其上电压为 $U_{\text{CC}}/2$；当 $T_2$ 导通时，$C_{\text{L}}$ 代替电源向 $T_2$ 供电。在整个放大过程中，A 点电压不能下降过多，因此 $C_{\text{L}}$ 的容量必须足够大。

对交流输入信号而言，输出耦合电容 $C_{\text{L}}$ 的容抗和电源内阻均忽略不计，交流通路和图

6-2（a）相同。当 $u_i$ 为正半波时，$T_1$、$T_2$ 基极电位高于 A 点电位，故 $T_1$ 导通、$T_2$ 截止，负载 $R_L$ 上得到与 $u_i$ 相同的正半周电压。

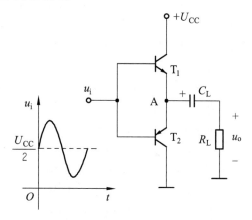

图 6-4　乙类 OCL 功放电路原理图

当 $u_i$ 为负半波时，$T_1$、$T_2$ 基极电位低于 A 点电位，故 $T_2$ 导通、$T_1$ 截止，负载 $R_L$ 同样也得到和 $u_i$ 相同的负半周电压。这样，在 $R_L$ 上得到一个合成的正弦电流及电压，波形与图 6-2（b）相同。

由于此时每只管子的直流压降为 $U_{CC}/2$，因此在功率计算和功放管的参数选择时，式（6-1）~式（6-10）中的 $U_{CC}$ 则要用 $U_{CC}/2$ 代替，其他均不变。

## 6.3　甲乙类互补对称功率放大电路

### 6.3.1　乙类功放的交越失真

上述的乙类互补对称功放电路存在一个缺点，就是输出电压 $u_o$ 存在失真。因为三极管的输入特性曲线上有一段死区电压，而该电路工作于乙类状态，基极偏置为零。当输入电压尚小而不足以克服死区电压时，三极管基本截止，在这段区域内 $i_o = 0$，$u_o = 0$，$u_o$ 在正负半波相交的地方出现了失真，称其为交越失真，如图 6-5 所示。

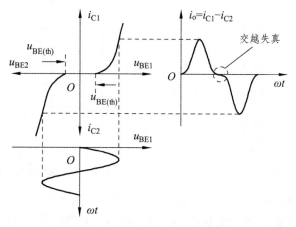

图 6-5　互补对称电路的交越失真

### 6.3.2 消除交越失真的措施

为避免乙类互补对称功放的交越失真，需要采用一定的措施产生一个不大的偏流，使静态工作点稍高于截止点，即工作于甲乙类状态，如图 6-6 即为基本甲乙类双电源 OCL 互补对称功放电路原理图。图中二极管 $D_1$、$D_2$ 接在 $T_1$、$T_2$ 的基极回路，静态时 $D_1$、$D_2$ 两端有一定的正向电压，给 $T_1$、$T_2$ 提供一个合适正向偏压，使两管处于微导通状态。对交流信号来说，$D_1$、$D_2$ 的动态电阻很小，可视为短路。由于两管特性互补，电路对称，所以静态时负载 $R_L$ 无电流流过。两管发射极 E 点对地电位为 0。当有输入信号时，可使放大电路在零点附近仍能基本上得到线性放大，即 $u_o$ 与 $u_i$ 呈现线性关系。此时电路工作在甲乙类状态，但为了提高转换效率，在设置偏置时，应尽可能接近乙类状态。

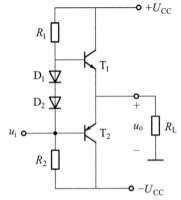

图 6-6　基本甲乙类互补对称电路

有关甲乙类放大电路的输出功率、效率参数的计算，可参照乙类放大电路中所介绍的方法进行。

## 6.4　集成功率放大器

随着集成技术的发展，集成功率放大器产品越来越多。集成功率放大器具有内部元件参数一致性好、失真小、安装方便、适应大批量生产等特点，因此得到广泛的应用。在电视机的伴音、录音机的功放等电路中一般采用集成功率放大器。下面简单介绍目前应用较多的小功率音频集成功率放大器 LM386。集成功率放大器 LM386 为 8 引脚双列直插式塑料封装结构，引脚如图 6-7 所示。其中，1 增益；2 负输入；3 正输入；4 地；5 输出；6 电源 $U_s$；7 旁路；8 增益。

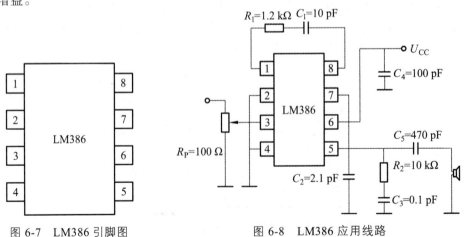

图 6-7　LM386 引脚图　　　　　图 6-8　LM386 应用线路

集成功率放大器 LM386 是一种通用型宽带集成功率放大器，属于 OTL 功放，使用的电源电压为 4～10 V，常温下功耗在 600 mV。图 6-8 是 LM386 的应用接线图。其中，$R_1$ 和 $C_1$ 接在引脚 1 和 8 之间，可将电压增益调为任意值；$R_2$ 和 $R_3$ 串联构成校正网络，用来补偿扬声器音量电感产生的附加相移，防止电路自激；$C_2$ 为旁路电容；$C_4$ 为去搞电容，滤掉电源的高次谐波分量；$C_5$ 为输出耦合电容。

# 实验 7　功率放大电路

## 一、实验目的

（1）理解互补对称功率放大器的工作原理。
（2）加深理解电路静态工作点的调整方法。
（3）学会互补对称功率放大电路调试及主要性能指标的测试方法。

## 二、实验仪器

（1）双踪示波器。
（2）万用表。
（3）毫伏表。
（4）直流毫安表。
（5）信号发生器。

## 三、实验原理

图 6-9 所示为互补对称低频功率放大器。其中由晶体三极管 $T_1$ 组成推动级（也称前置放大级），$T_2$、$T_3$ 是一对参数对称的 NPN 和 PNP 型晶体三极管，它们组成互补对称功放电路。

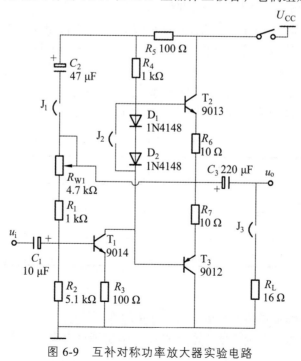

图 6-9　互补对称功率放大器实验电路

由于每一个管子都接成射极输出器形式，因此具有输出电阻低，负载能力强等优点，适合于作功率输出级。$T_1$ 管工作于甲类状态，它的集电极电流 $I_{C1}$ 由电位器 $R_{W1}$ 进行调节。二极管 $D_1$、$D_2$，给 $T_2$、$T_3$ 提供偏压，可以使 $T_2$、$T_3$ 得到合适的静态电流而工作于甲、乙类状态，以克服交越失真。由于 $R_{W1}$ 的一端接 $T_1$、$T_2$ 的输出端，因此在电路中引入交、直流电压并联负反馈，一方面能够稳定放大器的静态工作点，同时也改善了非线性失真。

当输入正弦交流信号 $U_i$ 时，经 $T_1$ 放大、倒相后同时作用于 $T_2$、$T_3$ 的基极，$U_i$ 的负半周使 $T_2$ 管导通（$T_3$ 管截止），有电流通过负载 $R_L$（可用喇叭作为负载），在 $U_i$ 的正半周，$T_3$ 导通（$T_2$ 截止），则已充好电的电容器 $C_3$ 起着电源的作用，通过负载 $R_L$ 放电，这样在 $R_L$ 上就得到完整的正弦波。

$C_2$ 和 $R_5$ 构成自举电路，用于提高输出电压正半周的幅度，以得到大的动态范围。由于信号源输出阻抗不同，输入信号源受功率放大电路的输入阻抗影响而可能失真。为了得到尽可能大的输出功率，晶体管一般工作在接近临界参数的状态，如 $I_{CM}$，$U_{(BR)}$、$C_{EO}$ 和 $P_{CM}$，这样工作时晶体管极易发热，有条件的话，晶体管有时还要采用散热措施。由于三极管参数易受温度影响，在温度变化的情况下三极管的静态工作点也跟随着变化，这样定量分析电路时所测数据存在一定的误差，我们用动态调节方法来调节静态工作点。受三极管对温度的敏感性影响所测电路电流是个变化量，我们尽量在变化缓慢时读数作为定量分析的数据来减小误差。

## 四、实验内容

1. 静态工作点的测试

（1）关闭系统电源。按图 6-9 正确连接实验电路。

（2）关闭系统电源，连接信号源输出和 $U_s$。

（3）打开系统电源。调节信号源输出 $f = 1\ kHz$、峰峰值为 50 mV 的正弦信号作为 $U_s$，逐渐加大输入信号的幅值，用示波器观察输出波形，此时，输出波形有可能出现交越失真。（注意：没有饱和和截止失真）

（4）观察无交越失真（注意：没有饱和和截止失真）时，恢复 $U_s = 0$，测量各级静态工作点（在 $I_{C2}$、$I_{C3}$ 变化缓慢的情况下测量静态工作点），数据记录在表 6-1 中。

表 6-1  静态工作点的测试数据记录

|  | $T_1$ | $T_2$ | $T_3$ |
|---|---|---|---|
| $U_B/V$ |  |  |  |
| $U_C/V$ |  |  |  |
| $U_E/V$ |  |  |  |

2. 最大输出功率 $P_{om}$

（1）按上面的实验步骤调节好功率放大电路的静态工作点。

（2）关闭系统电源。连接信号源输出和 $U_s$。输出端接上喇叭即 $R_L$。

（3）打开系统电源。调节信号源输出 $f = 1\ kHz$、50 mV 的正弦信号 $U_S$，用示波器观察输出电压 $U_o$ 波形。逐渐增大 $U_i$，使输出电压达到最大不失真输出，用交流毫伏表测出负载 $R_L$ 上的电压 $U_{om}$，计算出 $P_{om}$。

$$P_{om} = \frac{U_{om}^2}{R_L}$$

（4）数据记录：

最大不失真：$U_i = 680\ mV$

$$U_{om} = 1.177\ 9\ V$$

$$P_{om} = \frac{U_{om}^2}{R_L} = 0.197\ 8\ W$$

3. 测量 $\eta$

（1）当输出电压为最大不失真输出时，在 $U_s = 0$ 情况下，用直流毫安表测量电源供给的平均电流 $I_{dc}$（多测几次 $I$ 取其平均值）读出表中的电流值，此电流即为直流电源供给的平均电流 $I_{dc}$（有一定误差），由此可近似求得 $P_E = U_{CC}I_{dc}$，再根据上面测得的 $P_{om}$，即可求出 $\eta = \dfrac{P_{om}}{P_E}$。

（2）数据记录：

$$I_{dc} = 66.5\ mA$$

$$P_E = 12 \times 66.5/1\ 000\ W = 0.798\ 5\ W$$

$$\eta = \frac{P_{om}}{P_E} = 24.77\%$$

4. 输入灵敏度测试

（1）根据输入灵敏度的定义，在步骤 2 基础上，只要测出输出功率 $P_o = P_{om}$ 时（最大不失真输出情况）的输入电压值 $U_i$ 即可。

（2）数据记录：

$$U_i = 680\ mV$$

5. 频率响应的测试

在测试时，为保证电路的安全，应在较低电压下进行，通常取输入信号为输入灵敏度的 50%。在整个测试过程中，应保持 $U_i$ 为恒定值，且输出波形不得失真。将数据记入表 6-1 中。

表 6-2　频率响应的测试数据记录

| $f$/Hz | | $f_L$ | | | | $f_o$ | | | $f_H$ | |
|---|---|---|---|---|---|---|---|---|---|---|
| $f$/Hz | 54 | 200 | 500 | 700 | 800 | 1 000 | 2 000 | 3 000 | 4 000 | 8 000 | $1.1 \times 10^6$ MHz |
| $U_o$/V | | | | | | | | | | | |
| $A_u$ | | | | | | | | | | | |

## 本章小结

（1）功率放大电路是在电源电压确定情况下，以输出尽可能大的不失真的信号功率和具有尽可能高的转换效率为组成原则，功放管常常工作在尽限应用状态。

（2）功放的输入信号幅值较大，分析时应采用图解法。OCL 电路为直接耦合功率放大电路，为了消除交越失真，静态时应使功放管微导通，因而 OCL 电路中功效管常工作在甲乙类状态。所选用的功放管的极限参数应满足 $U_{(BR)CEO}>2U_{CC}$，$I_{CM}>U_{CC}/R_L$，$P_{CM}>0.2P_{om}$。

（3）低频功率放大电路根据静态工作点的位置不同，其工作状态有甲类、乙类和甲乙类 3 种。甲类功率放大电路结构简单、效率低；乙类功率放大电路采用双管推挽输出，效率高，但产生交越失真；甲乙类功率放大电路克服了交越失真，并具有较高的效率。

（4）OTL 和 OCL 均有不同性能指标的集成电路，只需外接少量元件，就可成为实用电路。在集成功放内部均有保护电路，以防止功放管过流、过压。过损耗或二次击穿。

## 习　题

**一、填空题**

1. 功率放大电路的最大输出功率是在输入电压为正弦波时，输出基本不失真情况下，负载上可能获得的最大＿＿＿＿＿＿＿。（交流功率　直流功率平均功率）

2. 与甲类功率放大器相比较，乙类互补推挽功放的主要优点是＿＿＿＿＿＿＿。（无输出变压器　能量效率高　无交越失真）

3. 所谓功率放大电路的转换效率是指＿＿＿＿＿＿＿＿＿＿＿＿＿＿＿＿＿＿＿＿之比。

4. 若乙类 OCL 电路中晶体管饱和管压降的数值为 $|U_{CES}|$，则最大输出功率＿＿＿＿＿＿＿＿＿。

5. 甲类功率放大电路的能量转换效率最高是＿＿＿＿＿＿＿＿。甲类功率放大电路的输出功率越大，则功放管的管耗＿＿＿＿＿，则电源提供的功率＿＿＿＿＿＿。

6. 乙类互补推挽功率放大电路的能量转换效率最高是＿＿＿＿＿＿。若功放管的管压降为 $U_{ces}$，乙类互补推挽功率放大电路在输出电压幅值为＿＿＿＿＿＿，管子的功耗最小。乙类互补功放电路存在的主要问题是＿＿＿＿＿＿＿＿＿。在乙类互补推挽功率放大电路中，每只管子的最大管耗为＿＿＿＿＿。

7. 为了消除交越失真，应当使功率放大电路工作在＿＿＿＿＿＿ 状态。

8. 单电源互补推挽功率放大电路中，电路的最大输出电压为＿＿＿＿＿＿。

9. 由于功率放大电路工作信号幅值＿＿＿＿＿，所以常常是利用＿＿＿＿＿分析法进行分析和计算的。

## 二、简答和计算题

1. OTL 电路和 OCL 电路有什么区别，使用时应注意什么？

2. 什么是准互补对称功率放大电路？

3. 一互补对称电路如图 6-10 所示，设已知 $U_{CC} = 12\ V$，$R_L = 16\ \Omega$，$u_i$ 为正弦波。求：

（1）若忽略 $U_{CES}$ 时，负载上可能得到的最大输出功率 $P_{om}$。

（2）每个管子允许的管耗 $P_{CM}$ 至少应为多少？

（3）每个管子的耐压 $|U_{(BR)CEO}|$ 应为多大？

4. 在图 6-11 所示单电源互补对称电路中，已知 $U_{CC} = 32\ V$，$R_L = 16\ \Omega$，流过负载电阻的电流为 $i_o = 0.45\cos\omega t$（A）。求：

（1）负载上所能得到的功率 $P_o$。

（2）电源供给的功率 $P_u$。

5. 在图 6-6 所示功率放大电路中，设三极管饱和压降 $U_{CES} = 1\ V$，$I_{CEO} = 0$，$R_L = 16\ \Omega$，$U_{CC} = 16\ V$，求：电路的最大不失真输出功率 $P_{om}$、电路的效率 $\eta$、单管最大管耗 $P_{Tm}$。

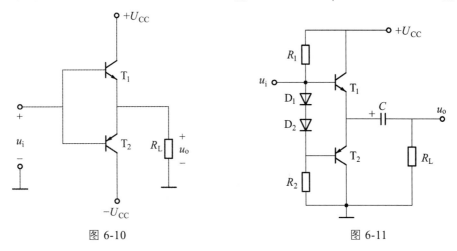

图 6-10                    图 6-11

6. 分析图 6-12 中复合管接法是否合理，若不合理，把 $T_1$ 管接法改过来，并标注复合管类型。

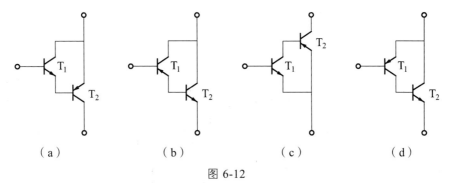

（a）              （b）              （c）              （d）

图 6-12

7. 如图 6-13 所示为准互补对称功放电路。

（1）试说明复合管 $T_1$ 和 $T_2$、$T_3$ 和 $T_4$ 的管型。

（2）静态时输出电容 $C$ 两端的电压应为多少？

（3）电阻 $R_4$ 与 $R_5$ 以及 $R_6$ 与 $R_7$ 分别起什么作用?

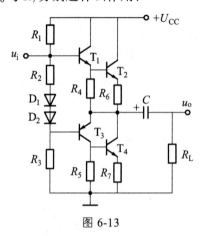

图 6-13

# 第7章 信号发生电路

【学习目标】

（1）掌握正弦波振荡电路的工作原理、组成和分类。
（2）了解并掌握 $RC$ 串并联正弦波振荡电路的选频特性、振荡频率及特点。
（3）熟悉 $LC$ 并联回路的频率特性。
（4）熟悉石英晶体结构和晶体压电效应原理。
（5）了解几种非正弦波振荡器的电路组成及工作原理。
（6）熟练掌握正弦波振荡器的制作与调试。

## 7.1 正弦波振荡电路的工作原理、组成和分类

正弦波振荡器（Sinusoidal Oscillator）是一种不需外加激励信号就能将直流能源转换成具有一定频率、一定幅度的正弦波信号的电路。在实践中，广泛采用各种类型的信号产生电路，就其波形来说，可能是正弦波或非正弦波。

在通信、广播、电视系统中，都需要射频（高频）发射，这里的射频波就是载波，把音频（低频）、视频信号或脉冲信号运载出去，这就需要能产生高频信号的振荡器。

在工业、农业、生物医学等领域内，如高频感应加热、熔炼，超声波焊接，超声诊断，核磁共振成像，等，都需要功率或大或小、频率或高或低的振荡器。可见，正弦波振荡电路在各个科学技术领域的应用是十分广泛的。

非正弦信号（方波、锯齿波等）发生器在测量设备、数字系统及自动控制系统中的应用也日益广泛。

### 1. 自激振荡条件

由第 4 章可知，放大电路引入负反馈后，在一定条件下可能产生自激振荡，使放大电路不能正常工作，因此必须设法消除这种振荡。但在另一些情况下，利用自激振荡现象，使放大电路变成振荡器，以便产生各种高频或低频的正弦波信号。

在图 7-1 所示框图中，其中 A 是放大电路，F 是反馈网络。由图可知，产生振荡的基本条件是反馈信号与输入信号大小相等、相位相同。

由图分析所得：$\dot{U}_f = \dot{F}\dot{U}_o$，$\dot{U}_o = \dot{A}\dot{U}_{id}$

当 $\dot{U}_f = \dot{U}_{id}$ 时，必有 $\dot{A}\dot{F} = 1$。

设 $\dot{A} = A\angle\varphi_a$，$\dot{F} = F\angle\varphi_f$，则得 $\dot{A}\dot{F} = A\angle\varphi_a \cdot F\angle\varphi_f = 1$，得到振荡的两个条件：

（1）振幅平衡条件（Amplitude Equilibrium Condition）。

$|\dot{A}\dot{F}|=1$ 称为振荡电路产生振荡时的振幅平衡条件，即放大倍数与反馈系数乘积的模为1。它表示反馈信号与原输入信号的幅度相等。

（2）相位平衡条件（Phase Equilibrium Condition）。

$\varphi_a+\varphi_f=2n\pi\,(n=0，1，2，3\cdots)$ 称为振荡电路产生振荡时的相位平衡条件，即放大电路的相移与反馈网络的相移之和为 $2n\pi$，引入的反馈为正反馈，反馈端信号与输入端信号同相。

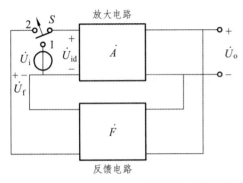 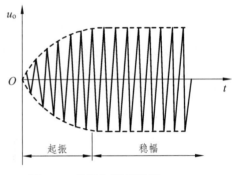

图 7-1　正弦波振荡电路的框图　　　　图 7-2　起振和稳幅波形

2. 振荡电路的起振与稳幅

（1）起振。

由于正弦波属于单一频率，因此在正弦波振荡电路中必须含有选频网络。在振荡电路接通电源瞬间，会产生微小的不规则的噪声或扰动信号，它包含各种频率的谐波成分，通过选频网络，只选出一种符合选频网络频率要求的单一频率信号进行正反馈，让该单一频率信号满足振幅平衡条件和相位平衡条件，其余信号频率均属于抑制之列。但在初始阶段由于扰动信号很微小，仅满足 $|\dot{A}\dot{F}|=1$ 是不够的，必须 $|\dot{A}\dot{F}|>1$，才能使输出信号逐渐由小变大，使电路起振。因此，振荡电路的起振条件和振荡电路稳定工作的振幅平衡条件是不同的。

起振的幅值条件为：$|\dot{A}\dot{F}|>1$。

（2）稳幅。

当振荡电路接通电源时，电路中就会产生微小的不规则的噪声和电源刚接通时的冲击信号，它们包含从低频到甚高频的各种频率的谐波成分，其中必有一种频率信号 $f_0$ 能满足相位平衡条件。

若又满足 $|\dot{A}\dot{F}|>1$ 的条件，则振荡电路起振。

起振后，振荡幅度迅速增大，使放大器工作于非线性区，致使放大倍数 $|\dot{A}|$ 下降，直到 $|\dot{A}\dot{F}|=1$，振荡（幅度）进入稳定状态。正弦波振荡电路起振和稳幅过程如图 7-2 所示。

3. 正弦波振荡电路的组成

正弦波振荡电路具有能自行起振且输出稳定的振荡信号的特点，一般必须由以下几部分组成。

（1）放大电路：具有信号放大作用，将电源的直流电能转换成交变的振荡能量。

（2）反馈网络：形成正反馈以满足振荡平衡条件。

（3）选频网络（Frequency-Selective Nework）：选择某一频率 $f_0$ 的信号满足振荡条件，形成单一频率的振荡。

（4）稳幅电路（Amblitude Stability Circuit）：使幅度稳定并改善输出波形。常用的有两种稳幅措施，一种是利用振荡管特性的非线性（截止或饱和）实现稳幅，称为内稳幅；另一种是利用外加稳幅电路实现稳幅，称为外稳幅，这时，振荡管工作在线性放大区。

**4. 正弦波振荡电路的分析**

对于一个振荡电路，首先要判断它能否产生振荡。对于能振荡的电路，其振荡频率可根据选频网络的参数进行计算。为保证振荡电路的起振，必须根据起振条件来确定电路元器件的参数。

判断电路能否产生振荡的步骤如下：

（1）检查电路的基本环节，一般振荡电路应具有放大电路、反馈网络、选频网络和稳幅电路等环节，缺一不可。

（2）检查放大电路的静态工作是否合适。

（3）检查电路是否引入正反馈，即是否满足相位平衡条件，如不能满足，肯定不能产生振荡。

（4）判断振荡器是否满足幅值的起振条件和平衡条件，并由此确定相关的放大电路和反馈网络的参数。一般振荡器的振幅条件容易满足。

**5. 振荡器的分类**

为了使振荡器产生单一频率的正弦波，必须具有选频网络。根据选频网络的不同，振荡器可以分为 $RC$ 振荡器、$LC$ 振荡器、石英晶体振荡器。$RC$ 振荡器一般用来产生数赫兹到数百千赫兹的低频信号；$LC$ 振荡器主要用来产生数百千赫兹以上的高频信号；石英晶体振荡器主要用在振荡频率稳定性要求比较高的场合。

# 7.2 $RC$ 正弦波振荡电路

$RC$ 振荡器又可分为 $RC$ 串并联（文式桥）振荡器、$RC$ 移相式振荡器和双 T 网络 $RC$ 振荡器。本节主要介绍 $RC$ 串并联正弦波振荡电路，因为它具有波形好、振幅稳定、频率调节方便等优点，应用非常广泛。移相式 $RC$ 振荡器电路简单，在要求不高的场合也采用，双 T 网络 $RC$ 振荡器，尽管选频特性较好，但频率调节不方便，只适合于产生单一频率的信号。

## 7.2.1 $RC$ 串并联正弦波振荡电路

**1. 电路组成和振荡判断**

（1）电路组成。

$RC$ 串并联正弦波振荡电路如图 7-3（a）所示。图中集成运放 A 构成同相比例放大电路，反馈网络由 $RC$ 串并联网络组成，因它与 $R_f$、$R_3$ 构成电桥形式，如图 7-3（b）所示，故称文氏桥式 $RC$ 振荡电路（Wien bridge RC oscillator）。

（2）振荡判断。

由瞬时极性法可知，$RC$ 串并联网络构成正反馈电路，满足相位平衡条件。$R_f$、$R_3$ 将运放接成同相比例放大电路，即电压串联负反馈电路，满足振幅平衡条件。

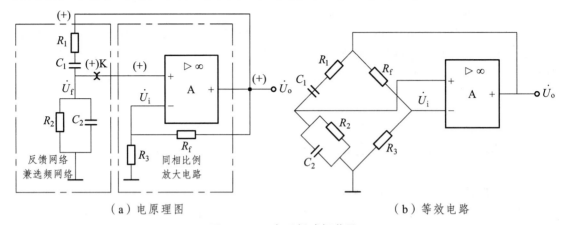

（a）电原理图　　　　　　　　（b）等效电路

图 7-3　$RC$ 文氏桥式振荡器

**2. $RC$ 串并联网络的频率特性**

为了便于分析，将图 7-3 中的选频网络单独画在图 7-4 上。图中 $R_1 = R_2 = R$，$C_1 = C_2 = C$。

$RC$ 串联电路的阻抗为

$$Z_1 = R_1 + \frac{1}{j\omega C_1} = \frac{1 + j\omega RC}{j\omega C}$$

$RC$ 并联电路的阻抗为

$$Z_2 = \frac{R_2 \cdot \dfrac{1}{j\omega C_2}}{R_2 + \dfrac{1}{j\omega C_2}} = \frac{R}{1 + j\omega RC}$$

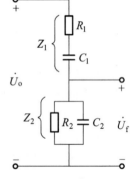

图 7-4　$RC$ 串联网络

当输入端输入正弦波电压时，电路的传输函数（即振荡电路中的反馈系数）为

$$\dot{F} = \frac{\dot{U}_f}{\dot{U}_0} = \frac{Z_2}{Z_1 + Z_2} = \frac{\dfrac{R}{1 + j\omega RC}}{\dfrac{1 + j\omega Rc}{j\omega c} + \dfrac{R}{1 + j\omega RC}} = \frac{1}{3 + j\left(\omega RC - \dfrac{1}{\omega RC}\right)}$$

令 $\omega_0 = \dfrac{1}{RC}$，$\omega_0$ 是电路的谐振角频率。则上式可改写成

$$\dot{F} = \frac{1}{3 + j\left(\dfrac{\omega}{\omega_0} - \dfrac{\omega_0}{\omega}\right)} = \frac{1}{3 + j\left(\dfrac{f}{f_0} - \dfrac{f_0}{f}\right)} \tag{7-1}$$

（1）$RC$ 串并联选频网络的幅频特性。

$$\dot{F} = \left|\dot{F}\right| = \left|\frac{\dot{U}_f}{\dot{U}_0}\right| = \frac{1}{\sqrt{3^2 + \left(\dfrac{f}{f_0} - \dfrac{f_0}{f}\right)^2}} \tag{7-2}$$

（2）RC 串并联选频网络的相频特性为

$$\varphi = -\arctan\frac{1}{3}\left(\frac{f}{f_0} - \frac{f_0}{f}\right) \tag{7-3}$$

由式（7-2）和式（7-3）分析可知：

当 $\omega = \omega_0$ 时，$|F| = 1/3$，$\varphi_f = 0°$；

当 $\omega \ll \omega_0$ 时，$|F| \to 0$，$\varphi_f \to +90°$；

当 $\omega \gg \omega_0$ 时，$|F| \to 0$，$\varphi_f \to -90°$；

它们的幅频特性和相频特性如图 7-5 所示。图中表明，当 $\omega = \omega_0$ 即 $f = f_0 = 1/2\pi RC$ 时，传递函数 $|F|$ 最大（即 $U_2$ 最大），且相移 $\varphi_f$ 为 0，对于偏离 $f_0$ 的其他频率信号，输出电压衰减很快，且与输入电压有一定相位差。

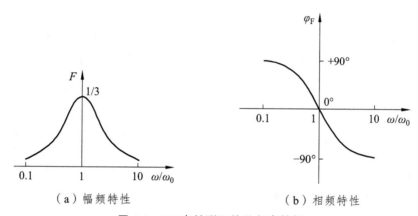

（a）幅频特性　　　　　　　　　（b）相频特性

图 7-5　RC 串并联网络的频率特性

3. RC 串并联正弦波振荡电路分析

当串并联选频网络在 $f = f_0$ 时，$U_f$ 最大，相移 $\varphi = 0$，因此，采用同相放大器，就能满足相位平衡条件。

（1）振荡频率计算。

当 $R_1 = R_2 = R$，$C_1 = C_2 = C$ 时，RC 串并联正弦波振荡电路的振荡频率为 $f_0 = \dfrac{1}{2\pi RC}$。可见，改变 R、C 的参数值，就可调节振荡频率。为了同时改变图 7-3 中的 $R_1$、$R_2$ 值或 $C_1$、$C_2$ 值，一般采用双联电位器或双联电容器来实现。

（2）起振条件。

当 $f = f_0$、$F = |\dot{F}| = 1/3$，根据起振条件 $|\dot{A}\dot{F}| > 1$，要求图 7-3 所示 $R_f$、$R_3$ 构成电压串联负反馈电路的电压放大倍数 $A_f = 1 + R_f/R_3 > 3$。即 $R_f > 2R_3$ 就能顺利起振。

【例 7-1】　图 7-3 所示电路中，若 $R_1 = R_2 = 100\ \Omega$，$C_1 = C_2 = 0.22\ \mu F$，$R_3 = 10\ k\Omega$，求振荡频率以及满足振荡条件的 $R_f$ 的值。

**解**：由求振荡频率公式可得

$$f_0 = \frac{1}{2\pi RC} = \frac{1}{2 \times 3.14 \times 100 \times 0.22 \times 10^{-6}}\ Hz = 7.23\ kHz$$

要满足起振条件，则 $R_f > 2R_3$，故 $R_f > 2×10\ \text{k}\Omega = 20\ \text{k}\Omega$，$R_f$ 取大于 20 kΩ 电阻。

（3）稳幅措施。

① 二极管稳幅。如图 7-6 所示电路是利用二极管的非线性自动完成稳幅的。在负反馈电路中，二极管 $D_1$、$D_2$ 与 $R_4$ 并联，只要有信号输出总有一个二极管导通，放大倍数为

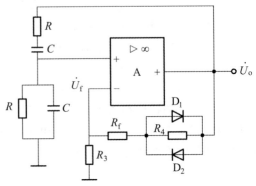

$$A_f = 1 + \frac{(r_d \parallel R_4) + R_f}{R_3}$$

式中，$r_d$ 为二极管 $D_1$、$D_2$ 导通时的动态电阻。

振荡电路刚起振时，输出电压较小，二极管正向偏置电压小，二极管正向交流电阻较大，负反馈较弱，使 $|\dot{A}\dot{F}|>3$，满足起振条件。当输出电压增大时，通过二极管的电流相应增大，导致二极管动态电阻 $r_d$ 减小，负反馈增强，使 $|\dot{A}\dot{F}|$ 减小，从而达到自动稳定输出幅度的目的。

图 7-6　利用二极管稳幅 $RC$ 振荡电路

② 热敏电阻稳幅。除二极管外，还可用热敏电阻进行稳幅。为此，把图 7-3 中的负反馈电阻 $R_f$ 换成负温度系数的热敏电阻，就能达到稳幅的目的。即振荡电压振幅增加时，流过 $R_f$ 的电流增加，导致 $R_f$ 中的功率增加而使温度上升，从而使 $R_f$ 阻值减小，同相放大器增益下降。

### 7.2.2　$RC$ 移相式正弦波振荡电路

1. 电路组成和振荡条件的实现

$RC$ 移相式正弦波振荡电路如图 7-7（a）所示。图中三个电阻 $R$ 和电容 $C$ 构成选频网络。$R_f$ 将集成运放接成反相输入组态，$\varphi_a = \pm 180°$。若要满足相位平衡条件，则 $RC$ 反馈网络必须在某一特定频率上提供移相 $\varphi_f = \pm 180°$。因一节 $RC$ 移相网络可以移相 0～90°，要使 $\varphi_f = 180°$，必须有三节或三节以上移相电路，使总移相在 0～270°范围内。另外，还要适当调整 $R_f$，以满足幅值平衡条件。

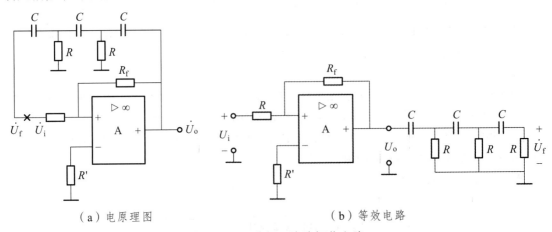

（a）电原理图　　　　　　　　　　（b）等效电路

图 7-7　$RC$ 移相正弦波振荡电路

2. 振荡频率的估算及起振条件

（1）估算。

由图 7-7（b）可见，它是由反相放大器和三节 $RC$ 移相网络组成。通过分析求得三节 $RC$ 移相网络的电压增益为

$$\frac{\dot{U}_f}{\dot{U}_o} = \frac{1}{1 - 5\left(\dfrac{1}{\omega RC}\right)^2 - j\left[\dfrac{6}{\omega RC} - \left(\dfrac{1}{\omega RC}\right)^3\right]}$$

振荡时，上式虚部为零，即

$$\frac{6}{\omega RC} - \left(\frac{1}{\omega RC}\right)^3 = 0$$

并且得出振荡角频率 $\omega_0 = \dfrac{1}{RC\sqrt{6}}$，振荡频率 $f_0 = \dfrac{1}{2\pi RC\sqrt{6}}$。

当 $\omega = \omega_0 = \dfrac{1}{RC\sqrt{6}}$ 时，电路产生振荡，振荡时的反馈系数为

$$F = \dot{F} = \frac{\dot{U}_f(j\omega_0)}{\dot{U}(j\omega_0)} = \frac{1}{1 - 5\left(\dfrac{1}{\omega RC}\right)^2} = -\frac{1}{29}$$

（2）电路起振条件。

达到振荡平衡时 $|\dot{A}\dot{F}| = 1$，可得达到振荡平衡时反相放大器的电压增益应为 $A_f = -\dfrac{R_f}{R} = -29$。可见，电路的起振条件应为 $|A_f| > 29$，即 $R_f > 29R$。为了实现稳幅，电路中 $R_f$ 一般用具有负温度系数的热敏电阻取代。

3. $RC$ 移相式正弦波振荡电路特点

$RC$ 移相式正弦波振荡电路具有结构简单、使用方便等优点。缺点是选频作用差导致输出波形失真大，频率调节不容易，振荡频率不够稳定。它一般适用于振荡频率固定且稳定性要求不高的场合，其频率范围为几赫兹至几十千赫兹。

## 7.3  $LC$ 正弦波振荡器

在 $LC$ 振荡器中，以电感、电容元件构成选频网络，可以产生几十兆赫兹以上的高频正弦信号。常见的 $LC$ 振荡器分为变压器反馈式、电容三点式、电感三点式 3 种。在讨论 $LC$ 振荡器之前，先回顾 $LC$ 并联网络的频率特性。

### 7.3.1  $LC$ 并联回路的频率特性

图 7-8 所示是一个 $LC$ 并联电路，其中 $r$ 是电感和电路中其他损耗的总等效电阻，$\dot{I}_s$ 为幅值不变、频率可调的正弦电流源信号，当频率很低时，电容支路的容抗很大，可近似认为开路，而电感支路感抗很小，总阻抗取决于电感支路，等效阻抗为感性，且频率越低，等效阻

抗越低；当频率很高时，电感支路的感抗很大，可近似认为开路，而电容支路容抗很小，总阻抗取决于电容，等效阻抗为容性，且频率越高，等效阻抗越低。并联电路的等效阻抗总存在一个频率$(f = f_0)$点，等效阻抗为纯电阻性，且阻值最大，即发生谐振的点。并联 $RL$ 电路的等效阻抗表达式为

$$Z = \cfrac{\cfrac{1}{\mathrm{j}\omega C}(R + \mathrm{j}\omega L)}{\cfrac{1}{\mathrm{j}\omega C} + (R + \mathrm{j}\omega L)}$$

一般情况下，$\omega L \gg R$，故上式可简化为

$$Z \approx \cfrac{\cfrac{1}{\mathrm{j}\omega C} \cdot \mathrm{j}\omega L}{R + \mathrm{j}\left(\omega L - \cfrac{1}{\omega C}\right)} = \cfrac{\cfrac{L}{C}}{R + \mathrm{j}\left(\omega L - \cfrac{1}{\omega C}\right)}$$

当虚部为零时即 $\omega L = 1/(\omega C)$ 时，电路发生并联谐振，电路呈纯电阻性，令并联谐振角频率为 $\omega_0$，即

$$\omega_0 = \frac{1}{\sqrt{LC}}$$

谐振频率为

$$f_0 = \frac{1}{2\pi\sqrt{LC}}$$

若定义谐振时的品质因素

$$Q = \frac{\omega_0 L}{R} = \frac{1}{R\omega_0 C} = \frac{1}{R}\sqrt{\frac{L}{C}}$$

故

$$Z_0 = Q\omega_0 L = \frac{Q}{\omega_0 C} = Q\sqrt{\frac{L}{C}}$$

$LC$ 并联回路谐振时，阻抗呈纯阻性，且 $Q$ 值越大，谐振时阻抗 $Z_0$ 越大。

引入 $Q$ 后，则阻抗一般表达式可写为

$$Z = \frac{Z_0}{1 + \mathrm{j}Q\left(\cfrac{\omega}{\omega_0} - \cfrac{\omega_0}{\omega}\right)}$$

相应的幅频特性和相频特性如图 7-9 所示。

由图 7-9 可见，当信号频率 $f = f_0$ 时，$Z$ 最大且为纯阻性，$\varphi = 0^\circ$。

当 $f \neq f_0$ 时，$Z$ 减小。当 $f/f_0 < 1$，即 $f < f_0$ 时，$Z$ 呈感性，$\varphi > 0^\circ$。

当 $f > f_0$ 时，$Z$ 呈容性，$\varphi < 0^\circ$。

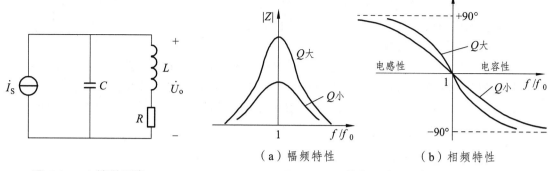

图 7-8　*LC* 并联回路

（a）幅频特性　　（b）相频特性

图 7-9　*LC* 并联回路的频率特性

同时 $Q$ 值越大，谐振阻抗 $Z_0$ 也越大，幅频特性越尖锐，相位随频率变化的程度也越急剧，说明电路选择有用信号（频振频率 $f_0$ 信号）的能力越强，即选频效果越好。

### 7.3.2　变压器反馈式 *LC* 正弦波振荡器

**1. 电路组成**

变压器反馈式 *LC* 正弦波振荡器电路（Transformer Feedback Oscillator）如图 7-10 所示。由下列三部分组成。

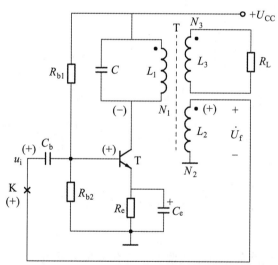

图 7-10　变压器反馈式 *LC* 正弦波振荡器电路

（1）放大电路。图中由 $U_{CC}$ 组成采用分压式偏置的共射电路，耦合电容 $C_b$ 和发射极旁路电容 $C_e$ 容量较大，在振荡频率上，交流阻抗小，可视短路。

（2）选频网络。选频网络由 $L_1$ 和 $C$ 构成，作为三极管集电极负载。

（3）反馈网络。变压器二次侧绕组 $N_2$ 作为反馈绕组，将输出的一部分，经 $C_b$ 反馈到输入端。变压器二次侧绕组 $N_3$ 接输出负载。

**2. 电路能否振荡的判断**

（1）相位平衡条件判断。

在反馈输入端 K 处断开，用瞬时极性法进行判断。设 $U_{CC}$ 基极上的瞬时极性为正，则集电极为负，即 $L_1$ 的瞬时极性为上正下负。根据同名端的概念，$N_2$ 上端瞬时极性为正，反馈至 K 处的瞬时极性为正，为正反馈。满足振荡的相位平衡条件。

（2）振幅起振条件的判断。

本电路中，$N_1$、$N_2$ 同绕在一磁芯上为紧耦合。放大电路为共射电路，放大倍数较大，这种电路是利用三极管的非线性实现内稳幅的。实践中，只要设置合适的静态工作点，增减 $N_2$ 的匝数或改变同一磁棒上 $N_1$、$N_2$ 的相对位置调节反馈系数的大小，使反馈量合适，即可满足起振条件。

3．振荡频率 $f_0$ 的估算

振荡器的振荡频率近似为 $LC$ 网络的固有谐振频率，可用下式估算：

$$f_0 = \frac{1}{2\pi\sqrt{LC}}$$

其中，$L$ 为谐振回路总电感量，$C$ 为谐振回路总电容量。

### 7.3.3 电感三点式振荡电路

电感三点式振荡电路又称哈脱莱（Hartley）振荡电路，电路如图 7-11 所示。

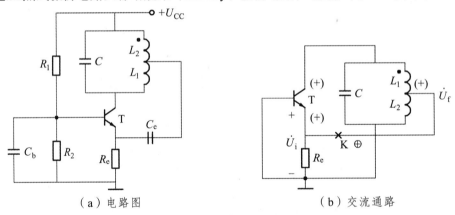

（a）电路图          （b）交流通路

图 7-11　电感三点式振荡电路

1．电路的组成

（1）放大电路。本电路采用分压式偏置，$C_b$ 为基极旁路电容，由于容量足够大，对交流可视为短路。画出电路的交流通路如 7-11（b）所示。基极是交流接地端，所以是共基极放大电路

（2）选频网络。选频网络由 $L_1$、$L_2$ 和 $C$ 并联而成。

（3）反馈网络。$L_2$ 上的反馈电压经 $C_e$ 送至三极管的输入端发射极。

2．电路能否振荡的判断

（1）相位起振条件判断。

在图 7-11（b）中，断开反馈输入端 K，设三极管输入端发射极的输入信号 $\dot{U}_i$ 对地瞬时极性为正，共基放大电路集电极电压与射极同相，瞬时极性也为正，电感 $L_2$ 的反馈信号 $\dot{U}_f$ 对地瞬时极性也为正，即 $\dot{U}_i$ 与 $\dot{U}_f$ 同相，满足相位平衡条件。

（2）振幅起振条件判断。

电感三点式振荡器的 $L_1$、$L_2$ 由同一电感线圈中间抽头组成，耦合紧密，易于起振，其起振条件为：$\dfrac{r_{be}}{\beta} < \dfrac{L_2+M}{L_1+M} < \beta$，其中，$(L_2+M)/(L_1+M) = F_u$，为反馈系数的模。

3. 谐振频率 $f_0$ 估算

电感三点式振荡电路的振荡频率近似等于 $LC$ 并联回路的谐振频率，即

$$f_0 \approx \frac{1}{2\pi\sqrt{LC}} = \frac{1}{2\pi\sqrt{(L_1 + L_2 + 2M)C}}$$

其中，$M$ 是电感 $L_1$ 与 $L_2$ 间的互感。

4. 电路特点

电感三点式振荡电路简单，易于起振，但由于反馈信号取自感 $L_1$，电感对高次谐波的感抗大，因而输出振荡电压的谐波分量增大，波形较差。常用于对波形要求不高的设备中，其振荡频率通常在几十兆赫以下。

### 7.3.4 电容三点式振荡电路

电容三点式振荡电路又称考毕兹（Colpitts oscillator）电路，电容三点式振荡器如图 7-12 所示。为了获得良好的正弦波，将图 7-11 中的电感 $L_1$、$L_2$ 改换成对高次谐波呈低阻抗的电容 $C_1$、$C_2$，同时将原来的电容 $C$ 改为电感 $L$，为构成放大管输出回路的直流通路，集电极增加了负载电阻 $R_c$，电容 $C_2$ 上的电压为反馈到输入端的电压。若从放大电路的输入端断开，用瞬时极性法，很容易判断出电路满足相位平衡条件。振荡频率取决于 $LC$ 并联谐振回路的谐振频率，即

$$f_0 = \frac{1}{2\pi\sqrt{LC}} = \frac{1}{2\pi\sqrt{L\dfrac{C_1 C_2}{C_1 + C_2}}}$$

振荡电路的起振条件为

$$\beta > \frac{r_{be} C_2}{R C_1}$$

式中，$R$ 是折合到谐振回路的等效总损耗电阻，$r_{be}$ 为三极管的输入等效电阻。

电容三点式的优点是输出正弦波形较好。因为反馈电压取自电容 $C_2$，电容对高次谐波的阻抗很小，故反馈到放大电路输入端的高次谐波成分很小。缺点是调节电容值来实现振荡频率调节时会影响起振条件。另外，频率很高时，电容取值很小，这时三极管的极间电容随温度变化的影响不可忽略，会影响振荡频率的稳定性。

为了解决频率调节和稳定的问题，可以在电感支路上再串联一个电容 $C_3$，电路如图 7-13 所示，其振荡频率为

$$f_0 \approx \frac{1}{2\pi\sqrt{LC}} = \frac{1}{2\pi\sqrt{L\dfrac{1}{\dfrac{1}{C_1} + \dfrac{1}{C_2} + \dfrac{1}{C_3}}}}$$

在参数取值时，$C_1$、$C_2$ 取得较大，可以掩盖三极管极间电容变化对频率的影响，而 $C_3$ 取值较小，可以实现较高频率（100 MHz 以上）的正弦波输出。此时的振荡频率近似为

$$f_0 \approx \frac{1}{2\pi\sqrt{LC_3}}$$

振荡频率完全由 $C_3$ 决定，这样调节方便，且稳定性高，频率的稳定度可达 $10^{-4} \sim 10^{-5}$。

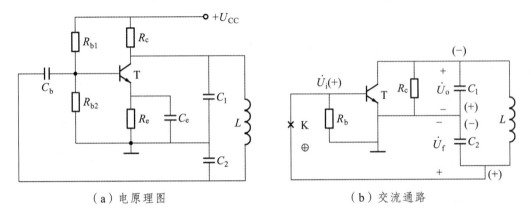

图 7-12 电容三点式振荡电路

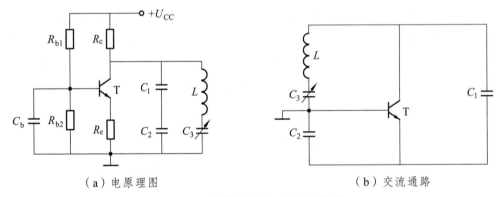

图 7-13 改进的电容三点式振荡器

## 7.4 石英晶体振荡电路

在实际应用中，常常要求振荡频率具有一定的稳定度。而前面介绍的 $LC$ 选频网络，$Q$ 值越大，选择性越好，频率的稳定度也越好。但由式 $\frac{1}{R}\sqrt{\frac{C}{L}}$ 可知，要提高 $Q$ 值，就要减小 $LC$ 回路的等效损耗尺或者增大 $L/C$。实际上，$L/C$ 的比值不能无限增大，因为增大电感要使电感的体积增大，线圈的损耗和分布电容也大；另一方面，电容取得过小，三极管的极间电容和线圈的分布电容都会影响振荡频率。一般 $LC$ 并联谐振回路的 $Q$ 值最高为数百，$LC$ 振荡器的频率稳定性很难超过 $10^{-5}$，而石英晶体振荡电路的 $Q$ 值可达 $10^4 \sim 10^6$，频率稳定度可达 $10^{-11} \sim 10^{-9}$，故当需要频率稳定性特别高的时候，常采用石英晶体振荡器。

### 7.4.1 石英晶体的基本特性

**1. 石英晶体的结构**

石英晶体是从石英晶体柱上按一定方位角切割下来的薄片（称之为晶片，可为圆形、正方形或矩形等），在表面上涂敷上银层作为电极，加上引线后封装而成。外壳可为金属，也可为玻璃。它的结构示意图如图 7-14 所示。

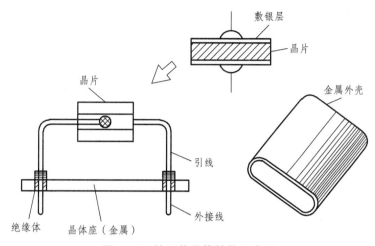

图 7-14　某石英晶体结构示意图

**2. 晶体的压电效应**

当在晶片上施加外力，使之产生机械形变，则会在两电极上产生极性相反、数值相等的电荷；反之，若在两极间施加电压，晶片会产生由电压极性决定的机械形变，这种现象称之为压电效应（Piezoelectric Effect）。

改变交变电压频率，晶片的振动幅度和流过晶片回路的交变电流都会随之改变。当外加交变电压的频率与晶片的固有振动频率（由晶片尺寸决定）相等时，晶片机械振动的幅度将急剧增加，振动最强，通过晶体的交变电流最大，这时称为压电谐振，故石英晶体又称之为石英谐振器。

石英晶体的振动具有多谐性，除基频振动外，还有奇次谐波的泛音振动。石英谐振器若利用其基频振动的，称之为基频（Fundamental Frenquency）晶体。若利用其泛音振动的，称之为泛音（Overtones）晶体。泛音晶体一般利用三次和五次的泛音振动，而很少利用九次以上的泛音振动。

**3. 石英谐振器图形符号及其性能参数**

（1）图形符号与基频等效电路。

石英谐振器图形符号如图 7-15（a）所示。它的基频等效电路如图 7-15（b）所示。图中 $C_o$ 表示石英晶片的静态电容和支架、引线等分布电容之和。$L_q$ 用来模拟晶片振动时的惯性，$C_q$ 模拟晶片的弹性；晶片振动时的摩擦损耗用电阻 $r_q$ 来等效。

石英谐振器的 $L_q$ 很大（几十毫亨），$C_q$ 很小（1pF 以下），品质因数 $Q_q$ 很高（$10^4 \sim 10^6$），且它们的数值极其稳定。另外 $C_o$ 远大于 $C_q$，故频率稳定度高。

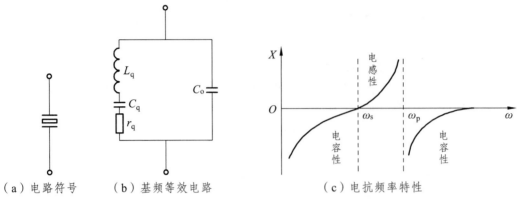

（a）电路符号　　（b）基频等效电路　　　　　（c）电抗频率特性

图 7-15　石英谐振器的符号、等效电路及其电抗频率特性

（2）谐振角频率。

由图 7-15（c）可见，石英谐振器有两个谐振角频率。

① 串联谐振角频率 $\omega_s$（Series Resonant Angular Frequency）。

当 $L$、$C$、$R$ 支路发生串联谐振时，$X_{Lq} = X_{Cq}$，$X = 0$，串联谐振角频率为 $\omega_s \approx \dfrac{1}{\sqrt{L_q C_q}}$。此时，$C_0$ 忽略不计。

② 并联谐振角频率（Antiresonant Angular Frequency）。

当频率高于 $\omega_s$ 时，晶体 $L_q$、$C_q$ 串联支路呈电感性，电路发生并联谐振，并联谐振的角频率为

$$\omega_p = \frac{1}{\sqrt{L_q \dfrac{C_q C_o}{C_q + C_o}}} = \omega_s \sqrt{1 + \frac{C_q}{C_o}}$$

（3）负载电容。

在实际振荡电路中，晶体两端往往并接有负载电容 $C_L$，如图 7-16 所示。此时，并接的总电容为（$C_o + C_L$），相应的并联谐振频率由 $f_p$ 减小到 $f_N$，$f_N$ 值为

$$f_N \approx f_s = \left(1 + \frac{1}{2}\frac{C_q}{C_o + C_L}\right)$$

$C_L$ 越大，$f_N$ 值就越接近 $f_s$。一般情况下，基频晶体的负载电容为 30 pF 或 50 pF，在晶体外壳上的振荡频率（晶体标称频率）就是并接 $C_L$ 后的 $f_N$ 值。

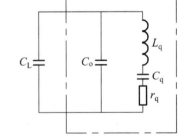

图 7-16　并联 $CL$ 晶体等效电路

### 7.4.2　晶体振荡电路

根据晶体在振荡电路中的作用不同，晶体振荡电路可分为并联型晶体振荡电路（Parallel-Mode Crystal Oscillators）和串联型晶体振荡电路（Series-Mode Crystal Oscillators）。

使晶体工作在略高于 $f_s$ 呈感性的频段内，用来代替三点式电路中的回路电感，相应构成的振荡电路称为并联型晶体振荡电路。

使晶体工作在 $f_s$ 上，等效为串联谐振电路，用作高选择性的短路元件，相应构成的振荡电路称为串联型晶体振荡电路。

晶体只能工作在上述两种方式，决不能工作在低于 $f_s$ 和高于 $f_p$ 呈容性的频段内，否则，频率稳定度将明显下降。

## 1. 串联型石英晶体振荡电路

串联型石英振荡电路如图 7-17 所示。图中 $T_1$ 组成共基极放大器，$T_2$ 组成共集极电路。设 $T_1$ 发射极瞬时极性为（+），集电极亦为（+），$T_2$ 发射极为（+），经石英晶体反馈到 $T_1$ 发射极瞬时极性为（+），石英晶体构成正反馈电路，$\varphi_f = 0$，满足相位起振条件。

图中可变电阻 $R_5$，用以改变正反馈信号的幅度，使之满足振幅起振条件，使电路起振。$R_5$ 不能过小，否则，振荡波形会产生失真。

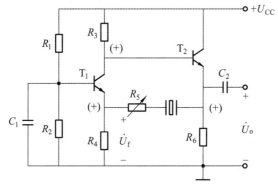

图 7-17　串联型石英晶体振荡电路

## 2. 并联型石英晶体振荡电路

（1）电路组成。

目前应用最广的并联型晶体振荡器是类似电容三点式的皮尔斯（Pirese）电路，如图 7-18（a）所示。其中，$C_b$ 为旁路电容，$C_c$ 为耦合电容，$L_c$ 为高频扼流圈。三极管接成分压式偏置的共基极电路，以稳定直流工作点。

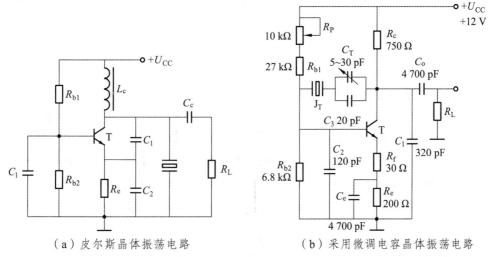

（a）皮尔斯晶体振荡电路　　　　（b）采用微调电容晶体振荡电路

图 7-18　并联型晶体振荡电路

图 7-18（a）中 $C_1$、$C_2$ 串接后与石英晶体并联，为晶体的负载电容，若它们的等效电容值等于晶体规定的负载电容值，那么振荡电路的振荡频率就是晶体的标称频率。但实际上，由于种种原因，振荡器的频率往往与标称频率略有偏差。故工程上采用微调电容的晶体振荡电路如图 7-18（b）所示。

（2）频率微调方法

图 7-18（b）中，$C_T$ 为微调电容，用来改变并接在晶体上的负载电容，从而改变振荡频率。$C_T$ 和 $C_3$ 并联与石英晶体串接，以减弱振荡管与晶体的耦合，从而进一步减小三极管参量变化对回路的影响。但 $C_T$ 的频率调节范围很小，故在实际电路中，还可采用微调电感或同时采用微调电容和微调电感。

（3）晶振电路应用注意事项。

① 在频率稳定度要求很高的场合，为克服温度变化对频率的影响，将晶体或整个振荡器设置于恒温槽内。采用恒温措施可将频率稳定度提高到 $10^{-10}$ 数量级。

② 在使用过程中，石英晶体的激励功率不能过大，否则会使频率稳定性、老化特性、寄生频率特性等变差，甚至可能使晶片振毁。

## 7.5 非正弦波发生器

常用的非正弦波发生器有矩形波发生器、三角波发生器及锯齿波发生器等。它的电路组成、工作原理、分析方法和前面介绍的正弦波振荡器完全不同，它们常用于数字系统中作信号源。非正弦波发生器主要由具有开关特性的器件（如电压比较器、BJT 或 FET 等）、反馈网络以及延时环节等部分组成。开关器件主要用于产生高、低电平，反馈网络主要将输出电压适当地反馈给开关器件使之改变输出状态；延时电路实现延时，以获得所需要的振荡频率。

### 7.5.1 矩形波发生器

由于矩形波包含丰富的高次谐波，所以矩形波发生器也称为多谐振荡器。输出无稳态，有两个暂态；若输出为高电平时定义为第一暂态，则输出为低电平为第二暂态。

1. 电路组成和工作原理

（1）基本组成部分。

矩形波发生器的电路如图 7-19 所示，它是由一个滞回比较器，外加 $RC$ 充放电电路构成。

① 开关电路：输出只有高电平和低电平两种情况，称为两种状态。因而采用电压比较器。

② 反馈网络：自控，在输出为某一状态时允许翻转成另一状态的条件。应引入反馈。

③ 延迟环节：使得两个状态均维持一定的时间，决定振荡频率。利用 $RC$ 电路实现。

设初始时电容上没电荷，即 $u_C(0) = 0$，比较器的输出为高电平 $u_C(0) = +U_Z$，则运放同相端的电压 $u_+ = \dfrac{R_1}{R_1 + R_2} U_Z = U_{T+}$，由于 $u_- = u_C = 0 < u_+$，输出端维持高电平 $u_o = +U_Z$，这时，输出 $u_0$ 通过 $R_3$ 向电容 $C$ 充电，电容电压按指数规律上升。只要 $u_C < U_{T+}$，电容将继续被充电。但当电容充电到 $u_C < U_{T+}$ 时，比较器的输出翻转，$u_o = -U_Z$，同时运放同相端的电压也改变

为 $u_+ = -\dfrac{R_1}{R_1 + R_2} U_Z = U_{T-}$，则有 $u_- = u_C > u_+$，比较器输出维持 $u_o = -U_Z$。这时，电容通过 $R_3$ 放电，电容电压将按指数规律下降。当电容电压下降到 $u_C = U_{T-}$ 时，比较器输出再度跳转 $u_o = +U_Z$，有 $u_+ = \dfrac{R_1}{R_1 + R_2} U_Z = U_{T+}$，输出再度向电容充电，当电容充电到 $u_C < U_{T+}$ 时，输出又翻转到 $u_o = -U_Z$，同时 $u_+ = -\dfrac{R_1}{R_1 + R_2} U_Z = U_{T-}$……如此反复，最后在输出端 $u_0$ 得到一个矩形波输出，波形如图 7-20 所示。

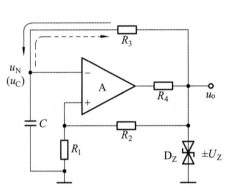

图 7-19 矩形波发生电路

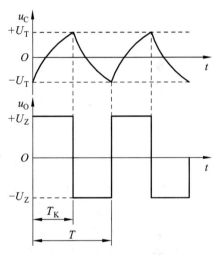

图 7-20 矩形波发生波形

2. 振荡周期和频率

由电路分析课程中的一阶电路的分析可知，电容充电、放电过程可以用方程表示为

$$u_C(t) = u_C(\infty) + [u_C(0+) - u_C(\infty)] e^{-\frac{t}{\tau}}$$

则充放电时间

$$t = \tau \ln \frac{u_C(\infty) - u_C(0+)}{u_C(\infty) - u_C(t)}$$

对应电路图 7-19，有时间常数

$$\tau = R_3 C$$

由图 7-20 可知，充电时间为

$$T_1 = R_3 C \ln\left(1 + 2\frac{R_1}{R_2}\right)$$

放电时间为

$$T_2 = R_3 C \ln\left(1 + 2\frac{R_1}{R_2}\right)$$

显然，由于充放电时间常数相同，故有

$$T_1 = T_2$$

矩形波的周期为

$$T = T_1 + T_2 = 2R_3C\ln\left(1 + 2\frac{R_1}{R_2}\right)$$

矩形波的占空比为

$$q = \frac{T_1}{T} = 50\%$$

从上可知，改变充放电回络的时间常数 $R_3C$ 以及滞回比较器电阻 $R_1$、$R_2$ 的比值，即可调节矩形波的振荡周斯和频率。振荡频率和稳压管的稳压值 $U_Z$ 无关，但 $U_Z$ 会影响矩形波的输出幅度。

由于该电路 $T_1 = T_2$，占空比为 $q = 50\%$，其输出的实际上为方波。如果要得到占空比可调的矩形波，可以使充电和放电的时间常数不同而实现。

### 3. 占空比可调的矩形波发生器

占空比可调的矩形波发生器电路如图 7-21 所示，对应的波形如图 7-22 所示。从电路图可知，电容充电时，通过只 $R_{W1}$、$D_1$、$R_3$；电容放电时，通过 $R_{W2}$、$D_2$、$R_3$；如果忽略二极管的导通电阻，则充电和放电的时间常数分别为 $T_1 = (R_{W1} + R_3)C$ 和 $T_2 = (R_{W2} + R_3)C$。

若改变电位计滑动触头位置，就可改变充电和放电的时间常数。如滑动端往下移，$R_{W1}$ 增加，$R_{W2}$ 减少，则充电时间常数增加，放电时间常数减少。

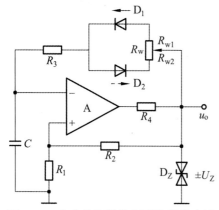

图 7-21　占空比可调的矩形波发生电路

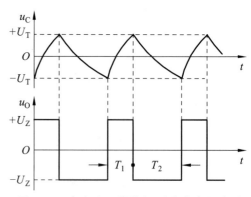

图 7-22　占空比可调的矩形波发生器波形

矩形波高电平和低电平的时间分别为

$$T_1 = (R_{W1} + R_3)C\ln\left(1 + 2\frac{R_1}{R_2}\right)$$

$$T_2 = (R_{W2} + R_3)C\ln\left(1 + 2\frac{R_1}{R_2}\right)$$

矩形波的周期为　　$T = T_1 + T_2 = (2R_3 + R_{W1} + R_{W2})C\ln\left(1 + 2\frac{R_1}{R_2}\right)$

占空比为
$$q = \frac{T_1}{T} = \frac{R_{W1} + R_3}{R_{W1} + R_{W2} + 2R_3}$$

从上式可见，改变电位计滑动端的位置，就可以改变占空比，但矩形波的振荡周期不受影响，即振荡频率不受影响。

### 7.5.2 三角波发生器

由图 7-20 可知，$u_C$ 的波形近似为三角波，只是这个波形是电容充放电的以指数规律变化的波形，如果作为三角波，线性度比较差。要得到线性度较好的三角波，可在矩形波发生器的后面增加一个积分电路，电路如图 7-23 所示。图中第一级运放构成滞回比较器，第二级运放构成积分电路，第二级的输出又反馈到第一级的同相输入端。

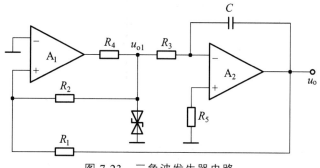

图 7-23　三角波发生器电路

假定刚开始（$t = 0$）时，滞回比较器输出为高电平，即 $u_{o1} = +U_Z$，且积分电容上的初始电压为零，有 $u_o = -u_C = 0$。由叠加定理可得滞回比较器的同相端的电压为

$$u_+ = \frac{R_1}{R_1 + R_2} u_{o1} + \frac{R_2}{R_1 + R_2} u_o$$

由上式可知，此时 $u_+$ 为高电平，则维持 $u_{o1} = +U_Z$。由 $u_o = -u_C = -\frac{1}{R_3 C} \int_0^t U_Z \mathrm{d}t$ 可知，积分电路的输出会向负方向线性增长，$u_+$ 也会随着减小。当 $u_0$ 的绝对值增长到某个值时，使 $u_+$ 减少到零，滞回比较器翻转，输出 $u_{o1} = -U_Z$。设这个使 $u_+$ 为零的 $u_o$ 为 $-U_{0m}$，由

$$u_+ = \frac{R_1}{R_1 + R_2} U_Z + \frac{R_2}{R_1 + R_2} (-U_{om}) = 0$$

得
$$-U_{om} = -\frac{R_1}{R_2} U_Z$$

当 $u_{o1} = -U_Z$ 时，由

$$u_+ = \frac{R_1}{R_1 + R_2} u_{o1} + \frac{R_2}{R_1 + R_2} u_0$$

得出 $u_+$ 为负值，则维持 $u_{o1} = -U_Z$。由

$$u_o = -u_C = -U_{om} - \frac{1}{R_3 C} \int_0^t (-U_Z) \mathrm{d}t$$

可知，积分电路的输出 $u_o$ 会向正向线性增长，$u_+$ 也会随着增加。当 $u_o$ 增长到某个值时，使 $u_+$ 增大到零，滞回比较器翻转，输出 $u_{o1} = +U_Z$。设这个使 $u_+$ 为零的 $u_o$ 为 $U_{om+}$，由

$$u_+ = \frac{R_1}{R_1 + R_2}(-U_Z) + \frac{R_2}{R_1 + R_2}U_{om+} = 0$$

得

$$U_{om+} = \frac{R_1}{R_2}U_Z$$

最后可得滞回比较器的输出为方波，积分器的输出为三角波，波形如图 7-24 所示。由图 7-24 可知，三角波的最大负向输出为 $U_{om-}$，最大正向输出为 $U_{om+}$，振荡幅度为 $U_{om}$。

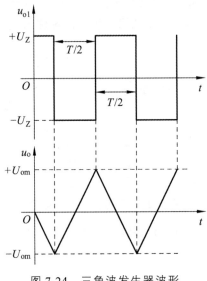

图 7-24　三角波发生器波形

三角波 $u_o = -u_C$ 从 $U_{om-}$ 变化到 $U_{om+}$ 的时间为 $T/2$，这时加在积分器的输入为 $u_{o1} = -U_Z$，由积分关系式

$$-U_{om} - \frac{1}{R_3 C}\int_0^{\frac{T}{2}}(-U_Z)\mathrm{d}t = U_{om}$$

得

$$T = \frac{4R_1 R_3 C}{R_2}$$

很显然，三角波的输出幅度只和滞回比较器中反馈网络的电阻以及稳压管稳定电压有关，与积分电路参数无关。若要调节输出波形的幅度，可调节反馈网络电阻 $R_1$、$R_2$ 的比值，振荡周期同时由滞回比较器的反馈网络电阻及积分电路的时间常数 $R_4 C$ 决定。若要调节振荡周期，又不改变输出波形的幅度，可以调节积分器的时间常数来实现。

### 7.5.3　锯齿波发生器

如果在图 7-23 所示的三角波发生器中，使积分电路的充电和放电时间常数不同，就可得到上升时间和下降时间不同的锯齿波，实现锯齿波的电路如图 7-25 所示，对应的波形如图 7-26 所示。

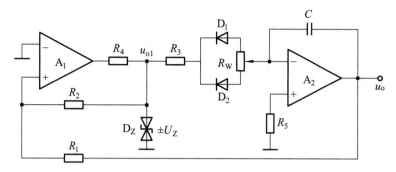

图 7-25　锯齿波发生器电路

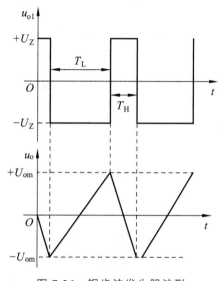

图 7-26　锯齿波发生器波形

　　假定刚开始（$t = 0$）时，滞回比较器输出为高电平，即 $u_{o1} = +U_Z$，且积分电容上的初始电压为零，有 $u_o = -u_C = 0$，这时 $u_{o1} = +U_Z$ 通过 $D_2$、$R_{W1}$ 向电容 $C$ 充电，故充电对应 $T_H$ 时间段。电容放电通过 $D_1$、$R_{W2}$，对应 $T_L$ 时间段。和前叙三角波发生器电路计算相似，锯齿波的输出幅度为

$$T_H = \frac{2R_1 R_{W1} C}{R_2}, \quad T_L = \frac{2R_1 R_{W2} C}{R_2}$$

振荡周期

$$T = T_H + T_L = \frac{2R_1 R_W C}{R_2} \quad (\, R_W = R_{W1} + R_{W2} \,)$$

# 实验 8　*RC* 正弦波振荡器

## 一、实验目的

（1）进一步学习 *RC* 正弦波振荡器的组成及其振荡条件。
（2）学会测量、调试振荡器。

## 二、实验原理

从结构上看，正弦波振荡器是没有输入信号的、带选频网络的正反馈放大器。若用 $R$、$C$ 元件组成选频网络，就称为 $RC$ 振荡器，一般用来产生 1 Hz ~ 1 MHz 的低频信号。

$RC$ 串并联网络（文氏桥）振荡器，电路型式如图 7-27 所示。

振荡频率 $\qquad f_0 = \dfrac{1}{2\pi RC}$

起振条件 $\qquad |\dot{A}| > 3$

电路特点：可方便地连续改变振荡频率，便于加负反馈稳幅，容易得到良好的振荡波形。

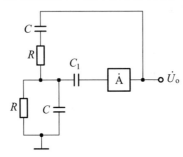

图 7-27 $RC$ 串并联网络振荡器原理图

## 三、实验设备与器件

（1）+ 12 V 直流电源； （2）函数信号发生器；
（3）双踪示波器； （4）频率计；
（5）直流电压表； （6）3DG12×2 或 9013×2 电阻、电容、电位器等。

## 四、实验内容

1. $RC$ 串并联选频网络振荡器

（1）按图 7-28 组接线路。

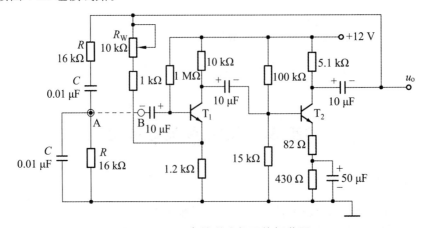

图 7-28 $RC$ 串并联选频网络振荡器

将电位器 $R_W$ 顺时针方向旋到底，接入+12 V 电源和地，不接 $RC$ 串并联网络（即 A 点和 B 点不连接），测量放大器静态工作点，将数据填入表 7-1。

表 7-1　放大器静态工作点数据记录

| $U_{B1}$ | $U_{E1}$ | $U_{C1}$ | $U_{B2}$ | $U_{E2}$ | $U_{C2}$ |
|---|---|---|---|---|---|
| | | | | | |

给放大器一个频率为 2 kHz、幅度为 0.5 V 的正弦输入 $u_i$，即从 B 点接入到信号发生器，用示波器分别测量 $U_i$ 和 $U_o$ 的值，求出放大器的电压放大倍数，填入表 7-2。

表 7-2　放大器电压放大倍数数据记录

| $U_i$ | $U_o$ | $A_u$ |
|---|---|---|
| 0.5 V | | |

（2）接通 $RC$ 串并联网络，并使电路起振，用示波器观测输出电压 $u_o$ 波形，调节 $R_W$ 使获得满意的正弦信号，记录波形及其参数填入表 7-3（可允许少量失真以维持波形稳定）。

表 7-3　起振波形数据记录

| $U_o$/V | 输出波形 $u_o$ |
|---|---|
| | |

（3）测量振荡频率，并与计算值进行比较。数据填入表 7-4。

表 7-4　起振波形振荡频率数据记录

| | 测量值 | 计算值 |
|---|---|---|
| $f$ | | |

（4）$RC$ 串并联网络幅频特性的观察。

将 $RC$ 串并联网络与放大器断开，用函数信号发生器的正弦信号注入 $RC$ 串并联网络，保持输入信号的幅度不变（约 3 V），频率由低到高变化，$RC$ 串并联网络输出幅值将随之变化，当信号源达某一频率时，$RC$ 串并联网络的输出将达最大值（约 1 V 左右）。且输入、输出同相位，此时信号源频率为

$$f = f_0 = \frac{1}{2\pi RC}$$

表 7-5　$RC$ 串并联网络幅频特性观察数据记录

| $U_i$/V | $U_o$/V | $u_i$ 与 $u_o$ 同轴波形 |
|---|---|---|
| 3 | | |

**五、实验总结**

（1）由给定电路参数计算振荡频率，并与实测值比较，分析误差产生的原因。

（2）总结三类 $RC$ 振荡器的特点。

**本章小结**

（1）要使正弦波振荡电路产生振荡，既要使电路满足幅度平衡条件又要满足相位平衡条件。

（2）正弦波振荡器一般由放大电路、反馈网络、选频网络和稳幅环节组成。正弦波振荡电路按选频网络不同，主要分为 $LC$ 振荡（含石英晶体振荡器）和 $RC$ 振荡电路两大类，改变选频网络的电参数，可以改变电路的振荡频率。

（3）$RC$ 振荡电路的振荡频率不高，通常在 1 MHz 以下，用作低频和中频正弦波发生电路（1 Hz～1 MHz）。桥式文氏 $RC$ 振荡电路的振荡频率为 $f_0 = \dfrac{1}{2\pi\sqrt{RC}}$。常用在频带较宽且要求连续可调的场合；$RC$ 移相式正弦波振荡电路的振荡频率为 $f_0 = \dfrac{1}{2\pi RC\sqrt{6}}$，其频率范围为几赫兹到几十千赫兹，一般用于频率固定且稳定性要求不高的场合。

（4）$LC$ 振荡电路有变压器反馈式、电感三点式、电容三点式三种。电容三点式改进型电路频率稳定性高。它们的振荡频率 $f_0 = \dfrac{1}{2\pi\sqrt{LC}}$，$f_0$ 愈大，所需 $L$、$C$ 值愈小，因此常用作几十千赫兹以上高频信号源。

（5）石英晶体振荡器是利用石英谐振器的压电效应来选频。它与 $LC$ 振荡电路相比，$Q$ 值要高得多，主要用于要求频率稳定度高的场合。

（6）常用的非正弦波发生器有矩形波发生器、三角波发生器及锯齿波发生器：

① 矩形波发生器的振荡周期为 $T = T_1 + T_2 = 2R_3C\ln\left(1 + 2\dfrac{R_1}{R_2}\right)$，占空比为 $q = \dfrac{T_1}{T} = 50\%$。

② 三角波发生器的振荡周期为 $T = \dfrac{4R_1R_3C}{R_2}$。

③ 锯齿波发生器的振荡周期 $T = T_H + T_L = \dfrac{2R_1R_WC}{R_2}$，其中 $R_W = R_{W1} + R_{W2}$。

## 习　题

**一、填空题**

1. 自激振荡的条件是：＿＿＿＿＿＿＿。它又可分解为振幅平衡条件：＿＿＿＿＿＿和相位平衡条件：＿＿＿＿＿＿＿＿＿＿＿。

2. 正弦波振荡电路的组成应有 4 个组成部分：＿＿＿＿＿＿、＿＿＿＿＿＿、＿＿＿＿＿＿和＿＿＿＿＿＿。

3. 余电容三点式振荡电路相比，电感三点式输出波形较＿＿＿＿，原因是反馈线圈 $L_2$ 中含有幅度较大的_____。

4. 石英晶体电抗特性有_____个容性区和_____个感性区。

5. RC 桥式振荡电路的振荡频率 $f_0 = $ _____。

## 二、简答和计算题

1. 正弦波振荡器的组成、振荡条件和分析要点是什么？

2. 常见 RC 和 LC 振荡器的种类和分析方法是什么？

3. 什么叫三点式振荡器？

4. 石英晶体振荡器的电路类型和电路中晶体的作用是什么？

5. 非正弦波振荡器的组成和工作特点是什么？

6. 若反馈振荡器满足起振和平衡条件，则必然满足稳定条件，这种说法是否正确？为什么？

7. 一反馈振荡器，欲减小因温度变化而使平衡条件受到破坏，从而引起振荡振幅和振荡频率的变化，应增大 $\left|\dfrac{\partial T(\omega_{osc})}{\partial V_i}\right|$ 和 $\left|\dfrac{\partial \varphi_T(\omega)}{\partial \omega}\right|$，为什么？试描述如何通过自身调节建立新平衡状态的过程（振幅和相位）。

8. 并联谐振回路和串联谐振回路在什么激励下（电压激励还是电流激励）才能产生负斜率的相频特性？

9. 组成 RC 串并联选频网络正弦波振荡器放大电路的放大倍数大于等于多少？

10. 电容三点式正弦波振荡电路和电感三点式正弦波振荡电路的振荡频率各为多少？

11. 判断图 7-29 所示交流通路中，哪些可能产生振荡，哪些不能产生振荡。若能产生振荡，则说明属于哪种振荡电路。

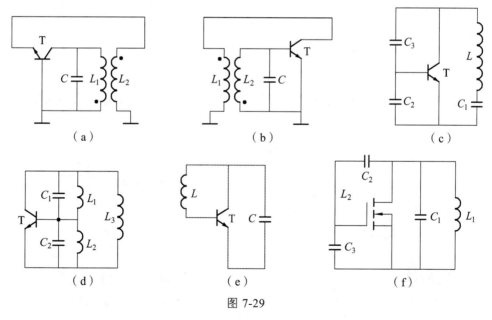

图 7-29

12. 如图 7-30 所示电路为三回路振荡器的交流通路，图中 $f_{01}$、$f_{02}$、$f_{03}$ 分别为三回路的谐振频率，试写出它们之间能满足相位平衡条件的两种关系式，并画出振荡器电路（发射极交流接地）。

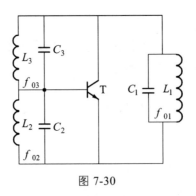

图 7-30

13. 试运用反馈振荡原理，分析如图 7-31 所示各交流通路能否振荡。

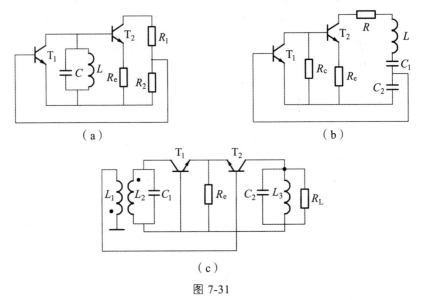

（a）　　　　　　　　　　　　　（b）

（c）

图 7-31

14. 如图 7-32 所示电路,试用相位平衡条件判断能否产生正弦波振荡,若不能应如何改?

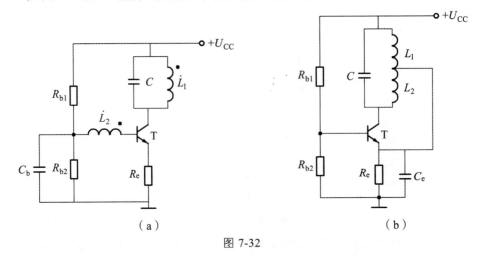

（a）　　　　　　　　　　　　　（b）

图 7-32

15. 如图 7-33 所示电路,试用相位平衡条件判断能否产生正弦波振荡,若不能应如何改?

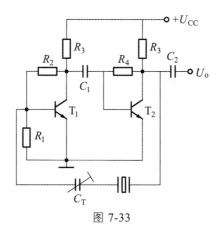

图 7-33

16. 图 7-34（a）所示为采用灯泡稳幅器的文氏电桥振荡器，图（b）为采用晶体二极管稳幅的文氏电桥振荡器，试指出集成运算放大器输入端的极性，并将它们改画成电桥形式的电路，指出如何实现稳幅。

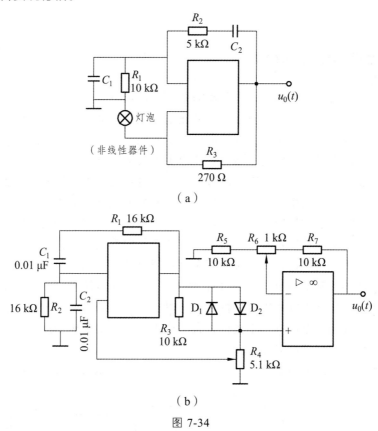

（a）

（b）

图 7-34

# 第8章 直流稳压电源

【学习目标】

（1）了解直流稳压电源的组成、作用和主要技术指标。
（2）掌握整流滤波电路的工作原理。
（3）掌握串、并联型稳压电路的工作原理及应用。
（4）熟悉常用三端稳压器的应用电路。

## 8.1 直流稳压电源的组成

人们在生产、生活中使用的电子设备都需要直流稳定电源供电，其中有直流稳定电压源和直流稳定电流源。除了便携式设备中采用的化学电池或电池组外，更多电子设备采用直流稳定电压源，又称为直流稳压电源。随着电子技术发展，电子系统的应用领域越来越广泛，电子设备的种类也越来越多，对稳压电源的要求更加灵活多样。电子设备的小型化和低成本化，使稳压电源朝轻、薄、小和高效率的方向发展。电路设计上，稳压电源也从传统的晶体管串联调整稳压电源向高效率、体积小、质量小的开关型稳压电源迅速发展。工程应用中通常根据稳压电源中稳压器的稳定对象，把稳压器分为直流稳压器和交流稳压器两种，直流稳压器输出直流电压，交流稳压器输出交流电压，两者一般都用市电供电。其中直流稳压电源按习惯可分为化学电源、线性稳压电源和开关型稳压电源。实际应用中，稳压电源的分类还可以根据电源稳压器的其他特点对电源进行分类。选择稳压电源时除了要确定电源的型号、种类，还要考虑所选稳压电源的电气特性是否可以满足工作的需要。理想的直流稳压电源，既要考虑电源功率和输出电压等基本指标符合工作需要，还要考虑稳压电源的电源调整率、输出功率、负载调整率和纹波等指标。

小功率直流稳压电源的组成如图 8-1 所示，它由电源变压器、整流电路、滤波电路和稳压电路 4 部分组成。图中各环节的功用如下。

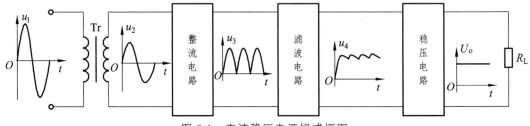

图 8-1 直流稳压电源组成框图

（1）电源变压器 Tr:电源变压器将交流电源电压变换成符合整流、稳压需要的交流电压。

（2）整流电路:将变压器二次侧交流电压 $u_2$ 变化为单向脉动电压 $u_3$,其中整流元件常采用具有单向导电性的晶体二极管或晶闸管。

（3）滤波电路:为了减小整流输出电压 $u_3$ 的脉动程度,采用滤波电路减小脉动电压的纹波幅度,以适应负载的需要。

（4）稳压电路:当交流电源电压波动或负载变化时,通过稳压电路使直流输出电压稳定。在某些对直流电压的稳定度要求不高的电子电路中,稳压电路可以采用简单的稳压管稳压电路或不需要稳压环节。

在分析电源电路时要特别考虑的两个问题:允许电网电压波动±10%,且负载有一定的变化范围。

## 8.2　整流电路

整流电路的功能是利用二极管的单向导电性将正弦交流电压转换成单向脉动电压。整流电路有单相整流和三相整流,其中分为半波整流、全波整流、桥式整流等。本节重点讨论小功率单相桥式整流。为了分析整流电路的方便,把二极管当作理想器件来处理,即认为它的正向导通电阻为零,反向电阻为无穷大。

### 8.2.1　单相半波整流电路

图 8-2 所示为单相半波整流电路。它由电源变压器、晶体二极管以及负载组成。

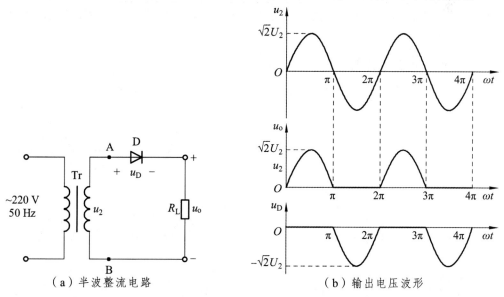

（a）半波整流电路　　　　　　　　（b）输出电压波形

图 8-2　单相半波整流电路

这是一个最简单的整流电路。假设变压器二次侧的电压为 $u_2 = \sqrt{2}U_2 \sin\omega t$,由于二极管 D 具有单向导电性,只有当它的阳极电位高于阴极电位时才能导通。因此,在变压器二次侧电压 $u_2$ 的正半周时二极管导通,这时负载电阻 $R_L$ 上的电压为 $u_o$,流过二极管的电流为 $i_o$;当变压器二次侧的电压 $u_2$ 为负半周时,二极管受到反向电压作用而截止,$u_o$ 和 $i_o$ 都为零。在负

载电阻 $R_L$ 上得到半波整流电压 $u_o$ 和半波整流电流 $i_o$，其波形如图 8-2（b）所示。

负载上得到的电压 $u_o$ 虽然是单方向的（极性一定），但其大小仍然是变化的，这种电压称为单向脉动电压，通常用一个周期的平均值来表示它的大小。单相半波整流电压的平均值为

$$U_o = \frac{1}{2\pi}\int_0^\pi \sqrt{2}U_2 \sin\omega t \mathrm{d}(\omega t) = \frac{1}{2\pi}U_2 \approx 0.45U_2$$

流过负载电阻 $R_L$ 电流的平均值为

$$I_o = \frac{U_o}{R_L} \approx 0.45 \times \frac{U_2}{R_L}$$

工程应用中除了根据负载所需要直流电压 $U_o$ 和直流电流 $I_o$ 选择整流元件外，还需要考虑整流元件截止时所承受的最高反向电压 $U_{RM}$。在单向半波整流电路中，二极管截止时所承受的最高反向电压就是 $U_{RM}$，即 $U_{RM} = \sqrt{2}U_2$。

【例 8-1】 有一单相半波整流电路，已知负载电阻 $R_L = 750\ \Omega$，变压器二次侧电压 $U_2 = 20\ \mathrm{V}$，试求 $U_o$，$I_o$ 及 $U_{RM}$，并选择二极管。

**解：** $U_o = 0.45U_2 = 0.45 \times 20\ \mathrm{V} = 9\ \mathrm{V}$

$$I_o = \frac{U_o}{R_L} = \frac{9\ \mathrm{V}}{750\ \Omega} = 12\ \mathrm{mA}$$

$$U_{RM} = \sqrt{2}U_2 = \sqrt{2} \times 20\ \mathrm{V} = 28.2\ \mathrm{V}$$

所以二极管选用 2AP4（16 mA，50 V）。

综上分析得半波整流的特点：优点是结构简单，使用元件少。缺点是只利用了电源的半个周期，电源的利用率低；输出直流成分较低；输出波形的脉动大，一般用于要求不高，输出电流较小的场合。

### 8.2.2 单相全波整流电路

图 8-3 所示为单相全波整流电路。它由电源变压器、晶体二极管以及负载组成。

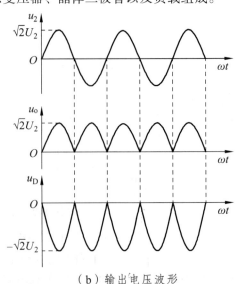

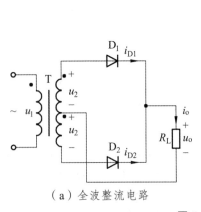

（a）全波整流电路　　　　　　　　（b）输出电压波形

图 8-3 全相半波整流电路

变压器副边中心抽头，感应出两个相等的电压 $u_2$ 假设变压器二次侧的电压为 $u_2 = \sqrt{2}U_2 \sin\omega t$，在变压器二次侧电压 $u_2$ 为正半周时二极管 $D_1$ 导通，当变压器二次侧的电压 $u_2$ 为负半周时，二极管 $D_2$ 导通，在负载电阻 $RL$ 上得到全波整流电压 $u_o$ 和全波整流电流 $i_o$，其波形如图 8-3（b）所示。

单相全波整流电压的平均值为

$$U_o = \frac{1}{2\pi}\int_0^\pi \sqrt{2}U_2 \sin\omega t \, d(\omega t) = 2 \times 0.45U_2 = 0.9U_2$$

流过负载电阻 $R_L$ 电流的平均值为

$$I_o = \frac{U_o}{R_L} = 0.9\frac{U_2}{R_L}$$

每个二极管承受的最高反向电压 $U_{RM} = 2\sqrt{2}U_2$。

综上分析得全波整流的特点：优点是电源的利用率高，输出电压提高了一倍。缺点是要求具有中心抽头的变压器，工艺复杂，成本较高；要求二极管的耐压高。

### 8.2.3 单相桥式整流电路

单相桥式整流电路如图 8-4 所示，图中的电源变压器，它的作用是将交流电网电压 $u_1$ 变成整流电路要求的交流电压 $u_2 = \sqrt{2}U_2 \sin\omega t$，$R_L$ 是要求直流供电的负载电阻，整流二极管 $D_1 \sim D_4$ 接成电桥形式，故称为桥式整流电路。

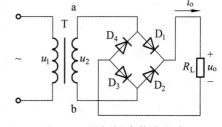

图 8-4　单相桥式整流电路

在电源电压 $u_2$ 的正半周时，即上正下负，二极管 $D_1$ 和 $D_3$ 导通，$D_2$ 和 $D_4$ 截止；在电源电压 $u_2$ 的负半周时，即上负下正，二极管 $D_2$ 和 $D_4$ 导通，$D_1$ 和 $D_3$ 截止；依次循环，负载 $R_L$ 上流过的电流为 $i_o$，电流通路方向如图中实线箭头所表示。其负载的输出电压 $u_o$ 和电流 $i_o$ 的波形见图 8-5 所示。电流 $i_o$ 的波形与 $u_o$ 的波形相同，显然，它们都是单方向的全波脉动波形。

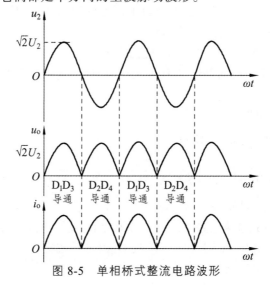

图 8-5　单相桥式整流电路波形

整流电路的主要性能指标包括整流电路的工作性能指标和整流二极管的性能指标。整流电路的工作性能指标有输出电压 $u_o$ 和脉动系数 $S$。二极管的性能指标有流过二极管的平均电流 $I_D$ 和管子所承受的最大反向电压 $U_{RM}$。

单相桥式整流电压的平均值为

$$U_o = 2 \times \frac{1}{2\pi} \int_0^\pi \sqrt{2} U_2 \sin \omega t d(\omega t) = 2 \times 0.45 U_2 = 0.9 U_2$$

流过负载电阻 $R_L$ 电流的平均值为

$$I_o = \frac{U_o}{R_L} = 0.9 \frac{U_2}{R_L}$$

由频谱分析可知，图 8-5 所示电路整流输出电压波形中包含有若干偶次谐波分量称为纹波，它们叠加在直流分量上，通常将最低次谐波幅值与输出电压平均值之比定义为脉动系数 $S$，即

$$S = \frac{U_{om1}}{U_o}$$

式中 $U_{om1}$ 为负载两端电压的最低次谐波（基波）分量的幅度。

全波整流电压的脉动系数约为 0.67，故需用滤波电路减小 $U_o$ 中的纹波电压。

流过二极管的正向平均电流 $I_D$ 为 $I_D = \frac{1}{2} I_o$。

每个二极管承受的最高反向电压 $U_{RM}$ 为 $U_{RM} = \sqrt{2} U_2$。

综上分析得桥式整流的特点：优点是输出电压高，纹波电压较小，管子所承受的最大反向电压较低，同时因电源变压器在正、负半周内都有电流供给负载，电源变压器得到充分的利用，效率较高。因此，这种电路在半导体整流电路中得到了广泛的应用。电路的缺点是二极管用的较多。目前市场上已有许多品种的半桥和全桥整流器件，这对桥式整流电路缺点是一大弥补。

【例 8-2】 单相桥式整流电路，已知交流电网电压为 220 V，负载电阻 $R_L = 100\ \Omega$，负载电压 $U_o = 12$ V。

（1）电源变压器副边电压的有效值 $U_2$ 应为多少？

（2）整流二极管的正向平均电流 $I_D$ 和最大反向电压 $U_{RM}$ 为多少？

**解：**（1） $U_2 = \dfrac{U_o}{0.9} = \dfrac{12}{0.9}\ \mathrm{V} = 13.3\ \mathrm{V}$

（2） $I_o = \dfrac{U_o}{R_L} = \dfrac{12}{100}\ \Omega = 0.12\ \mathrm{A} = 120\ \mathrm{mA}$

$I_D = \dfrac{1}{2} I_o = 0.06\ \mathrm{A} = 60\ \mathrm{mA}$

$U_{RM} = \sqrt{2} U_2 = \sqrt{2} \times 13.3\ \mathrm{V} = 18.8\ \mathrm{V}$

【例 8-3】 试分析桥式整流电路中，（1）二极管 $D_2$ 或 $D_4$ 断开时负载电压的波形；（2）如果 $D_2$ 或 $D_4$ 接反，后果如何？（3）如果 $D_2$ 或 $D_4$ 因击穿或烧坏而短路，后果又如何？

**解：**（1）当 $D_2$ 或 $D_4$ 断开时电路为单相半波整流电路。

正半周时，$D_1$ 和 $D_3$ 导通，负载电压 $u_o = u_2$；

负半周时，$D_1$ 和 $D_3$ 截止，负载中无电流通过，$u_o = 0$。

负载电压的波形如图 8-6 所示。

（2）如果 $D_2$ 或 $D_4$ 接反。

正半周时，二极管 $D_1$、$D_2$ 或 $D_3$、$D_4$ 导通，电流经 $D_1$、$D_2$ 或 $D_3$、$D_4$ 而造成电源短路，电流很大，因此变压器及 $D_1$、$D_2$ 或 $D_3$、$D_4$ 将被烧坏。

（3）如果 $D_2$ 或 $D_4$ 因击穿烧坏而短路。

正半周时，情况与 $D_2$ 或 $D_4$ 接反类似，电源及 $D_1$ 或 $D_3$ 也将因电流过大而烧坏。

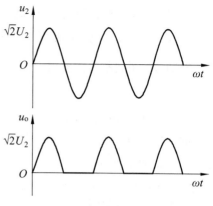

图 8-6　负载电压波形

## 8.3　滤波电路

交流电压经整流电路整流后输出的是单向脉动直流电压，其中既有直流成分又有交流成分。而滤波的原理则是利用储能元件电容两端的电压（或通过电感中的电流）不能突变的特性，滤掉整流电路输出电压中的交流成分，保留其直流成分，达到平滑输出电压波形的目的。其方法是将电容与负载 $R_L$ 并联（或将电感与负载 $R_L$ 串联）。

### 8.3.1　电容滤波电路

电容滤波电路是最简单的滤波器，它是通过电容器的充电、放电来滤除交流分量的。电容滤波是在整流电路的负载上并联一个电容 $C$，电容为带有正负极性的大容量电容器，如电解电容、钽电容等。

#### 8.3.1.1　半波整流滤波电路

电路形式如图 8-7 所示。

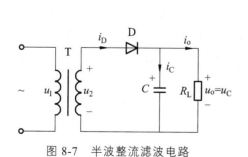

图 8-7　半波整流滤波电路

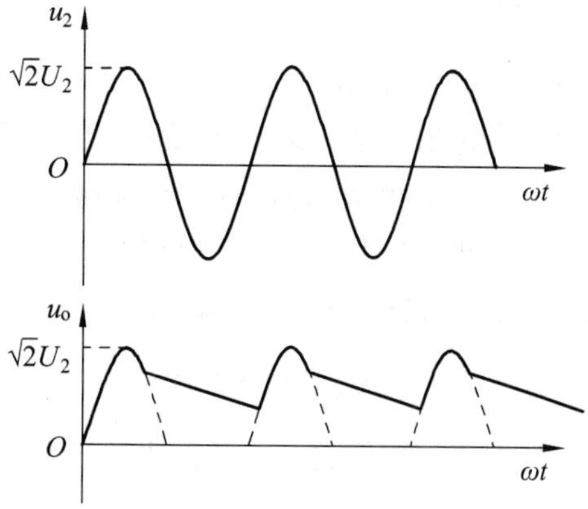

图 8-8　输出电压波形

$u_2 > u_C$ 时，二极管导通，电源在给负载 $R_L$ 供电的同时也给电容充电，$u_C$ 增加。$u_2 < u_C$ 时，

二极管截止，电容通过负载 $R_L$ 放电，$u_C$ 按指数规律下降。二极管承受的最高反向电压为 $U_{RM} = 2\sqrt{2}U_2$。输出电压波形如图 8-8 所示，可以看出输出电压波形不够平直。

### 8.3.1.2　桥式整流滤波电路

1. 桥式整流滤波电路的工作原理

图 8-9 和 8-10 分别为桥式整流滤波电路和输出电压波形图，并入电容 $C$ 后，在 $u_2$ 处正半周时，$D_1$、$D_3$ 导通，$D_2$、$D_4$ 截止，电源在向 $R_L$ 供电的同时，同时也向 $C$ 充电储能。由于充电时间常数 $\tau_1$ 很小（线圈电阻和二极管的正向电阻都很小），充电很快结束，输出电压 $u_o$ 随 $u_2$ 迅速上升。当 $u_C \approx \sqrt{2}U_2$ 时，$u_2$ 开始下降，当 $u_2 < u_C$ 时，即在 $t_1 \sim t_2$ 时间段内，$D_1 \sim D_4$ 全部反偏截止，电容 $C$ 向 $R_L$ 放电。由于放电时间常数 $\tau_2$ 较大，放电过程较慢，输出电压 $u_o$ 随 $u_C$ 按指数规律缓慢下降，如图中 $t_1 \sim t_2$ 时间段内的实线所示。$t_2$ 时刻负半周电压幅度增大到 $u_2 > u_C$，$D_1$、$D_3$ 截止，$D_2$、$D_4$ 导通，$C$ 又被充电，充电过程形成 $u_o = u_2$ 的波形为 $t_2 \sim t_3$ 时间段内的实线所示。$t_3 \sim t_4$ 时段内 $u_2 < u_C$，$D_1 \sim D_4$ 又截止，$C$ 又放电，如此不断地充电、放电，使负载获得如图 8-10 中实线所示的 $u_o$ 波形。由波形可见，桥式整流接电容滤波后，输出电压的脉动程度大为减小。

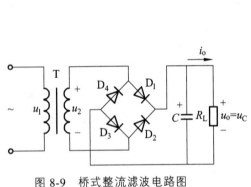

图 8-9　桥式整流滤波电路图

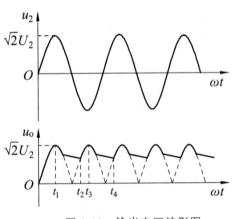

图 8-10　输出电压波形图

2. 性能参数的工程估算

（1）输出直流电压。

由上述讨论可见，输出电压平均值 $U_o$ 的大小与 $\tau_1$、$\tau_2$ 的大小有关，$\tau_1$ 越小，$\tau_2$ 大，$U_o$ 也就越大。当负载 $R_L$ 开路时，$\tau_2$ 无穷大，电容 $C$ 无放电回路，$U_o = \sqrt{2}U_2$ 达到最大值；若 $R_L$ 很小，输出电压几乎与无滤波时相同，$R_L$ 越小输出平均电压越低。因此，电容滤波器输出电压在 $0.9U_2 \sim \sqrt{2}U_2$ 范围内波动，工程上一般采用经验公式估算输出平均电压 $U_o$ 的大小，即

$$U_o = (1.1 \sim 1.2)U_2$$

为了达到上式的取值关系，获得比较平直的输出电压，工程上也按照经验公式计算放电时间常数

$$\tau_2 = R_L C \geqslant (3 \sim 5)\frac{T}{2}$$

（2）整流二极管参数选择。

如前所述，在未加滤波电容前，整流管半个周期导通，半个周期截止，二极管的电流流通角 $\theta_c = \pi$。带滤波电容后，仅当电容充电时，二极管才导通，电流流通角 $\theta_c < \pi$，且 $R_L$、$C$ 越大滤波效果越好，$\theta_c$ 越小，所以整流二极管在短暂时间内将通过一个较大的冲击电流为 $C$ 充电。为了使整流二极管能安全工作，在选用整流管时应考虑给整流管留有足够的裕量，通常应大于输出平均电流的 2 ~ 3 倍，即 $I_F \geqslant (2 \sim 3)I_o$。

此外，选择整流二极管时还应该考虑二极管的反向耐压。对于单相桥式整流电路而言，无论有无滤波电容，二极管的最高反向工作电压都是 $\sqrt{2}U_2$，实际应用中常选 $U_{RM} > 2\sqrt{2}U_2$ 的整流二极管。

滤波电容值的选取应视负载电流的大小而定，一般在几十微法到几千微法，电容器耐压应大于 $\sqrt{2}U_2$。

综上所述得到电容滤波的特点:电路简单轻便;输出电压平均值升高（原因是电容储能）;外特性较差（即输出电压平均值随负载电流增大而很快下降，带负载能力差）;对整流二极管有很大的冲击电流，选管参数要求较高。

【例 8-4】 有一单相桥式整流滤波电路如图 8-7 所示，已知交流电源频率 $f = 50$ Hz，负载电阻 $R_L = 200 \ \Omega$，要求直流输出电压 $U_o = 30$ V，选择整流二极管及滤波电容器。

**解**：（1）选择整流二极管。

流过二极管的电流 $I_D = \dfrac{1}{2}I_o = \dfrac{1}{2} \times \dfrac{U_o}{R_L} = \dfrac{1}{2} \times \dfrac{30 \ \text{V}}{200 \ \Omega} = 0.075$ A

变压器副边电压的有效值 $U_2 = \dfrac{U_o}{1.2} = \dfrac{30 \ \text{V}}{1.2} = 25$ V

极管承受的最高反向电压 $U_{DRM} = \sqrt{2}U_2 = \sqrt{2} \times 25 \ \text{V} = 35$ V

可选用二极管 2CZ52B（100 mA，50 V）。

（2）选择滤波电容器。

取 $R_L C = 5 \times T/2$

$$R_L C = 5 \times \frac{1/50}{2} \ \text{S} = 0.05 \ \text{S}$$

所以
$$C = \frac{0.05}{R_L} = \frac{0.05 \ \text{S}}{200 \ \Omega} = 250 \times 10^{-6} \text{F} = 250 \ \mu\text{F}$$

可选用 $C = 250 \ \mu$F，耐压为 50 V 的极性电容器。

【例 8-5】 在桥式整流滤波电路中，已知 $R_L = 40 \ \Omega$，$U_2 = 20$ V，$C = 1\ 000 \ \mu$F。试问:

（1）正常时，$U_o$ 为多少?

（2）如果测得 $U_o$ 为下列数值，可能出现了什么故障?

① $U_o = 18$ V; ② $U_o = 28$ V; ③ $U_o = 9$ V。

**解**：（1）正常时，$U_o = 1.2U_2 = 1.2 \times 20 \ \text{V} = 24$ V

（2）当 $U_o = 18$ V 时，此时 $U_o = 0.9U_2$ 成为桥式整流电路。表明电容开路。

当 $U_o = 28$ V 时，此时 $U_o = 1.4U_2$。表明是负载开路的情况。

当 $U_o = 9$ V 时，此时 $U_o = 0.45U_2$。表明是半波整流电路。

可判定是四只二极管中有一只开路，且电容也开路。

### 8.3.2　电感滤波电路

在桥式整流电路和负载电阻 $R_L$ 间串入一个电感器 $L$ 如图 8-11 所示。利用电感的储能作用可以减小输出电压的纹波，从而得到比较平滑的直流。当忽略电感器 $L$ 的电阻时，负载上输出的平均电压和纯电阻（不加电感）负载相同，即 $U_o = 0.9U_2$。

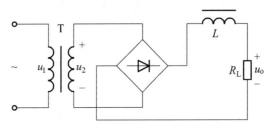

图 8-11　桥式整流电感滤波电路

电感滤波原理为：对于直流分量，$L$ 相当于短路，电压大部分降在 $R_L$ 上。对于谐波分量，$f$ 越高，$X_L$ 越大，电压大部分降在 $L$ 上。

电感滤波的特点是，整流管的导电角较大（电感 $L$ 的反电动势使整流管导电角增大），峰值电流很小，输出特性比较平坦。其缺点是由于铁心的存在，笨重、体积大，易引起电磁干扰。一般只适用于大电流的场合。

### 8.3.3　复式滤波器

电容滤波和电感滤波各有优缺点，为了进一步提高滤波效果，常将电阻、电感、电容组成复式滤波。复式滤波有 $LC$-$\Gamma$ 型滤波、$RC$-$\prod$ 型滤波和 $LC$-$\prod$ 型滤波，其电路和特点如表 8-1 所示。

表 8-1　各种滤波电路的比较

| 类型 | $LC$-$\Gamma$ 型滤波 | $RC$-$\prod$ 型滤波 | $LC$-$\prod$ 型滤波 |
|---|---|---|---|
| 电路连接 | | | |
| $U_o$ | $\approx 0.9U_2$ | $\approx 1.2U_2$ | $\approx 1.2U_2$ |
| 二极管冲击电流 | 小 | 大 | 大 |
| 负载能力 | 强 | 差 | 较强 |
| 适用场合 | 大电流 | 小电流 | 小电流 |
| 其他特点 | 一般 $L$ 较大，$C$ 较小，$L$ 笨重价高 | $R$ 上有直流压降 | 一般 $L$ 较小，$C$ 较大 |

## 8.4 稳压电路

经整流和滤波后的电压会随着交流电源电压的波动和负载的变化而改变，因此需稳压电路。

### 8.4.1 并联型稳压电路

并联型稳压电路是最简单的一种稳压电路。这种电路主要用于对稳压要求不高的场合，有时也作为基准电压源。

图 8-12 为并联型稳压管稳压电路，因其稳压管 $D_Z$ 与负载电阻 $R_L$ 并联而得名。

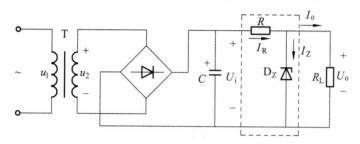

图 8-12　并联型稳压管稳压电路

引起电压不稳定的原因是交流电源电压的波动和负载电流的变化。而稳压管能够稳压的原理在于稳压管具有很强的电流控制能力。当保持负载 $R_L$ 不变，$U_i$ 因交流电源电压增加而增加时，负载电压 $U_o$ 也要增加，稳压管的电流 $I_Z$ 急剧增大，因此电阻 $R$ 上的压降急剧增加，以抵偿 $U_i$ 的增加，从而使负载电压 $U_o$ 保持近似不变。相反，$U_i$ 因交流电源电压降低而降低时，稳压过程与上述过程相反。

如果保持电源电压不变，负载电流 $I_o$ 增大时，电阻 $R$ 上的压降也增大，负载电压 $U_o$ 因而下降，稳压管电流 $I_Z$ 急剧减小，从而补偿了 $I_o$ 的增加，使得通过电阻 $R$ 的电流和电阻上的压降保持近似不变，因此负载电压 $U_o$ 也就近似稳定不变。当负载电流减小时，稳压过程相反。

选择稳压管时，一般取：

$$\begin{cases} U_Z = U_o \\ I_{Zmax} = (1.5 \sim 3)I_{omax} \\ U_i = (2 \sim 3)U_o \end{cases} \qquad (8\text{-}1)$$

【例 8-6】 有一稳压管稳压电路，如图 8-12 所示。负载电阻 $R_L$ 由开路变到 3 kΩ，交流电压经整流滤波后得出 $U_i = 45$ V。要求输出直流电压 $U_o = 15$ V，试选择稳压管 $D_Z$。

**解：** 根据输出直流电压 $U_o = 15$ V 的要求，由式（8-1）稳定电压公式知 $U_Z = U_o = 15$ V。

由输出电压 $U_o = 15$ V 及最小负载电阻 $R_L = 3$ kΩ 的要求，负载电流最大值

$$I_{omax} = \frac{U_o}{U_L} = \frac{15}{3} \text{ mA} = 5 \text{ mA} , \ \text{得} \ I_{Zmax} = 3I_{omax} = 15 \text{ mA}$$

查半导体器件手册，选择稳压管 2CW20，其稳定电压 $U_Z = (13.5 \sim 17)$V，稳定电流 $I_Z = 5$ mA，$I_{Zmax} = 15$ mA。

### 8.4.2 串联反馈式稳压电路

串联反馈式稳压电路克服了并联型稳压电路输出电流小、输出电压不能调节的缺点，因而在各种电子设备中得到广泛的应用。同时这种稳压电路也是集成稳压电路的基本组成。

**1. 稳压电源的主要指标**

稳压电源的技术指标分为两种：一种是质量指标，用来衡量输出直流电压的稳定程度，包括电压调整率、电流调整率、温度系数及纹波电庄等。一种是工作指标，指稳压器能够正常工作的工作区域，以及保证正常工作所必需的工作条件，包括允许的输入电压、输出电压、输出电流及输出电压调节范围以及极限参数等。下面只介绍常用的几个参数，其他参数请参考相关文献。

（1）输入调整率 $S_u$ 和稳压系数 $S_r$。

输入调整率是表征稳压器稳压性能的优劣的重要指标，是指在负载和温度不变的条件下，输入电压变化对输出电压的影响，即 $S_u = \dfrac{\Delta U_o}{\Delta U_i}\bigg|_{\substack{\Delta I_o = 0 \\ \Delta T = 0}}$。

工程常用稳压系数 $S_r$ 表示直流稳压电源的性能，$S_r$ 定义为在负载不变的条件下输出电压相对变化量与输入电压相对变化量之比，即

$$S_r = \frac{\Delta U_o / U_o}{\Delta U_i / U_i}\bigg|_{R_L = 常量} = \frac{\Delta U_o}{\Delta U_i} \cdot \frac{U_i}{U_o}\bigg|_{R_L = 常量}$$

显然，$S_r$ 越小表明输出电压的稳定性越好，一般 $S_r = 10^{-4} \sim 10^{-2}$。

（2）负载调整特性 $S_I$。

负载调整特性 $S_I$ 定义为输出电压的相对变化量与输出电流变化量的比。该特性反映了负载变化对输出电压稳定性的影响。

$$S_I = \frac{\Delta U_o / U_o}{\Delta I_o}\bigg|_{\substack{\Delta U_i = 0 \\ \Delta T = 0}}$$

（3）稳压电路的内阻 $R_o$。

稳压电路的内阻 $R_o$ 定义为在直流输入电压 $U_i$ 不变时，输出电压 $U_o$ 的变化量与输出电流 $I_o$ 的变化量之比。

$$R_o = \frac{\Delta U_o}{\Delta I_o}\bigg|_{U_i = 常量}$$

$R_o$ 是表征直流稳压电源的重要参数之一。$R_o$ 越小直流稳压电源越接近理想电压源。

（4）温度系数 $S_T$。

温度系数是指在负载和输入电压不变的条件下，环境温度变化对输出电压的影响，即

$$S_T = \frac{\Delta U_o}{\Delta T}\bigg|_{\substack{\Delta U_i = 0 \\ \Delta I_o = 0}} \ (\text{mV}/^\circ\text{C})$$

$S_T$ 表明了稳压电路的热稳定性，$S_T$ 越小表示稳压电路的热稳定性越好。

### 8.4.3 线性串联型稳压电路

线性串联型稳压电路稳定输出电压是利用了电压负反馈稳定输出电压的基本原理。

图 8-13 是线性串联型稳压电路的组成框图。图中 $U_I$ 是整流滤波电路的输出电压，T 为调整管，A 为比较放大器，$U_Z$ 为基准电压，$R_1$ 和 $R_2$ 组成反馈网络用来反映输出电压的变化（取样）。这种稳压电路的主回路是工作于线性状态的调整管 T 与负载串联，故称为串联型稳压电路。输出电压的变化量由反馈网络取样经放大器放大后去控制调整管 T 的 c-e 极间的电压降，从而达到稳定输出电压 $U_o$ 的目的。稳压原理可简述如下。

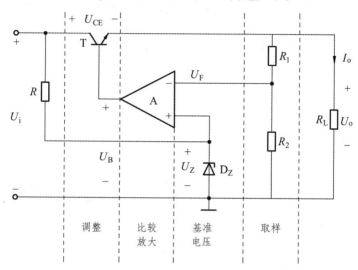

图 8-13　线性串联型稳压电路的组成框图

当输入电压 $U_i$ 增加（或负载电流 $I_o$ 减小）时，导致输出电压 $U_o$ 增加，随之反馈电压 $U_F = U_o \dfrac{R_2}{R_1 + R_2} = F_u U_o$ 也增加（$F_u$ 为反馈系数）。$U_F$ 与基准电压 $U_Z$ 相比较，其差值电压经比较放大器放大后使 $u_b$ 和 $I_C$ 减小，调整管 T 的 c-e 极间的电压 $U_{CE}$ 增大，使 $U_o$ 下降，从而维持 $U$ 基本恒定。同理，当输入电压 $U_i$ 减小（或负载电流 $I_o$ 增加）时，也将使输出电压基本保持不变。

从反馈放大器的角度来看，这种电路属于电压串联负反馈电路。调整管 T 连接成射极跟随器。

因而可得

$$u_B = A_u(U_Z - F_u U_o) \approx U_o \text{ 或 } U_o = U_Z \frac{A_u}{1 + A_u F_u}$$

式中，$A_u$ 是比较放大器在考虑了所带负载影响时的电压取大倍数。在深度负反馈条件下，$|1 + A_u F_u| \gg 1$ 时，可得

$$U_o = \frac{U_Z}{F_u} = \left(1 + \frac{R_1}{R_2}\right) U_Z \tag{8-2}$$

式（8-2）表明，输出电压 $U_o$ 与基准电压 $U_Z$ 近似成正比，与反馈系数 $F_u$ 成反比。当 $U_Z$ 和 $F_u$ 已定时，$U_o$ 也就确定了，因此它是设计稳压电路的基本关系式。调节 $R_1$、$R_2$ 的比例，

就可以改变输出电压 $U_o$。

值得注意的是，调整管 T 的调整作用是依靠 $U_F$ 与 $U_Z$ 之间的偏差来实现的，必须有偏差才能调整。如果 $U_o$ 绝对不变，调整管的 $U_{CE}$ 也绝对不变，那么电路也就不能起调整作用了。可见 $U_o$ 不可能达到绝对稳定，只能是基本稳定。因此，图 8-11 所示的系统是一个闭环有差调整系统。

由以上分析可知，当反馈越深时，调整作用越强，输出电压 $U_o$ 也越稳定，电路的稳压系数和输出电阻 $R_o$ 也越小。

【例 8-7】 如图 8-14 所示，输入电压 $U_i$ 的波动范围为 ±10%；调整管 $T_1$ 的饱和管压降 $U_{CES} = 3\ \text{V}$，$\beta_1 = 30$，$\beta_2 = 50$；$T_3$ 导通时的 $U_{BE3} = 0.7\ \text{V}$；$R_1 = 1\ \text{k}\Omega$，$R_3 = 500\ \Omega$；要求输出电压的调节范围为 5 ~ 15 V。试回答下列问题：

（1）电位器的阻值和稳压管的稳定电压各为多少？

（2）输入电压 $U_i$ 至少取多少？

（3）若额定负载电流为 1 A，则集成运放输出电流为多少？电流采样电阻为多少？

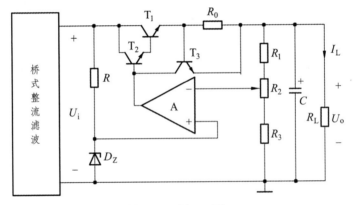

图 8-14 例 8-7 图

**解：**

（1）$\dfrac{R_1 + R_2 + R_3}{R_2 + R_3} U_Z \leqslant U_o \leqslant \dfrac{R_1 + R_2 + R_3}{R_3} U_Z$，已知 $5\ \text{V} \leqslant U_o \leqslant 15\ \text{V}$，可得：$R_2 = 1\ \text{k}\Omega$，$U_Z = 3\ \text{V}$。

（2）$U_i$ 应保证调整管工作在放大区。

$$0.9 U_i > U_{o\max} + U_{CES} = 15\ \text{V} + 3\ \text{V} = 18\ \text{V}$$

所以 $\qquad\qquad U_i > 20\ \text{V}$

（3）$I_o' \approx \dfrac{I_{L\max}}{\beta_1 \beta_2} = \dfrac{1\ \text{A}}{30 \times 50} \approx 0.67\ \text{mA}$，$R_0 \approx \dfrac{U_{BE3}}{I_{L\max}} = \dfrac{0.7\ \text{V}}{1\ \text{A}} = 0.7\ \Omega$

## 8.5 集成稳压器

随着集成电路工艺的发展，在线性串联型稳压电源电路的基础上外加启动电路和保护电路等，并制作在一块硅片上，便成为集成稳压器。集成稳压器具有体积小、外围元件少、性能稳定可靠、使用方便、价格低廉等优点。

目前，电子设备中常使用集成稳压器。由于它只有输入、输出和公共端，故称为三端集成稳压器。三端集成稳压器有固定式和可调式两类。前者输出直流电压固定不变，后者输出直流电压可以调节。每一类又分为正电压输出类型和负电压输出类型。

### 8.5.1　三端固定集成稳压器

三端固定集成稳压器有三个端子：输入端 $U_i$、输出端 $U_o$ 和公共端 COM。输入端接整流滤波电路，输出端接负载，公共端接输入、输出的公共连接点，其内部由采样、基准、放大、调整和保护等电路组成。保护电路具有过流、过热及短路保护功能。

三端固定集成稳压器有许多品种。常用的是 7800 系列和 7900 系列。7800 系列输出正电压，其输出电压有 5 V、6 V、8 V、9 V、10 V、12 V、15 V、18 V、20 V、24 V 等品种。该系列的输出电流分 5 挡，7800 系列是 1.5A，78M00 是 0.5A，78L00 是 0.1A，78T00 是 3A，78H00 是 5A。7900 系列与 7800 系列所不同的是输出电压为负值。

图 8-15 所示是 LM7800/LM7900 系列引脚功能及封装图，图 8-16 所示是 LM7800 系列集成稳压器的内部电路图，其主要环节简述如下。

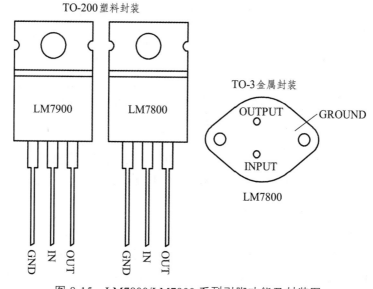

图 8-15　LM7800/LM7900 系列引脚功能及封装图

1. 基准电压环节

基准电压电路由 $T_7 \sim T_9$、$R_7 \sim R_8$ 以及 $T_2 \sim T_5$、$R_2 \sim R_6$ 等组成基准电压环节，基准电压 $U_Z = U_{BE8} + U_{BE7} + I_{E5}R_7$，$T_{11}$ 为恒流源。

2. 调整环节

$T_{15}$、$T_{16}$ 构成（复合）调整管，输出电压从 $R_{16}$ 和 $R_{20}$ 之间输出。其稳压原理与普通串联稳压电路相同，取样环节由 $R_{20}$、$R_{21}$ 分压得到的电压 $U_F$，经过比较放大器放大后对调整管基极电位进行控制，从而调节 $T_{15}$、$T_{16}$ 的管压降，达到稳定输出电压的目的。

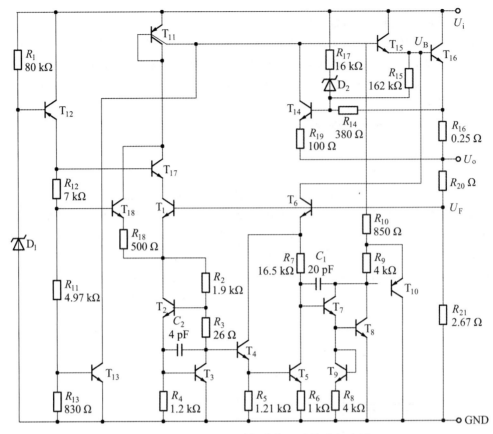

图 8-16　LM7800 系列集成稳压器的内部电路

**3．比较放大环节**

比较放大环节由 $T_4 \sim T_9$ 及 $R_5 \sim R_8$ 等组成,其中放大管 $T_6$ 与基准电压电路形成一个整体,$T_7$、$T_8$ 和 $T_{10}$ 等 CE-CC 等组成耦合放大,从 $T_6$ 和 $T_{10}$ 输出分别控制 $T_{16}$ 和 $T_{15}$ 的基极电位,从而控制输出电压。

**4．保护环节**

$T_{13}$、$R_{11}$、$R_{12}$、$R_{13}$ 组成过热保护电路,$R_{13}$ 具有正温度系数,$U_{BE13}$ 具有负温度系数,温度上升时 $R_{13}$ 阻值增大,$U_{R13}$ 增大而 $U_{BE13}$ 下降,正常工作温度范围内 $U_{BE13} > U_{R13}$,$T_{13}$ 截止,工作温度升高时 $U_{BE13} < U_{R13}$,$T_{13}$ 导通,对电流源 $T_{11}$ 的输出进行分流,迫使 $T_{15}$、$T_{16}$ 减小输出电流;$R_{17}$、$D_2$ 组成限流保护和调整管安全区保护;$T_7 \sim T_{10}$ 以及 $R_8 \sim R_{10}$ 等组成过压保护。$T_{14}$、$R_{14}$、$R_{16}$、$R_{19}$、$D_2$、$R_{17}$ 组成减流保护电路,其中 $R_{16}$ 为检流电阻。减流保护电路可以使调整管工作在安全区。

**5．启动电路**

启动电路由 $R_1$、$D_1$、$T_{12}$、$R_{11}$、$R_{12}$、$R_{13}$、$T_{18}$ 及 $R_{18}$ 等组成。当 $U_i$ 刚接入时稳压管 $D_1$ 击穿,$T_{11}$、$T_{17}$ 导通,$T_2 \sim T_5$ 都导通,$T_{11}$ 导通使 $T_{15}$、$T_{16}$ 等都导通,稳压器进入正常工作状态。

图 8-17 为三端集成稳压器 LM7805 和 LM7905 作为固定输出电压的典型应用。正常工作时,输入、输出电压差 $2 \sim 3$ V。$C_1$、$C_2$ 为输入稳定电容,其作用是减小纹波、消除振荡、抑

制高频和脉冲干扰，$C_1$ 通常是滤波电容器，当集成稳压器远离整流滤波电容时 $C_1$ 才是必要的。$C_3$、$C_4$ 为输出稳定电容，其作用是改善负载的瞬态响应。使用三端稳压器时注意一定要加散热器，否则不能工作到额定电流。

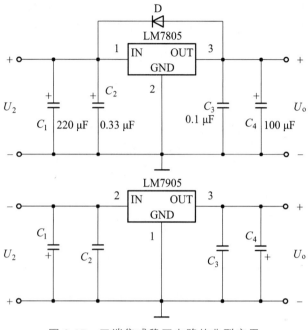

图 8-17　三端集成稳压电路的典型应用

### 8.5.2　三端可调式集成稳压器

三端可调式集成稳压器是在固定式集成稳压器基础上发展起来的。它的三个端子为输入端 $U_i$，输出端 $U_o$，可调端 ADJ，其特点是可调端 ADJ 的电流非常小，用很少的外接元件就能方便地组成精密可调的稳压电路和恒流源电路。

三端集成稳压器也有正电压输出 LM317 系列，负电压输出 LM337 系列。输出电压在 $1.25 \sim 37$ V 范围内连续可调。

LM317 是三端可调稳压器的一种，它具有输出 1.5 A 电流的能力，典型应用的电路见图 8-18。图中 $R_1$、$R_W$ 组成可调输出电压网络，输出电压经过 $R_1$、$R_W$ 分压加到 ADJ 端。

$$U_o = U_Z\left(1 + \frac{R_W}{R_1}\right)$$

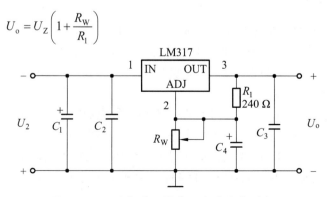

图 8-18　三端集成可调稳压电路的典型应用

式中 $U_Z = 1.25\,\text{V}$，$R_W$ 为可变电位器。当 $R_W$ 变化时，$U_o$ 在 $1.25 \sim 37\,\text{V}$ 之间连续可调。$C_1$、$C_4$ 起减小纹波的作用，$C_2$、$C_3$ 主要是为了防止自激而接入。

三端集成稳压器还可以扩展输出电压或输出电流，图 8-19 所示为 LM317 扩展电流电路。图中 $R_1$ 为 $T_1$ 的检流电阻，当 $I_1 R_1 = I_{B1} R_2 + U_{EB1}$ 时，三极管 $T_1$ 导通，为 $T_2$ 提供基极电流，当 $I_{C1} R_3 = U_{BE2}$ 时 $T_2$ 导通，负载上得到的电流为 LM317，$T_1$ 和 $T_2$ 共同提供的电流。

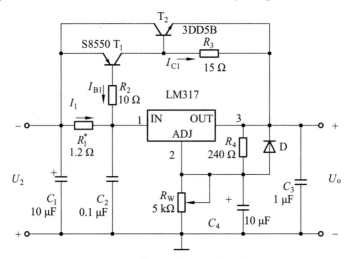

图 8-19　可调稳压器扩展电流的方法之一

### 8.5.3　基准电压源

前面介绍的稳压管稳压电路虽说可以用作基准电压源，但它的电压稳定性较差，温度系数大，噪声电压大等缺点，使得稳压管稳压电路不能作为高精度的基准电压源。而稳压性能好的基准电压源是当代模拟集成电路极为重要的组成部分，它为串联型稳压电路、A/D 和 D/A 转换器等电路提供了基准电压，也是大多数传感器的稳压供电电源或激励源。另外，基准电压源也可作为标准电池、仪器表头的刻度标准和精密电流源。常用基准电压器件主要有：LM385 - 1.2（1.2 V 精密基准电压源），LM385-2.5（2.5 V 精密基准电压源），LM336-2.5（2.5 V 精密基准电压源），MC1403（2.5 V 基准电压源），LM431ACZ、TL431（精密可调 2.55 ~ 36 V 基准稳压源），LM399H（6.999 9 V 精密基准电压源），LM336 - 5.0（5.0 V 精密基准电压源），等。

#### 1. TL431 基准电压源

TL431 是一个性能优良的基准电压集成电路。该器件主要应用于稳压、仪器仪表、可调电源和开关电源中，是稳压二极管的良好替代品，其主要特点是：可调输出电压范围大，为 $2.5 \sim 36\,\text{V}$；输出阻抗较小，约为 $0.2\,\Omega$，吸收电流 $1 \sim 100\,\text{mA}$，温度系数 $30 \times 10^{-6}/°\text{C}$。该器件的图形符号见图 8-20（a）。

图 8-20（b）是使用 TL431 的稳压电路。电路的最大稳定电流 2 A，输出电压的调节范围为 $2.5 \sim 24\,\text{V}$。图中发光二极管作为稳压管使用，使 $T_2$ 的发射结恒定，从而使电流 $I_1$ 恒定，保证当输入电压变化时，TL431 不会因电流过大而损坏。当输入电压变化时，TL431 的参考电压 $U_Z$ 随之变化，当输出电压上升时，TL431 的阴极电压随 $U_Z$ 上升而下降，输出电压随之下降。

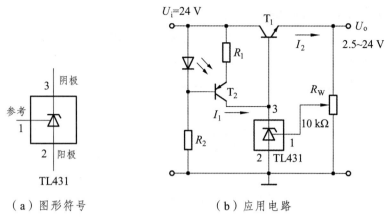

（a）图形符号　　　　　　（b）应用电路

图 8-20　基准集成电路 TL431 及其应用电路

## 2. MC1403 基准电压源

MC1403 是一种高精度、低温漂、采用激光修正的能隙基准源。所谓能隙是指硅半导体材料在热力学温度 $T = 0\,K$ 时的禁带宽度（能带间隙），其电压值记为 $U_{GO}$，$U_{GO} = 1.205\,V$，MC1403 采用 DIP-8 封装，管脚排列如图 8-21（a）所示，内部电路如图 8-21（b）所示。$U_i$ 为 $4.5 \sim 15\,V$，输出电压的典型值为 $U_o = 2.5\,V \pm 25\,mV$，温度系数为 $10\,ppm/°C$。

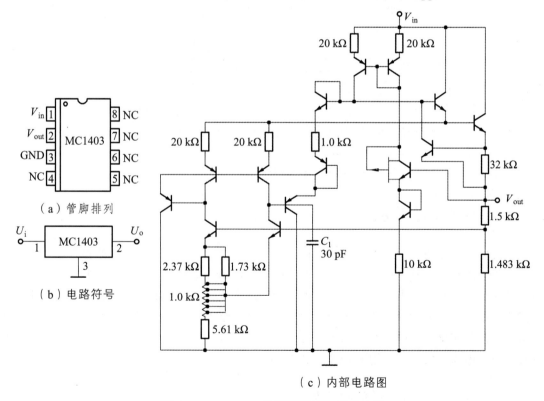

（a）管脚排列

（b）电路符号

（c）内部电路图

图 8-21　MC1403 的管脚排列和简化电路

MC1403 基准电压源的内部电路很复杂，但应用很简单，只需外接少量元件。图 8-20 是它的一般应用，图中 $R_W$ 为精密电位器，用于精确调节输出的基准电压值，$C$ 为消噪电容。

MC1403 的输入/输出特性列于表 8-2。由表中数据可知，$U_i$ 从 10 V 降低到 4.5 V 时，$U_o$ 变化 0.1 mV，变化率仅为 0.001 8%。图 8-22 的电路输出电压稳定在 2.5 V，若要获得高于 2.5 V 的基准电压源，可采用图 8-23 所示的电路。图中 ICL7605 为斩波自稳零式精密运算放大器，$R_f$ 为反馈电阻，$R_1$ 是反相输入电阻 $R_1 = R_f = 20\ \text{k}\Omega$，输出电压 $U_o$ 为 $U_o = 2.5 \times \left(1 + \dfrac{R_f}{R_1}\right) = 5\ \text{V}$。

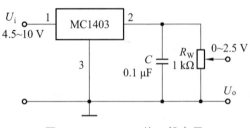

图 8-22　MC1403 的一般应用

表 8-2　MC1403 的输入/输出特性

| 输入电压 $U_i$/V | 10 | 9 | 8 | 7 | 6 | 5 | 4.5 |
|---|---|---|---|---|---|---|---|
| 输出电压 $U_o$/V | 2.502 8 | 2.502 8 | 2.502 8 | 2.502 8 | 2.502 8 | 2.502 8 | 2.502 7 |

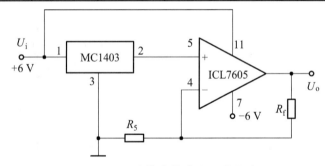

图 8-23　提高输出基准电压的电路

## 8.6　开关型稳压电源

传统的线性稳压电源虽然电特性优良，电路结构简单、工作可靠，但调整管串接在负载回路里是它的根本弱点，存在着效率低（只有 40% ~ 60%）、体积大、铜铁消耗量大、工作温度高及调整范围小等缺点，有时还要配备庞大的散热装置。为了提高效率，人们研制出了开关式稳压电源，它的效率可达到 80% ~ 95%，且稳压范围宽，此外还具有稳压精度高、不使用电源变压器等优点。因此开关稳压电源已广泛用于各种仪器设备、计算机、通信系统、空间技术以及电视接收机等家用电器等产品中。

### 8.6.1　开关式稳压电源的特点及分类

1. 开关式稳压电源的特点

与串联调整式稳压电源相比，开关式电源具有如下特点。

（1）允许电网电压变化范围宽。当电网电压在 110～270 V 范围内变化时，开关式稳压电源仍能获得稳定的直流输出电压，其直流输出电压的变化率保持在 2% 以下，而串联调整式稳压电源允许电压变化范围一般为 190～240 V。

（2）功耗低，效率高。开关电源效率约为 80%～95%，其功耗是串联式稳压电源的 60% 左右。以 56 mm 彩色电视接收机为例，采用串联调整式稳压电源功耗为 150 W，而采用开关式稳压电源时，功耗约 100 W 左右。

（3）开关稳压电源的体积和质量要比同功率的串联式稳压电源小且轻。由于不使用工频变压器，滤波电容小，开关调整管工作在截止、饱和两种状态，其发热量小，散热片体积也小。

（4）可靠性高。在开关电源电路中，加入过电流、过电压、短路等保护电路较为方便，且灵敏、可靠。

（5）容易实现多路电压输出和遥控。开关电源可借助储能变压器多个不同匝数的二次侧绕组获得不同数值的输出电压，而且不同的电压之间不会产生相互干扰。还可以通过控制调整管的开关状态，来实现对电源的遥控。

（6）开关电源的种类多，且具有采样、放大、反馈电路及过电压、过电流保护电路等，故电路复杂，维修困难，造价较高。此外，开关调整管工作在高压功率下，参数要求高；或者采用厚膜电路，价格均较贵。

2. 开关式稳压电源的分类

开关式稳压电源的分类方法有多种多样。按负载与储能电感的连接方式分，有串联型与并联型开关稳压电源；按不同的激励方式分，有自激式与他激式开关稳压电源；按电路结构可分为单管型、推挽型、半桥型和全桥型；按控制方式分为脉冲宽度调制（Pulse Width Modulation，PWM）、脉冲调频式（Pulse Frequency Mod-ulation，PFM）和混合调制式（PWM 与 PFM）三种。在实际的应用中，脉冲宽度调制使用得较多，在目前开发和使用的开关电源集成电路中，绝大多数也为脉宽调制型，因此本节主要介绍脉宽调制式开关稳压电源。

### 8.6.2　开关式稳压电源的工作原理

开关稳压电源是由整流滤波电路、变换电路、开关调整管导通和截止控制电路、采样比较和放大电路、保护电路、抗干扰电路、直流输出电路等组成。脉宽调制式（PWM）开关稳压电源仍然是利用了整流滤波的基本原理。对于单极性矩形脉冲来说，其直流平均电压 $U_o$ 取决于矩形脉冲的宽度，脉冲越宽，其直流平均电压值就越高。直流平均电压 $U_o$ 可由公式计算，即

$$U_o = U_i \frac{T_{on}}{T} = qU_i \tag{8-3}$$

式中，$U_i$ 为矩形脉冲最大电压值；$T$ 为矩形脉冲周期；$T_{on}$ 为矩形脉冲宽度。

$$q = \frac{T_{on}}{T}$$

$q$ 称为脉冲波形的占空比，即一个周期持续脉冲时间 $t_{on}$ 与周期 $T$ 之比值。

从式（8-3）可以看出，当 $U_i$ 与 $T$ 不变时，直流平均电压 $U_o$ 将与脉冲宽度 $T_{on}$ 成正比。这样，只要设法使脉冲宽度随稳压电源输出电压的增高而变窄，就可以达到稳定电压的目的。

1. 换能电路的基本原理

串联开关型稳压电路调整管与负载串联，输出电压总是小于输入电压，故称为降压型稳压电路。换能电路的基本原理如图 8-24（a）所示。它将输入直流电压转换成脉冲电压，再利用 $LC$ 储能作用将脉冲电压经 $LC$ 滤波转换成直流电压，其工作原理如下。

当 $u_B$ 为高电平时，T 饱和导通，D 因承受反偏电压而截止，等效电路如图 8-24（b）所示，电感 $L$ 存储能量，电容 $C$ 充电；发射极电位 $u_E = U_i - U_{ces}$，$U_{ces}$ 为开关管 T 的饱和管压降。

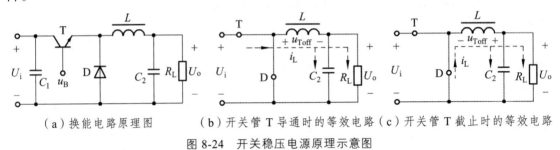

（a）换能电路原理图　　（b）开关管 T 导通时的等效电路（c）开关管 T 截止时的等效电路

图 8-24　开关稳压电源原理示意图

当 $u_B$ 为低电平时，T 截止，此时虽然发射极电流为零，但是电感 $L$ 两端的感应电压极性反转，如图 8-24（c）所示等效电路中的 $U_{Toff}$，该电压使二极管 D 导通，电感 $L$ 将其所储能量通过二极管 D 释放给负载，二极管 D 称为续流二极管。与此同时 $C$ 放电，负载电流方向不变，$u_E = U_D \approx 0$。

上述分析可见，负载上得到的能量与开关管 T 的导通时间有关。在 $u_B$ 的一个周期 $T$ 内，$T_{on}$ 为调整管导通时间，$T_{off}$ 为调整管截止时间，占空比为 $q = \dfrac{T_{on}}{T}$ 改变占空比 $q$，即可改变输出电压的大小。因此，可以引入负反馈环路，使开关管控制脉冲 $u_B$ 的占空比能随着负载和输入电压的变化自动调节。

2. 串联开关式稳压电源的工作原理

（1）工作原理。

开关型稳压电源电路原理框图如图 8-25 所示。它是由调整管 T、滤波电路 $LC$、续流二极管、脉宽调制电路（PWM）以及采样电路等组成。其中 $A_1$ 为比较放大器，将基准电压 $u_{REF}$ 与 $u_F$ 进行比较；$A_2$ 为比较器，将 $u_A$ 与三角波 $u_r$ 进行比较，得到控制脉冲 $u_B$。当 $u_B$ 为高电平时，开关管 T 饱和导通，输入电压 $U_i$ 经滤波电感 $L$ 加在滤波电容 $C$ 和负载 $R_L$ 两端，在此期间，$i_L$ 增大，$L$ 和 $C$ 储能，二极管 D 反偏截止。当 $u_B$ 为低电平时，调整管 T 由导通变为截止，流过电感线圈的电流 $i_L$ 不能突变，$i_L$ 经 $R_L$ 和续流二极管 D 衰减而释放能量，此时 $C$ 也向 $R_L$ 放电，因此 $R_L$ 两端仍能获得连续的输出电压。图 8-26 给出了电流 $i_L$、电压 $u_E$（$u_D$）和 $U_o$ 的波形。图中 $t_{on}$ 是调整管 T 的导通时间，$t_{off}$ 是调整管 T 的截止时间，$T = T_{on} + T_{off}$ 是开关转换周期。显然，由于调整管 T 的导通与截止，输入的直流电压 $U_i$ 变成高频矩形脉冲电压 $u_E$（$u_D$），经 $LC$ 滤波得到输出电压为

$$U_o = \frac{t_{on}}{T}(U_i - U_{ces}) + (-U_D)\frac{t_{off}}{T} \approx U_i \cdot \frac{t_{on}}{T} = qU_i$$

式中，$q = \dfrac{T_{on}}{T}$ 称为脉冲波形的占空比。由此可见，对于一定的 $U_i$ 值，通过调节占空比即可调节输出电压 $U_o$。

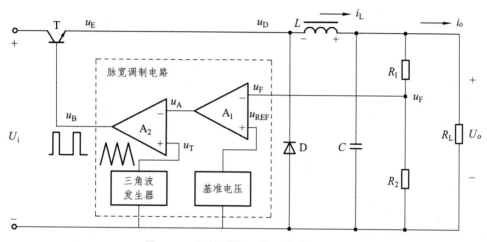

图 8-25　开关型稳压电源电路原理图

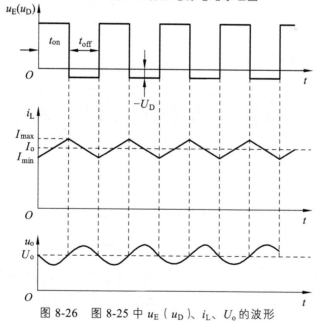

图 8-26　图 8-25 中 $u_E$（$u_D$）、$i_L$、$U_o$ 的波形

图 8-25 电路是保持控制信号的周期 $T$ 不变，通过改变导通时间 $t_{on}$ 来调节输出电压 $U_o$ 的高低，这种电路称为脉宽调制型开关稳压电源（PWM）；若保持控制信号的脉宽不变，只改变信号的周期 $T$，同样也能使输出电压 $U_o$ 发生变化，这就是频率调制型开关电源（PFM）；若同时改变导通时间 $t_{on}$ 和周期 $T$，称为混合性开关稳压电源。

（2）稳压原理。

当输入电压波动或负载电流改变时，将引起输出电压 $U_o$ 的改变，在图 8-25 中，由于负反馈作用，电路能自动调整而使 $U_o$ 基本维持不变，稳压过程如下。

当 $U_i$ 降低时，$U_o$ 将趋向于降低，$u_F = U_o \cdot \dfrac{R_2}{R_1 + R_2} < U_{REF}$ 也降低，使 $u_A > 0$，比较器输出脉冲 $u_B$ 的高电平变宽，即 $t_{on}$ 变长，于是使输出电压 $U_o$ 增高。反之，当 $U_i$ 增高时，$U_o$ 将趋向于增高，$u_F = U_o \cdot \dfrac{R_2}{R_1 + R_2} > U_{REF}$ 也增高，使 $u_A < 0$，比较器输出脉冲 $u_B$ 的高电平变宽，即 $t_{on}$ 变短，于是使输出电压 $U_o$ 降低。此时 $u_T$、$u_B$ 和 $u_E$ 的波形如图 8-27 所示。

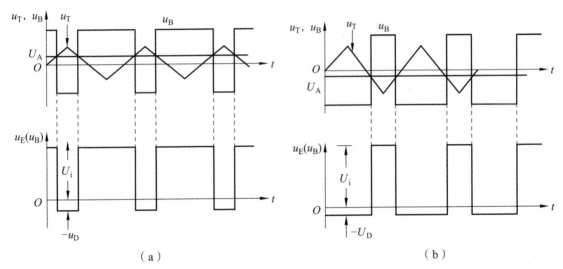

（a） （b）

图 8-27 图 8-25 中 $U_i$、$U_o$ 变化时 $u_T$、$u_B$、$u_E$ 的波形

# 实验 9 直流稳压电路与调试

## 一、实验目的

（1）掌握串联型稳压电路的工作原理。
（2）掌握直流稳压电路的调试方法与参数测量方法。

## 二、实验原理

电子设备一般都需要直流电源供电。这些直流电除了少数直接利用干电池和直流发电机外，大多数是采用把交流电（市电）转变为直流电的直流稳压电源。

直流稳压电源由电源变压器、整流、滤波和稳压电路四部分组成，其原理框图如图 8-28 所示。电网供给的交流电压 $u_1$（220 V，50 Hz）经电源变压器降压后，得到符合电路需要的交流电压 $u_2$，然后由整流电路变换成方向不变、大小随时间变化的脉动电压 $u_3$，再用滤波器滤去其交流分量，就可得到比较平直的直流电压 $u_4$。但这样的直流输出电压，还会随交流电网电压的波动或负载的变动而变化。在对直流供电要求较高的场合，还需要使用稳压电路，以保证输出直流电压更加稳定。

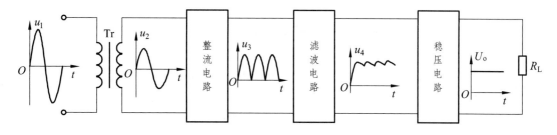

图 8-28　直流稳压电源组成框图

### 三、实验设备与器件

万用表；双踪示波器；可调工频电源；三端稳压器 W7812；电阻器、电容器及整流二极管若干

### 四、实验内容

图 2-29 是用三端式稳压器 W7812 构成的单电源电压输出串联型稳压电源的实验电路图，按照电路图连接电路。

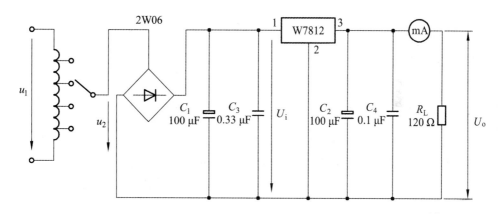

图 8-29　由 W7812 构成的串联型稳压电源

（1）分别用示波器观察 $u_2$、整流电压、滤波电压及 W7812 稳压后的电压波形，并绘制下来（大小值一并记录）。

（2）改变负载 $R_L$ 的值，观察输出电压 $U_o$ 的大小。

注意：

① 每次改接电路时，必须切断工频电源。

② 在观察输出电压 $u_L$ 波形的过程中，"Y 轴灵敏度"旋钮位置调好以后，不要再变动，否则将无法比较各波形的脉动情况。

### 五、实验总结

（1）整理实验数据。

（2）分析讨论实验中发生的现象和问题。

# 本章小结

（1）直流稳压电源一般是由变压器、整流电路、滤波电路、稳压电路等部分组成，其中稳压电路通常由集成稳压器组成。

（2）整流电路常采用桥式整流，输出电压 $U_o = 0.9U_2$。滤波电路采用电容、电感滤波（$RC$、$LC$），及复式滤波（$RC$-$\Pi$、$LC$-$\Pi$、$LC$-$\Gamma$）等。

（3）线性串联型稳压电路由基准、取样、比较放大和调整四个部分组成。

（4）开关型稳压电路由开关元件、控制电路和滤波器组成，电路中的调整管工作在截止于饱和两种状态，管耗很低，电源效率明显提高，应用广泛。

（5）集成稳压器是指在输入电压或负载发生变化时，使输出电压保持不变的集成电路。直流稳压电路中常采用三端集成稳压器，79 系列、78 系列为输出电压固定的三端集成稳压器，LM317/337 为输出电压可调的集成三端稳压器。

# 习 题

## 一、填空题

1. 直流稳压电源是由 _____、_____、_____ 和 _____ 组成。

2. 电源变压器的作用是_____，整流电路的作用是将交流电压变成_____。

3. 线性串联型稳压电路可分为 4 个组成部分：_____、_____、_____ 和 _____。

4. 与串联型线性稳压电源相比，开关型稳压电源的主要特点是_____ 高。其主要原因是串联型线性稳压电源中的调整管工作在_____ 区，管耗较大；开关型稳压电源中的调整管工作在_____ 状态，管耗很小。

5. 单相半波整流电路的输出电压 $U_o$ = _____，单相桥式整流电路的输出电压 $U_o$ = _____。

6. 每个整流二极管最大反向电压 $U_{DM}$ = _____。

## 二、简答和计算题

1. 直流稳压电源主要由哪几部分组成，各部分的功能是什么？

2. 试比较单相半波整流和单相桥式整流电路的各项性能指标，你认为哪种整流电路最好？为什么？

3. 为什么全波整流不如桥式整流应用广泛呢？

4. 常见滤波电路类型以及它们的外特性如何？在实际应用中应如何选择电路类型及其元器件的参数？

5. 电容滤波有什么主要特点？

6. 试从反馈角度分析线性串联稳压电路的工作原理及影响稳压性能的主要因素？

7. 图 8-30 所示电路为全波整流电路，变压器二次侧电压有效值为 $2U_2$。

（1）画出 $U_2$、$i_{D1}$、$i_{D2}$ 和 $u$ 的波形；

（2）求出输出电压 $u_o$ 的平均值 $U_o$ 和输出电流 $I_o$ 的表达式；

（3）二极管的平均电流 $I_D$ 和所承受的最大反向电压 $U_{RM}$ 的表达式。

8. 单相桥式整流电路如图 8-4 所示，变压器二次侧交流电压为 15 V，负载电阻为 75 Ω。试求输出直流电压 $U_o$、直流输出电流 $I_o$、整流二极管平均整流电流 $I_D$ 和二极管最大反向峰值电压 $U_{RM}$。

9. 已知桥式整流滤波电路 8-4 所示，有 5 位同学用示波器观察输出电压波形，如图 8-31 所示，试分析电路工作是否正常？若不正常，指出电路故障情况。

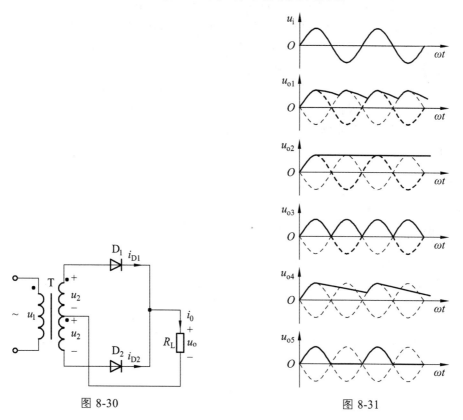

图 8-30                   图 8-31

10. 画出线性串联型稳压电路的基本电路，并指出该电路由哪几部分组成。

11. 试设计一个输出电压 1.25 ~ 10 V 可调/电流 0.5 A 的稳压电路，要求：

（1）画出其电路图；

（2）确定 $R_1$、$R_P$ 的值；

（3）确定输入电压范围。

# 参考文献

[ 1 ]　陈大钦. 模拟电子技术基础[M]. 北京：机械工业出版社，2006.

[ 2 ]　李翰逊. 电路分析基础[M]. 北京：高等教育出版社，2002.

[ 3 ]　郑君里. 信号与系统[M]. 北京：高等教育出版社，2000.

[ 4 ]　童诗白. 模拟电子技术基础[M]. 3 版. 北京：高等教育出版社，2001.

[ 5 ]　康华光. 电子技术基础 ——模拟部分[M]. 4 版. 北京：高等教育出版社，1999.

[ 6 ]　邬国扬. 模拟电子技术[M]. 西安：西安电子科技大学出版社，2003.

[ 7 ]　叶树江. 模拟电子技术基础[M]. 北京：机械工业出版社，2004.

[ 8 ]　江晓安，付少峰. 模拟电子技术[M]. 西安：西安电子科技大学出版社，2016.

[ 9 ]　邢迎春. 模拟电子技术[M]. 上海：同济大学出版社，2017.

[10]　廖惜春. 模拟电子技术基础[M]. 武汉：华中科技大学出版社，2008.